海啸危险性分析理论与实践

任叶飞　温瑞智等　著

科学出版社
北　京

内 容 简 介

本书为一本系统阐述海啸危险性理论与实践的专业书，书中从海啸基本概念出发，回顾历史海啸特征，结合地质构造背景、历史地震活动性和海啸沉积物调查等多个方面分析我国近海海域发生地震海啸的可能性，围绕海啸危险性及风险分析的全链条过程，由浅入深，循序渐进地介绍潜在海啸源划分、海啸生成与传播的数值模拟、地震海啸危险性的确定分析、地震海啸危险性的概率分析及不确定性、海啸风险分析的原理与方法。

本书可为评估沿海地区海啸危险性的技术人员提供指导，也可作为地震海啸研究领域科研工作者的参考资料。

审图号：GS 京〔2022〕1317 号

图书在版编目（CIP）数据

海啸危险性分析理论与实践 / 任叶飞等著. —北京：科学出版社，2022.11
　ISBN 978-7-03-073597-3

Ⅰ. ①海… Ⅱ. ①任… Ⅲ. ①海啸－危险性－风险分析 Ⅳ. ① P731.25

中国版本图书馆 CIP 数据核字（2022）第 197551 号

责任编辑：韩　鹏　崔　妍 / 责任校对：何艳萍
责任印制：赵　博 / 封面设计：图阅盛世

科学出版社 出版
北京东黄城根北街 16 号
邮政编码：100717
http://www.sciencep.com

北京中科印刷有限公司 印刷
科学出版社发行　　各地新华书店经销

*

2022 年 11 月第 一 版　　开本：720×1000　1/16
2024 年 3 月第二次印刷　　印张：19
字数：380 000

定价：**268.00** 元
（如有印装质量问题，我社负责调换）

本书作者名单

任叶飞　温瑞智　冀　昆　王宏伟　刘　也

序

海啸是一种自然灾害，发生频率很小但危害巨大。2004 年印尼苏门答腊岛发生 9.1 级地震，引发的海啸波席卷了整个印度洋，造成了 20 多万人死亡。2011 年 3 月 11 日在日本东北地区外海再次发生了 9.0 级大地震，不仅造成了巨大人员伤亡和财产损失，更导致福岛核电站发生放射性物质泄漏事故。我国东南沿海经济发达、人口集中，尤其粤港澳大湾区分布有众多港口和大量重大工程设施，而距离其不远的马尼拉海沟具备大地震发生的构造条件，近海也存在多条浅源断裂，如果发生地震是否会引发海啸、是否会对沿海造成严重危害是值得迫切深思的问题。我国开始研究地震海啸问题应该始于 1976 年唐山大地震之后。早期人们认为我国海区不易发生海啸，不必关注其危险性。积谷防饥，居安思危。目前我国学术界越来越认识到海啸灾害研究的重要性，发展地震海啸危险性分析方法并对我国沿海地区海啸危险性做出科学评估，可以有效防范重大风险。

本书首先介绍了海啸的一些基本概念，包括海啸的产生条件、形成原因、传播特点以及划分等级，回顾了历史海啸分布以及几次重大事件的灾害情况，便于读者对海啸的概念和常识，及其对人类社会的潜在威胁有一个初步了解。接下来从地质构造背景、历史地震活动性和海啸沉积物现场调查等多个方面分析我国近海海域发生地震海啸的可能性，并划分了影响我国的潜在海啸源，确定了它们的地震构造参数和活动性参数，这是开展海啸危险性分析的重要基础工作。

作为海啸危险性分析过程中不可或缺的环节，书中还介绍了对海啸产生和传播进行数值模拟的物理模型和数学方法。针对我国东南沿海局地潜在海啸源和马尼拉区域海啸源，采用确定性分析方法评估了沿海地区的海啸危险性。对传统概率海啸危险性分析方法和流程进行了合理改进，采用蒙特卡洛技术，编制了我国东南沿海不同概率水准的地震海啸危险性图，可为沿海建筑物抗海啸设计和海啸风险区划提供科学依据。最后，针对海啸危险性分析工作的延伸应用——海啸灾害风险分析，简要介绍了其概念和方法，并对我国未来海啸防灾减灾的工作方向进行了思考和展望。

本书作者历经 10 多年的不懈努力与坚持，形成了较为系统的我国海啸危险性分析理论与方法，并与实践相结合，从确定性和概率性两个角度评估了东南沿海的地震海啸危险性，许多工作与研究成果具有开创性，对于沿海地区城市规划、重大工程建设选址、海洋自然灾害防御与应急措施制定等工作都有重要的实用价值。著书传道授业，需要厚积薄发。目前关于海啸研究的学术著作还十分罕见，这是我国首部系统阐述海啸危险性理论与实践的专业书，全书结构完整、叙述流畅、语言简明，对于正在从事防灾减灾专业的人员来说是不可多得的重要参考资料。

中国科学院院士

前　言

2004 年 12 月 26 日印尼苏门答腊岛发生强震引发海啸，短短六年后，更大的灾难接踵而至，2011 年 3 月 11 日在日本东北部发生了规模更大的破坏性海啸，直接导致数万人死亡和数千亿美元的经济损失，还间接引发福岛第一核电站发生放射性物质泄漏事故，对周边海洋环境的破坏难以估量。接连发生的破坏性海啸给人类带来了惨痛的教训，让我们意识到人类对自然灾害知识的了解和认知还远远不足，迫切需要开展海啸灾害的相关研究工作。

由于我国近现代沿海地区未遭受过破坏性海啸袭击，国人对于海啸灾害的防范缺乏足够重视。关于海啸的形成机理、传播规律、破坏形态以及防御策略等科学原理尚未形成理论体系。历史上我国沿海是否遭受过海啸袭击、影响我国沿海的潜在海啸源有哪些、可否从概率基准的角度量化评价我国沿海的海啸危险性等诸多问题始终未得到合理回答和解决。

我国沿海经济发达，分布有众多港口、工厂、核电站等重要基础设施，一旦遭受破坏性海啸袭击，对我国甚至世界经济和社会的影响将不亚于 2011 年的日本海啸，因此有必要对我国沿海地区的海啸危险性开展评估工作。笔者自 2005 年起开始从事与海啸相关的研究工作，围绕海啸发生原理、传播数值模拟、确定性和概率性的危险性分析等课题，利用理论推导、数值分析、现场调查等手段建立了海啸危险性分析的理论体系，并针对我国东南沿海地区开展实践应用。

本书系统梳理了作者多年来积累的研究成果，以介绍海啸的基本概念开篇，通过剖析我国沿海发生地震海啸的可能性切入正题，由浅入深，围绕海啸危险性及风险分析的全链条过程，重点介绍潜在海啸源划分、海啸生成与传播的数值模拟、地震海啸危险性的确定分析、地震海啸危险性的概率分析及不确定性、海啸风险分析的原理与方法。聚沙成塔，集腋成裘。期冀作者积累的知识能为海啸研究入门者提供些许指引，也希望书中给出的理论和方法能为沿海开展海啸危险性分析的技术人员提供指导，部分算例结果可为沿海城市与重大工程的规划与建设提供一定的科学依据。

本书的主要内容源于以下科研项目的部分成果：国家自然科学基金（U1901602、51278473）、环保公益性行业科研专项（201209040）、东北亚地震海啸和火山合作研究计划项目（ZRH2014–11）、黑龙江省头雁行动计划。

　　感谢新西兰地质与核科学研究所的王晓明博士、国家海洋环境预报中心的原野博士和王培涛博士、防灾科技学院的任鲁川教授、北京工业大学的李小军教授和生态环境部核与辐射安全中心的潘蓉研究员提供的有建设性的意见和建议；感谢南方科技大学的张伟教授给予的指导与帮助；课题组的研究生宋昱莹、杨智博、张鹏、徐朝阳参与了本书部分内容的研究工作，在此一并致谢。

　　作者水平有限，疏漏之处难免，敬请读者批评指正。

2021 年 10 月 18 日

目　　录

第1章 海啸基础知识

1.1 海啸概念

海啸是一列或一系列具有超长波长的波，是一定水域内的水体突然在竖向集体产生巨大位移而形成的波浪，这个巨大位移大多是由地震所引发，或者由火山爆发、山体滑坡、行星撞击地球及其他人为或自然原因所引发。海啸波不仅可以在海洋中也可以在湖泊、河流、水库中产生并移动。海啸的英文"tsunami"来源于日文，日语中"tsu"代表"港湾"，"nami"代表"波浪"，海啸意为港湾中的波。在深海大洋中，海啸波以800km/h以上的速度传播，可轻松地与波音747飞机保持同步，但波高却只有几十厘米甚至更小；在浅海岸边，波速下降而波高逐渐升高，如图1.1.1所示。

海啸波有别于普通波浪，在深海中波长可达到100km或以上，而周期则为10min ~ 1h。当海啸行经近岸浅水区时，波速减小而波幅骤增，波幅有时可达30m以上，骤然形成"水墙"而淹没滨海地区，造成灾害。若海啸波波谷最先抵达近岸浅水区，则水位骤落，有时能裸露出多年未见的海底，接着在十几分钟内又猛涨，升高至几十米，汹涌向岸上袭来。此外，还有一种海啸现象是由地震或山体崩裂导致高坝巨型水库水体在坝体处能量聚焦，危及大坝安全，甚至巨量水体翻越大坝，危及下游航道、船只及两岸安全。另一种罕见但危害极大的海啸是由行星撞击地球海洋所致，巨大的能量可形成巨幅海浪横扫广大近海陆地，导致巨大生命财产损失甚至物种和文明的毁灭。

20世纪90年代以前，人们普遍认为海啸主要发生于太平洋海域，基本由远距离海底大地震引起。在20世纪90年代共有14次大海啸袭击了全球各海岸线，相对于其他自然灾害（地震、洪水、飓风等），这些海啸造成的人员伤亡和财产损失是很微小的，同时人们也认为早期建立的海啸预警系统可以预警以减轻海啸灾害。这些观点直到2004年12月26日印度洋海啸开始转变，此次海啸是在苏门答腊岛附近发生9级地震而引发的，海啸袭击了北印度洋沿岸大部分国家和地区，海啸发生时并没有任何国家和地区发出海啸预警警报，最终造成了约22.7万人死亡，经济损失无法估量。

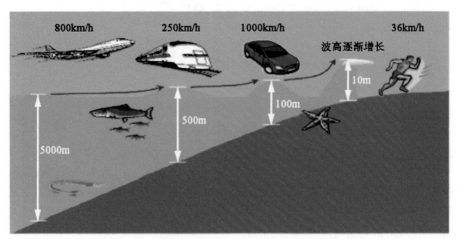

图 1.1.1   海啸波传播波速示意图（来源于日本气象厅）

另外，有学者表示，历史上还发生过比印度洋海啸大 10 多倍的海啸，所产生的爬高高度大大高于有记录以来的任何海啸。由于海啸是发生在远古时期故而没有任何文字记录，只以口头传说和远古神话的方式传承了下来。赞同这个观点的学者普遍认为如此大的海啸最有可能是由行星撞击地球海洋所引起的。

1.2   海啸成灾条件及影响

海啸波在深海中形成时，一般又长又低，波长可达 100km 以上，波高 1m 至几米，甚至几十厘米，速度可达 700 ～ 800km/h，波传播到达海岸时，这些参数都发生了变化。海啸波到达海岸的爬高、速度和波长决定海啸对海岸造成灾害的程度。爬高是指海啸波到达海岸时，海水涌上陆地所到达的最远处高于正常海平面的高度。如图 1.2.1 所示，爬高、速度及波长与下列因素有关（郭增建和陈鑫连，1986）。

（1）海岸与发震构造方位。若海洋深度是均匀的，则最大爬高将接近于发震构造垂直方向上的位移。若海啸冲击的方向正好与港湾开口方向一致，其剧烈程度将更大。

（2）海岸与波源区之间距离。若海岸距离波源较远，多数岸段海水的上升类似涨潮现象，少数特定地区在某些大海啸时可形成怒潮。在波源紧邻的海岸，怒潮是很普遍的。

（3）海啸波途经的地形地貌。一般认为，海啸波的传播速度 c 与海水深度 h 有关，即

$$c = \sqrt{gh} \tag{1-2-1}$$

式中，g 为重力加速度，取 $g=9.8\text{m/s}^2$。

当海啸波途经宽阔的大陆架、岛屿、水下暗礁带或其他浅滩区时,一方面速度变小,另一方面海底摩擦力显著加大,致使海啸波能量衰减,浪高和冲击力都相对减小,有的海啸波传到岸边时已成强弩之末,不能造成危害了。

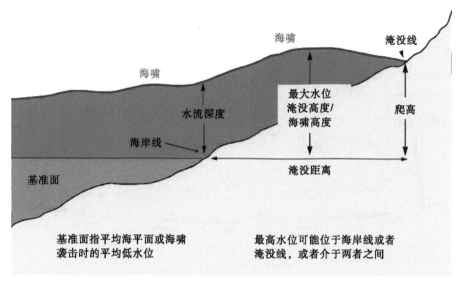

图 1.2.1　海啸爬高示意图

(4)海岸及近岸海底地形。海啸所能达到的爬高和上升水的特征(缓流、急流、怒潮等)取决于近岸海底地形,取决于海岸的方位、坡度和形状,也取决于共振。

若海啸波途中未经过如宽阔大陆架之类的高摩擦带,直接到达近岸时,一方面,海啸可以保持着很大的能量扑上岸边;另一方面,海啸波在变深过程中将产生折射,在某些地区致使波的能量会聚,产生较大的波高。有关研究表明,海岸和近岸海底地形越平缓,爬高越大。另外,里亚斯型海岸的特殊地形具有一定的放大效应。2011 年"3・11"日本地震引发海啸受灾较为严重的地区具有典型的里亚斯型海岸。图 1.2.2 给出了此次海啸调查的波高分布,包括爬坡高度,数据下载源于美国地球物理数据中心(National Genomics Data Cemter, NGDC)的全球历史海啸数据库。从图 1.2.2 中可见,日本沿岸多处海啸波高在 10m 以上,最为典型的是大船渡市,"喇叭口形"特征明显。经验说明,在一定尺度的喇叭形或漏斗形港口或河口,由于海底地形使海啸波产生折射,海浪相对集中,再加上共振(振荡),波高可增至几米至几十米,并出现几个峰值,以第二个和第三个波峰值最大,加剧了海啸造成的破坏。

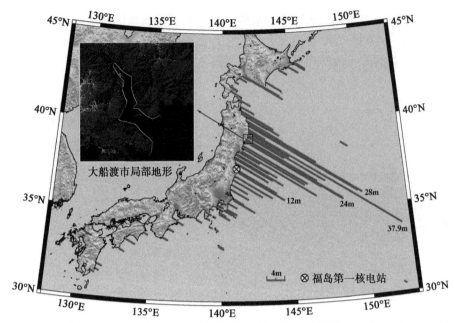

图 1.2.2　2011 年 "3·11" 日本地震引发海啸调查的波高分布（截至 2011 年 4 月 25 日结果）

海啸引起的损害和破坏因素有洪涝、海啸波对建筑物的冲击和海水侵蚀。人们受困于波涛汹涌并裹挟着碎片残骸的海啸波当中，便会因溺水、身体遭受撞击或者其他损伤而导致死亡。猛烈的海啸涌流侵蚀地基，引起桥梁和海堤坍塌；海水的浮力和拖拽力推倒房屋及其他建筑物。漂浮的船只、车辆残骸和树木等都会成为危险的流动体，撞击建筑物、码头和车辆等造成巨大破坏。即使是微弱的海啸也会引起波动，对船只和港口设施产生破坏。因石油泄漏、港口停靠船只受损燃烧或沿海储油罐及炼油厂设施破裂而引起的大火，其造成的破坏超过海啸直接引起的损害。海啸造成的这些灾害引起污水和化学污染，可能引起其他次生灾害的发生。进水、排水、储水等设施的破坏也能造成危险情况。由于海水后退会将核电站冷却水进水口暴露在外，海啸退去所造成的潜在影响日益受到关注。

海啸造成的直接灾害可归纳为以下几种：①死伤；②房屋遭受毁坏、部分毁坏、淹没、浸泡或烧毁；③其他财产损坏损失；④船只被冲走、损坏或损毁；⑤木材被冲走；⑥海上设施遭受损毁；⑦铁路、公路、桥梁、发电站、水或燃料储藏罐、污水处理厂等公共设施遭到破坏。

海啸造成的非直接次生灾害有：①房屋、船只、油罐、加油站和其他设施遭到烧毁；②漂浮物、石油及危险性散落废弃物造成的环境污染和健康危害；③流行性疾病暴发，尤其在人口密集区可能比较严重。

海啸虽然很少发生，却是最可怕、最复杂的物理现象之一，造成过极大的人员伤亡和巨额财产损失。鉴于海啸的巨大破坏性，海啸对人类社会、经济等各个方面都产生过巨大的影响。

1.3　海　啸　类　型

1.3.1　按形成原因分类

海啸按照形成原因可分为地震海啸、气象海啸、火山海啸、滑坡海啸、撞击海啸、核爆海啸等（刘俊，2005）。

1. 地震海啸

由地震引发的海啸，称为地震海啸。2004 年 12 月 26 日发生在印度洋的海啸以及 2011 年 3 月 11 日发生在太平洋的海啸即为地震海啸。海底发生地震时，海底地形急剧升降变动引起海水剧烈扰动，引发海啸。其机制有两种形式："下降型"海啸和"隆起型"海啸。

"下降型"海啸：地壳构造运动引起海底地壳大范围的突然下降，海水涌向突然下陷的空间而形成涌浪，涌浪向四周传播到达海岸而形成海啸。在海啸到来之前，海岸首先表现为异常的退潮现象，露出了从未见天日的海底。如 1755 年 11 月 1 日，葡萄牙首都里斯本附近海域发生强烈地震后不久，海岸水位大幅度退落，露出了整个海湾底，随后海啸发生；1960 年 5 月智利大海啸和 2004 年 12 月 26 日印度洋海啸均是如此。

"隆起型"海啸：由地壳构造运动引起海底地壳大范围急剧上升，海水随着隆起区一起被抬升，在重力作用下，海水从隆起区向四周扩散，形成涌浪。这种海啸在发生之前，首先表现为异常的涨潮现象。1983 年 5 月 26 日日本海中部 7.7 级地震以及 2011 年 3 月 11 日日本东北部 9.0 级地震引起的海啸即属于此种类型。

2. 气象海啸

由气象风暴因素引发的海啸，称为气象海啸。这种海啸是由大气压急剧变化引起的。通常在强大的天气系统（包括热带风暴、台风、温带气旋、冷锋等）经过海面时，大气压每降低 1hPa，相应的海平面就要上升 13mm，在系统中心会出现洋面狂涨现象。随着天气系统的转移，上升的海面急剧回落，引起猛烈的海啸。这并不是严格意义上的海啸，在本书中不做具体的描述。

3. 火山海啸

火山爆发引起的海啸称为火山海啸。1883 年，印尼喀拉喀托火山突然爆发，碎岩片、熔岩和火山灰向高空飞溅，滚滚的浓烟直冲数十千米的高空。不久，巨大的火山喷发物从天而降，坠落到巽他海峡，随之激起一个超过 30m 高的巨浪，以声速涌向爪哇岛和苏门答腊岛。巨浪犹如发疯的野兽，张着血盆大口，片刻之间就吞食了 3 万多人的生命。火山喷发物随高空气流飘移，造成印度洋和大西洋零星小海啸不断发生。

4. 滑坡海啸

由海底地滑引起的海啸，称为滑坡海啸。海底地滑产生的原因有两种：①海底大量不稳定泥浆和沙土聚集在大陆架和深海交汇处的斜坡上，产生滑移；②海底蕴藏的气体喷发导致浅层沉积海底坍塌。

5. 撞击海啸

由小行星或大陨石撞击地球海洋引起的海啸称为撞击海啸。行星撞击地球的概率极小，但一旦出现这类海啸，破坏将极其巨大。有历史记录以来，还没有相关文献记录到此类海啸。

6. 核爆海啸

由水下核爆炸引起的海啸，称为核爆海啸。1954 年夏天，美国在比基尼岛上进行氢弹试验。当氢弹爆炸时，在距爆炸地点 500m 的海域骤然激起一个 60m 高的巨浪，该波浪传播 1500m 后波高仍在 15m 以上，引起了海啸。

另外，海岸的崩坍也会引起海啸。历史上，阿拉斯加利图亚湾冰川上一块巨大冰块塌陷坠海，激起 50m 高的海浪，引发海啸。

1.3.2　按发生的地理位置分类

海啸按发生的地理位置分类可分为越洋海啸、区域海啸和局地海啸。

1. 越洋海啸（teletsunami 或 distant tsunami）

横越大洋或从远洋传播来的海啸，称为越洋海啸。这种海啸通常距离海啸源 1000km 以上或海啸传播时间超过 3h。这种海啸发生后，可在大洋中传播数千千米而能量衰减很少，因此使数千千米之外的沿海地区也遭遇海啸灾害。越洋海啸属于跨大洋性质，虽然很少发生，但是造成的灾害影响却比区域海啸严重。通常，越洋发生时只是对近源地区造成广泛破坏的局地海啸，随后海啸波持续传播，跨越整个大洋盆地，以其巨大的能量使距离海啸源 1000km 以外的大洋近岸地区遭受额外的人员伤亡和破坏。

过去的 200 年里至少发生过 30 次破坏性跨洋海啸。例如，1960 年 5 月 22 日发生的智利大海啸在智利沿岸海啸波高达 20.4m，海啸波横贯太平洋传到夏威夷希洛时，波高仍超过 11m，在日本沿岸波高仍有 6.1m。2004 年 12 月 26 日发生在印度洋的印度洋海啸重创了东起泰国、马来西亚，西至斯里兰卡、印度、马尔代夫、非洲的整个印度洋地区，造成约 22 万人丧生，超过 100 万人流离失所，失去家园、财产和生计。

2. 区域海啸（regional tsunami）

在一定地理区域内产生破坏的海啸，一般距离海啸源 1000km 以内或经历 1～3h 的海啸传播时间。区域海啸偶尔也会在该区域以外产生十分有限的局部影响。大多数破坏性海啸均可划分为局地海啸或区域海啸。因此，许多因海啸引起的人员伤亡及巨额财产损失也都由此类海啸造成。

1975 年至 2012 年上半年期间发生局地海啸或区域海啸 39 次，导致 260 000 人死亡和数十亿美元的财产损失；其中 26 次发生于太平洋及其相邻海域。例如，1983 年在太平洋日本海发生的区域海啸对日本、韩国和俄罗斯沿海地区造成严重破坏，造成了 8 亿美元的损失和 100 多人死亡。之后的 9 年里，只发生过 1 次海啸，造成 1 人死亡；但在随后 1992～1998 年的 7 年间，发生了 10 次破坏性的局地海啸，造成 2700 余人死亡，财产损失以数千万美元计。

3. 局地海啸（local tsunami）

也称为本地海啸或近海海啸，指海啸源距离受海啸破坏影响的沿海地区约 100km 以内或海啸传播时间不超过 1h 的海啸。海啸生成源与其造成的危害同属一地，因此海啸波到达沿岸的时间很短，有时只有几分钟或几十分钟，往往无法预警，危害严重。局地海啸发生前都有较强的地震发生，全球很多伤亡惨重的海啸灾害，都属于近海海底地震引起的局地海啸。例如，1869 年日本沿岸 8.0 级地震引发的特大海啸，死亡 2.6 万人；1983 年印度尼西亚的巽他海峡 6.5 级地震引发的海啸，死亡 3.6 万人，喀拉喀托岛有 1/3 沉入海中。

1.3.3　海啸与风暴潮的区别

海啸和风暴潮虽然同属波动这一范畴，但它们的生成、波形、运动规律与影响能力有着明显的不同。

（1）相比海啸，风暴潮在量级、范围、灾害程度上要小得多。风暴潮常年发生，而海啸偶尔发生，但其破坏能力比较惊人。

（2）风暴潮与海啸在波形上也有着明显的不同，在一次波浪运动系列过程中，风暴潮一般只有 1～2 个峰值，波高不是骤然增大，而是有一个渐次上升的过程。地震海啸却有多个峰值，且连续排列几个大波，尤其以第二和第三个波峰为最大，缓慢上升的情况极为少见，绝大多数是喧器汹涌地撞击海岸，在近岸处形成轩然大波（图 1.3.1）。

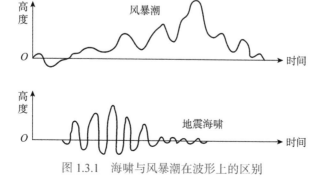

图 1.3.1　海啸与风暴潮在波形上的区别

（3）风暴潮与海啸产生的原因和分布区域不同。海啸的发生区域主要与全球地震带分布相一致，偶尔在其他地区发生海底滑坡或火山喷发海啸；风暴潮由强风引起，在沿海和各大洋的海湾、港口较明显。

（4）风暴潮与海啸在近岸爬高时的波浪运动过程不同。风暴潮的海水转圈流动，向陆地推进的距离不会太远，不会淹没较高的高地；海啸时的海水呈直线流动，似一堵水墙迅速淹没陆地，越过建筑物或高地向岸上推进数千米至数十千米之远，危险性远高于风暴潮（图1.3.2）。

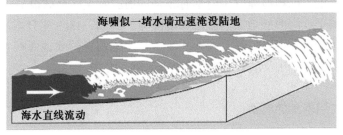

图 1.3.2　海啸与风暴潮在波浪运动过程上的区别（Eliasson and Sigbjörnsson，2013）

1.4　海啸等级与烈度

1.4.1　大小等级表

对应于标定地震大小的震级参数，海啸大小也有等级区分。

早在20世纪40年代，日本著名地震学家今村明恒，就提出了海啸大小等级的概念（Imamura，1942），到了50年代由饭田汲事将其推广，其定义为（Iida，1956）

$$m = \log_2 H_{\max} \tag{1-4-1}$$

式中，$H_{\max}$ 为潮位监测或沿岸观测到的最大海啸波高。这就是目前比较通用的今村 – 饭田海啸大小等级关系。

1970年，索洛维耶夫更加合理地用平均波高 H_{avg} 代替最大波高 $H_{\max}$（Soloviev，1970），因为有些时候最大波高值是监测不到的，海啸大小等级表示为

$$i_s = \log_2 \sqrt{2} H_{\mathrm{avg}} \tag{1-4-2}$$

不过这也仅限于用海啸波高一个物理指标来定量海啸大小。直至 20 世纪 80 年代日本著名地震工程专家阿部胜征借鉴地震面波震级的计算方法，将海啸大小等级定义为（Abe，1981）

$$M_t = a\lg H_g + b\lg \Delta + D \tag{1-4-3}$$

式中，H_g 为验潮站监测到的海啸波最大峰值（最大波峰或波谷值），单位为 m；Δ 为震源距验潮站的最短海洋距离，单位 km；a、b、D 为常数。

穆尔蒂（Murty）和卢米斯（Loomis）采用能量指标定义海啸大小等级为（Murty and Loomis，1980）

$$M_L = 2(\lg E - 19) \tag{1-4-4}$$

式中，E 为海啸释放的能量，单位为 erg（尔格），$1\text{erg}=10^{-7}\text{J}$

首藤伸夫采用类似式（1-4-1）的公式来表示海啸大小等级（Shuto，1993），即

$$i = \log_2 H$$

不过他建议 H 的取值考虑不同破坏物体的影响，例如，当海啸破坏船只时，H 可以取高于海岸线地表的峰值波高；当海啸破坏沿岸房屋时，H 可以取淹没高度。这种海啸大小等级的定义方法实际上已经引入了烈度的概念。

目前，国际上比较通用的还是前述的今村 - 饭田海啸大小等级关系。

1.4.2　海啸烈度

海啸烈度的概念首先由德国科学家西贝格（Sieberg）提出，并在 1962 年由尼古拉斯·安布拉塞斯（Nicholas Ambraseys）继承并发扬（Ambraseys，1962），提出了一个 6 级海啸烈度分级，描述如下。

（1）非常轻微。海啸波非常微弱以至于肉眼无法觉察到，只能依靠潮位仪监测到。

（2）轻微。通常只有在较平坦的海滨地区，只有那些长期居住在海边或长期从事海上作业的人才能察觉到海啸波。

（3）较强烈。一般人都能察觉到海啸波的存在，小型船只被冲上海岸，岸边房屋轻微破坏，海水倒灌入河流。

（4）强烈。沿岸护堤破坏严重，岸边房屋严重受损，大型帆船或小型渔船被冲上海岸或冲向外海，沿岸漂浮大量残垣碎片。

（5）非常强烈。部分房屋及沿岸挡水墙坍塌毁坏，耕田冲毁，海滨凌乱不堪、杂乱无章，到处是海洋漂浮物和动植物尸体，所有船只都被冲上海岸或冲向外海，河流入海口出现怒潮现象，港口工程严重破坏，人员有伤亡。

（6）灾难性的。海水侵入内陆，远离岸边的人工建筑物遭受不同程度的毁坏，大型船只严重毁坏，树木连根拔起，众多人员伤亡。

2001 年希腊的耶拉西莫斯·帕帕佐普洛斯（Gerassimos A. Papadopoulos）和日本的今村文彦（Fumihiko Imamura）借鉴修正的麦加利地震烈度表（modified Mercalli intensity scale，MMI），利用海啸所造成破坏的宏观描述，将海啸烈度也划分为 12 个等级，充分考虑了海啸对人类和自然环境所造成的影响，划分指标主要有三类，即人的感觉、物体反应（如船只的活动）、建筑物的破坏程度。具体描述如下（表 1.4.1）。

表 1.4.1　海啸烈度等级及宏观描述（Papadopoulos and Imamura，2001）

烈度等级	宏观描述
Ⅰ．无感	a）即便在最有利的环境条件下，无人有感觉 b）对物体没有任何影响 c）建筑物没有任何破坏
Ⅱ．几乎无感	a）极少数小船上的人能感觉到；海岸上的人毫无察觉 b）对物体没有任何影响 c）建筑物没有任何破坏
Ⅲ．弱感	a）大部分小船上的人能感觉到；极少数岸上的人能察觉到 b）对物体没有任何影响 c）建筑物没有任何破坏
Ⅳ．中感	a）所有小船上的人能感觉到，极少数大船上的人也能感觉到；岸上大部分人能察觉到 b）少数小船小幅冲上海岸 c）建筑物没有任何破坏
Ⅴ．强感	a）所有大船上的人都能感觉到；所有岸上的人也都能察觉到，少数人会感到害怕并奔向高地 b）大量小船被冲上海岸，有些相互冲撞或翻转；部分沙滩经冲刷留下层状痕迹；涌浪淹没耕地 c）涌浪淹没近海建筑的户外设施（如花园等）
Ⅵ．轻微破坏	a）许多人感到恐惧而奔向高地 b）大部分小船猛烈冲上海岸，相互冲撞或翻转 c）涌浪淹没并破坏部分木结构
Ⅶ．中等破坏	a）大部分人感到恐惧而奔向高地 b）大量小船毁坏，部分大船剧烈摇晃；各种物体翻转、漂流；沙滩呈层状并且卵石堆积；部分水产养殖筏被冲走 c）大量木结构遭受破坏，部分已坍塌或被冲走；涌浪淹没部分砌体建筑物并造成 1 级破坏
Ⅷ．严重破坏	a）所有人逃向高地，有些却被冲走 b）大部分小船毁坏，许多被冲走，部分大船冲向海岸或相互撞击；海滨杂乱无章，漂浮着各类物体；海啸防护林受轻微破坏；大量水产养殖筏被冲走，部分毁坏 c）大部分木结构被冲走或坍塌；部分砌体建筑物遭受 2 级破坏；大部分钢筋混凝土建筑物遭破坏，部分遭受 1 级破坏及涌浪淹没

烈度等级	宏观描述
IX . 毁坏	a）许多人被冲走 b）大部分小船毁坏或被冲走，大量大船猛烈冲上海岸，部分毁坏；海滨极其杂乱；局部底层塌陷；海啸防护林部分毁坏；大部分水产养殖筏被冲走，大量毁坏 c）大量砌体建筑物遭受 3 级破坏；部分钢筋混凝土建筑物遭受 2 级破坏
X . 严重毁坏	a）引起社会恐慌，沿岸大部分人被冲走 b）大部分大船猛烈冲上海岸，大量毁坏或撞塌沿岸建筑物；海底小石块向内陆移动；汽车翻转、漂流；油气泄漏、引起火灾；地层严重塌陷 c）大量砌体建筑物遭受 4 级破坏；部分钢筋混凝土建筑物遭受 3 级破坏；海堤坍塌
XI . 毁灭	a）生命线中断；火灾严重；退潮海水使汽车和其他物体漂流向大海；海底大石块向内陆移动 b）大量砌体建筑物遭受 5 级破坏；部分钢筋混凝土建筑物遭受 4 级破坏，许多遭受 3 级破坏
XII . 完全毁灭	所有砌体建筑物坍塌；大部分钢筋混凝土建筑物遭受至少 3 级破坏

　　海啸烈度表中所涉及的砌体建筑物和钢筋混凝土建筑物所遭受的破坏程度，采用了《EMS 98》（欧洲 98 版本地震烈度表）（Grünthal，1998）所规定的建筑物地震破坏等级。

　　需要说明的是，划分地震烈度时，地震动加速度或速度只是参考指标，是不被采用的，原因是地震所造成的破坏程度与地震动参数没有内在必然的联系。目前，海啸烈度的划分也不采用任何物理指标，包括海啸波高值。原因类似，某一地区海啸波高值很大，却非人类居住区，理所当然造成的危害就比较小，相对应的烈度就比较低；相反，某一地区海啸波高值相对较小，却人口密集，沿岸防护较差，造成的危害也就相对较大，相对应的烈度也就较高。因此，海啸波高值在划分海啸烈度时也仅作为参考而已，对应关系如表 1.4.2 所示。

表 1.4.2　海啸烈度与波高对应关系（Papadopoulos and Imamura，2001）

海啸烈度	海啸波高 H 区间 /m
I – V	$H<1$
VI	$1 \leqslant H<2$
VII – VIII	$2 \leqslant H<4$
IX – X	$4 \leqslant H<8$
XI	$8 \leqslant H<16$
XII	$H \geqslant 16$

1.5　海啸特点

1.5.1　海啸波

当风吹过地上薄薄的一层水时，水面会起波浪。海啸与此有些相同，它与水面波一样，有自己的波长、周期，只不过海啸波的激励来自海底地震和火山造成的激烈运动。但是它们两者又很不相同，风造成的水面波的周期很短，波长也很小。但海啸的周期可达 1h，波长数百千米，如图 1.5.1 所示。这样就决定了海啸有一些非常独特的特点（陈颙，2005）。

（1）传播速度快，每小时可达 700～900km，这正是越洋波音 747 飞机的速度。

（2）波长极长，可达几百千米（由于波长很长，对航行的船只影响很小）。

（3）这种波长极长、速度极快的海啸波，一旦从深海到达了岸边，前进受到了阻挡，其全部的巨大能量，将变为巨大的破坏力量，摧毁一切可以摧毁的东西，造成巨大的灾难。

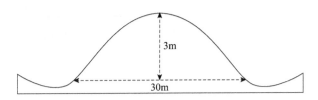

(a) 风吹水面造成的水面波：波长30m，传播速度15～30km/h

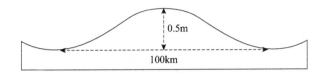

(b) 深海中的海啸波：波长100km，传播速度700～900km/h

图 1.5.1　海啸波传播示意图

海啸波是以连续波浪的形式从海啸源区域向外传播的，能量的主传播方向通常垂直于地震断裂带。当海啸源区域的方位和尺寸不同而使海啸传播在一个方向的推进力大于其他方向时，或者海啸源区域的海深和地形特征影响海啸波的形状和前进速度时，能量时聚时散，海啸传播方向便会发生变化。海啸波在传播过程中会产生折射和反射。

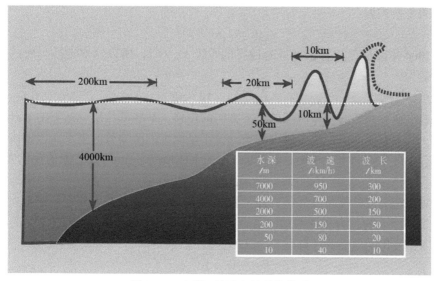

图 1.5.2 水深、波速与波长的关系

海啸的传播可分为 3 个阶段（魏柏林等，2005）：①源地附近的传播；②大洋中的自由传播；③近岸带中的传播。源地的海啸波高取决于地震大小，在大洋中传播时，波速较快、波长很长；当接近海岸时，由于水深变浅，波速减慢，波长变短，部分动能转换为势能，波高迅速增大，可达数十米（如图 1.5.2）。在绝大多数的情况下，海啸源地的海底断层呈狭带状。因为海中的山脊均是波导，而波导面上能量集中处的波高特别大，所以能量辐射的方向性就表现得特别明显。例如，1946 年 4 月 1 日的阿留申海啸和 1952 年 11 月 4 日的堪察加海啸，就是明显的例子。在水深急剧变化或海底起伏很大的局部海区，会出现海啸波的反射现象。在大陆架或海岸附近，海啸在传播过程中有相当多的能量被反射，称为强反射；而在深海下的山脊和海底上的反射则属弱反射。如果水深和波长的比值远大于水深的梯度，则不发生反射。此外，海啸波在传播过程中遇到海岸边界、海岛、半岛、海角等障碍物时，还会产生绕射。海啸进入大陆架后，因深度急剧变浅，能量集中，引起振幅增大，并能诱发出以边缘波形式传播的一类长波。当海啸进入湾内后，波高骤然增大，特别是在 V 形（三角形或漏斗形）的海湾更是如此。这时湾顶的波高通常为海湾入口处的 3 ～ 4 倍，在 U 形海湾，湾顶的波高约为入口处的 2 倍。海啸波在湾口和湾内反复发生反射，会诱发湾内海水的固有振动，当海啸周期与湾内固有周期接近时，因共振引发异常高的海啸波。这时可出现波高 10 ～ 15m 的大波并造成波峰倒卷，甚至发生水滴溅出海面的现象，溅出的水珠有时可高达 50m 以上。

1.5.2 海啸能量

地震释放的地震波的能量 E（E 的单位为 erg，$1\text{erg}=10^{-7}\text{J}$）与地震的震级 M_{w}

之间的关系式为

$$\lg E = 11.8 + 1.5 M_w$$

2004 年印尼苏门答腊岛近海地震的震级 M_w=9.1，所以这次地震释放的地震波能量为

$$E = 2.81 \times 10^{25} \, \text{erg}$$

这次地震使海底发生激烈的上下方向的位移，某些部位出现猛然的上升或者下沉，其上方的海水产生了巨大的波动，于是原生的海啸就产生了。假定该次地震使震中区 100km 长、10km 宽、2km 厚的水体抬高了 5m，其势能的变化为

$$E = mgh = 10^{24} \, \text{erg}$$

对比地震波的能量，海啸的能量相当于地震波的能量的十分之一左右。海啸的能量是巨大的，为了说明这一点，我们可以举一个例子。一座 10^6 kW 的发电厂，一年发出的电能为（陈颙等，2007）

$$E = 3.15 \times 10^{23} \, \text{erg}$$

因此，印尼苏门答腊岛近海地震产生的海啸能量大约相当于 3 座 10^6 kW 发电厂一年发电的能量。

参 考 文 献

陈颙, 2005. 海啸的成因与预警系统 [J]. 自然杂志, 27(1): 4-7.

陈颙, 史培军, 2007. 自然灾害 [M]. 北京：北京师范大学出版社.

郭增建, 陈鑫连, 1986. 地震对策 [M]. 北京：地震出版社.

刘俊, 2005. 关注海啸 [M]. 北京：军事科学出版社.

魏柏林, 陈玉桃, 2005. 地震与海啸 [J]. 华南地震, 25(1): 43-49.

Abe K, 1981. Physical size of tsunamigenic earthquakes of the northwestern Pacific[J]. Physics of the Earth and Planetary Interiors, 27(3): 194-205.

Ambraseys N N, 1962. Data for the investigation of the seismic sea-waves in the Eastern Mediterranean[J]. Bulletin of the Seismological Society of America, 52(4): 895-913.

Eliasson J, Sigbjörnsson R, 2013.Assessing the risk of landslide-generated Tsunamis using translatory wave theory [J]. International Journal of Earthquake Engineering and Hazard Mitigation (IREHM), 1(1): 61-71.

Grünthal G. 1998, European macroseismic scale 1998[R]. European Seismological Commission (ESC).

Iida K, 1956. Earthquakes accompanied by tsunamis occurring under the sea of the islands of Japan[J]. The Journal of Earth Sciences, Nagoya University, 4(1): 1-43.

Imamura A, 1942. History of Japanese tsunami[J]. Oceanography, 2, 74-80.(in Japanese)

Murty T S, Loomis H G. 1980. A new objective tsunami magnitude scale[J]. Marine Geodesy, 4(3): 267-282.

Papadopoulos G A, Imamura F, 2001. A proposal for a new tsunami intensity scale [C]//Proceedings of the International Tsunami Symposium 2001 (ITS 2001). Seattle: [s.n.]: 569-577.

Shuto N, 1993. Tsunami intensity and disasters[M]. Tsunamis in the World. Dordrecht: Springer.

Soloviev S L, 1970. Recurrence of tsunami in the Pacific[M]. Honolulu: University of Hawaii Press.

第2章 海啸形成

海啸对于普通民众来讲始终蒙着一层神秘面纱，几乎所有人对海啸的了解都仅仅停留在海啸对人类和自然环境所造成的破坏这一层面上。对于海啸是怎样形成的，何时何地能够形成海啸，想必很多人都很好奇，欲知其原理。继第1章对海啸的基本常识作了简单描述之后，本章将详尽地阐述海啸的形成机理。1.3节中我们将海啸按形成原因分为地震海啸、气象海啸（不是严格意义上的海啸）、火山海啸、滑坡海啸、撞击海啸、核爆海啸等。本章将按照这种海啸分类，根据其不同的形成原因，从不同的角度揭示其形成机理及过程。鉴于气象海啸、核爆海啸对沿海的破坏相对微小，本章未做详细的论述。

2.1 地震海啸的形成

地震海啸，顾名思义是由地震形成，历史上绝大多数海啸都属于这种类型。众所周知，地震的形成有着极为复杂的过程，那么地震海啸的形成将变得更为复杂。下面通过介绍地震形成机理与地震形成海啸所具备的条件，解释地震海啸的形成。

2.1.1 地震形成机理

地震按照形成原因可以分为构造地震、火山地震、陷落地震、诱发地震和人工地震等。世界上90%的地震属于构造地震，能形成海啸的地震也都属于构造地震，因此这里仅解释构造地震的形成机理。

美国工程师里德（Reid）在1906年旧金山大地震之后提出地震的弹性回跳假说：地球深部的作用力使地震活动区岩石产生变形，随时间增加变形渐渐变大。这种变形在很大程度上，起码在大约千年尺度上，是弹性变形。所谓弹性变形，是指加力时岩石产生体积和形状变化，当力移去时将弹回到它们的原状。图2.1.1形象地表述了这个假说，断层两侧岩层经过若干年，甚至是几百、几千年的弹性变形之后，聚集了相当大的弹性应变能，当岩层的这种变形超过其应力极限时，瞬间产生破裂，原来已经变形的岩层回跳到变形之初所处的位置，也就是图中 A 点和 B 点各自回跳到 A_1、A_2 和 B_1、B_2。

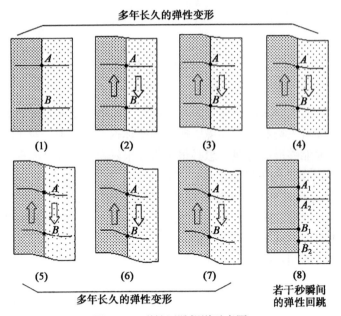

图 2.1.1　弹性回跳假说示意图

这个假说可以解释构造地震是如何产生的。由于板块的扩张和挤压,地壳沿某一地质断层发生突然滑动而产生地震,它是地壳岩石中长期积累的应变能在瞬时转化为动能的结果。这种滑动不仅有水平方向或竖直方向的,也可能两个方向兼而有之,视断层类型而定。

断层按滑动方向可分为走滑断层和倾滑断层,倾滑断层又可分为正断层和逆断层。当断层面两侧岩层的相对运动以沿地表断裂的走向为主时,称为走滑断层,如图 2.1.2 中(a)所示。当观察者站在断层的一盘,观测另一盘的运动,向左滑动,称为左旋断层;向右滑动,称为右旋断层。当断层面两侧岩层的相对运动以沿断层面向地下倾斜方向滑动为主时,则称为倾滑断层。在倾滑断层中,若断层的上盘块体相对下盘作向下滑动时,为正断层,如图 2.1.2 中(b)所示;反之为逆断层,如图 2.1.2 中(c)所示。

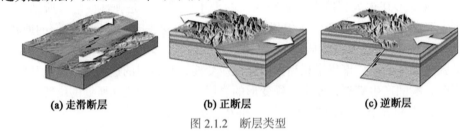

(a) 走滑断层　　　　　　(b) 正断层　　　　　　(c) 逆断层

图 2.1.2　断层类型

2.1.2　地震形成海啸应具备条件

据统计,在过去的 2000 年中,发生在太平洋的海啸有 82.3% 属于地震海啸。

大的具有破坏性的海啸更是属于此类，但并不是所有地震都能产生海啸。有人统计了1861年至1948年的历史数据，发现超过15 000次的地震中引发海啸的仅仅124次。也就是地震引发海啸必须满足一定的基本条件。归纳起来有以下三项。

条件1：地震必须发生在深海。地震释放的能量要变为巨大水体的波动能量，地震就必须发生在深海，原因是只有在深海，海底上面才有巨大的水体。破坏性海啸的震源区水深一般在200m左右，灾难性海啸的震源区水深在千米以上。

条件2：地震要有足够的强度，以导致一定规模的海底移位和错动。一般来说，震源在海底下50km以内、里氏震级6.5以上的海底地震才有可能引发大的海啸。发生地震时，由于断层的存在，海底发生大面积的陷落或抬起，从而带动海水陷落或抬起，形成较大波浪，如同一块巨石投入水中，形成的震荡波在海面上以不断扩大的圆圈，传播到很远的距离。

条件3：海底的位移或断层位错须在竖向有一定规模。海洋中经常发生大地震，但并不是所有的深海大地震都会产生海啸，只有那些海底发生激烈的上下方向的位移的地震才产生海啸。一般地说，垂直差异运动越大，相对错动速度越大，面积越大，则海啸等级越大。

2.1.3　地震形成海啸

前述地震形成海啸所具备的条件1说明地震必须发生在深海，才能形成海啸。那么，深海是如何产生地震，地震又是如何形成海啸的呢？

根据前述板块构造理论，如图2.1.3所示，热的地幔物质在大洋中间的海脊涌出，遇到海水后温度迅速下降，并且逐渐凝固形成新的岩石。由于受地幔物质对流作用，板块从海脊向两侧运动，积累一定能量后致使岩石破裂并形成地震。但由于此处新形成的岩石强度尚低，地震频繁但震级较小，所释放的能量无法推动海水形成海啸波，也就不满足地震形成海啸所具备的条件，这里的地震就等同于正断层破裂而形成。

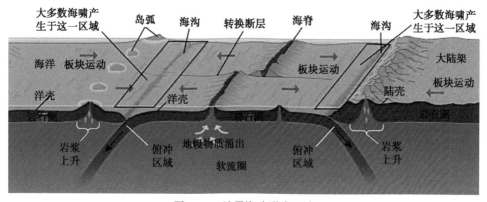

图 2.1.3　地震海啸形成区域

　　由于板块运动速度的不均匀性，海脊将会被从中切断形成多条断层，这种断层称为转换断层，如图 2.1.3 所示。由于这种断层破裂以水平滑动为主，竖向位错规模很小，即使产生的地震震级较大，也很难形成海啸，也就是不满足地震形成海啸条件。这里的地震就等同于走滑断层破裂而形成。

　　那么，地震海啸到底形成于哪个区域呢？如图 2.1.3 所示，漂移的板块在海沟附近处俯冲至另一板块下，两大板块相互挤压，积聚一定能量后岩层就会破裂并形成地震。因为从海脊处漂移过来的岩石经过上亿年的冷却后强度相对很大，不容易破裂，所以产生的应变也就会较大，积累的应变能也就很大，因而此处形成的地震一般震级都较大。由于板块是向下俯冲的，只要是浅源地震，就会在竖向产生一定规模的位错，加上海沟附近又是深海，地震形成海啸所要求的 3 个条件都已具备，因此形成海啸。海啸波首先袭击震中附近的岛弧或大陆架沿岸，同时向另一侧传播袭击远处的陆地，形成灾害甚至大灾难。因此，地震海啸一般都形成于海沟附近，图 2.1.4 展示了断层破裂引发地震，进而产生海啸的过程。

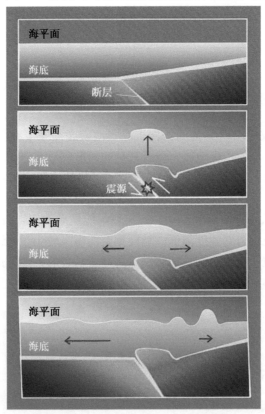

图 2.1.4　地震产生海啸示意图

2.2　火山海啸的形成

海啸也可以由火山爆发引起。美国国家地球物理数据中心（NGDC）提供的全球历史海啸数据显示，历史上约有 93 次海啸是由火山喷发引起的，约占所有历史海啸记录的 4.0%，图 2.2.1 绘出了全球历史火山海啸分布情况。最有影响力的事件是 1883 年喀拉喀托火山爆发引起的海啸，造成超过 36 000 人死亡（Auker et al，2013）。为了说明火山爆发是如何形成海啸的，有必要先介绍一些火山的相关基本知识及火山的喷发机理。

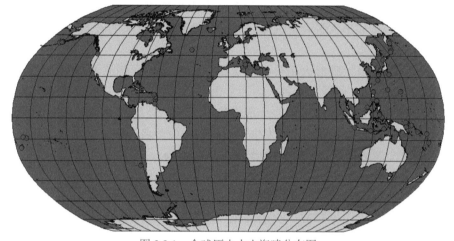

图 2.2.1　全球历史火山海啸分布图

2.2.1　火山相关基本知识

1. 火山定义

"火山"一词的英文名字叫 volcano，它是由位于地中海利帕里群岛的武尔卡诺（Vulcano）火山音译而来。古代，地中海一带火山活动频繁，开始人们见到火山喷发的情景，以为是什么东西在地下燃烧，并用罗马神话中火神武尔卡（Vulcan）的名字称呼这地下冒火的现象，著名的武尔卡诺火山也由此得名。尽管火山喷发不是当初人们所猜测的某种物质在地下燃烧，而是一种地质作用，但以武尔卡诺（volcano）作为火山的术语却一直沿用下来（刘嘉麒，1999）。

火山喷发有以下特点：火山喷发时，喷发物由火山的地下通道冲出地表，喷发物不论是熔岩还是碎屑或是火山灰，都是高温的，同时含有水蒸气和其他挥发性气体，如 CO_2、CH_4、SO_2 等（刘若新，2000）。火山喷发都是上述喷发物由地下通道冲出地表的。根据这些特点，火山和火山喷发的近代定义为：高温的地下熔体、流体经地下通道喷出地表谓之火山喷发，由这些喷发物堆积形成的锥形或负锥形、穹状、环形、盾形或席状体，称之为火山。在地质学中的火山含义，既包括了火山本身的形态与特征，也包括岩浆的成因与运移过程，以及喷发的形式及产物等，这是一个完整的地质系统。

2. 火山类型

由于火山喷发的物理化学条件的不同，火山在形态上有多种不同的类型，主要有以下几种。

（1）裂隙式火山。裂隙式火山是岩浆沿地面上的长裂隙喷出而形成的火山，如图 2.2.2（a）所示。这类火山的裂隙较长，喷出的物质主要是熔岩，且流动性强，难以形成典型的地表形态。冰岛拉基火山是典型的裂隙式火山，它在 1783 年 6 月喷发时，熔岩从一段裂隙上的多个火山口喷出，此次喷发一直持续到了 1784 年 2 月，排放出大量有害气体对周边环境造成了巨大的破坏（Thordarson et al., 2003）。

（2）盾形火山。盾形火山是具有宽阔顶面和缓坡度侧翼（盾形）的大型火山，如图 2.2.2（b）所示。此种火山通常由玄武岩岩浆构成，流动性高，黏滞性较低，能够分布在很大的区域，形成宽广的山形。盾形火山锥是由一层层的岩流，流到火山周围而形成。这多发生于海洋中，最著名的例子是夏威夷群岛，这个群岛的每个岛屿都是一座巨大的盾形火山（Witze, 2013）。

（3）火山渣锥。火山渣锥是玄武岩碎片堆积而成的山丘，喷出的气体携带熔岩滴进入大气，然后在火山口附近降落，形成火山锥，如图 2.2.2（c）所示。喷发时间越长，火山锥越高。火山渣锥一般高度在几十米到数百米之间。墨西哥的帕里库廷（Paricutin）火山是著名的火山渣锥之一，从 1943 年到 1952 年连续喷发，火山锥高达 424m，随着火山碎屑活动，熔岩流从其底部流出，摧毁了帕里库廷村。火山渣锥可以单独存在，也可以组成小的或大的火山群或火山场。

（4）复合型火山。复合型火山又称层状火山，如图 2.2.2（d）所示，是一个锥形火山，其复发周期可以是几十万年，也可以是几百年。形成复合型火山最常见的是安山岩，但也有例外。虽然安山岩复合型火山锥主要由火山碎屑组成，但有些岩浆侵入使锥体内部破裂而形成岩墙或岩床。这样多次侵入形成的岩墙或岩床将碎石编织成巨大堆积。这样的构造可以比单独由碎屑物构成的火山锥高，由于其太高，有可能因太陡、不稳定而在重力作用下垮塌。复合型火山是最常见的火山类型，许多著名的火山都属于复合型火山，如日本富士山、意大利维苏威火山、印度尼西亚喀拉喀托火山等。

（5）熔岩穹丘。熔岩穹丘又称为火山穹丘，常见于火山口内或火山的侧翼，是一种圆顶状的突起，如图 2.2.2（e）所示。熔岩穹丘穹丘是由高黏度的熔岩形成的，由于其黏度太大，不能从火山口远流，在火山口上及其附近冷却凝固。大部分熔岩穹丘较小，但也有可能超过 $25km^3$。

（6）破火山口。破火山口又称陷落火山口，是在火山顶部的较大圆形拗陷，如图 2.2.2（f）所示。破火山口通常是由于火山锥顶部（或一群火山锥）失去地下熔岩的支撑崩塌形成，是比较特殊的一种火山口。猛烈的爆发除了形成破火山口外，还使火山的高度大大降低，若破火山口累积降水或有其他水源流入，则可能会形成火山湖（火口湖）。

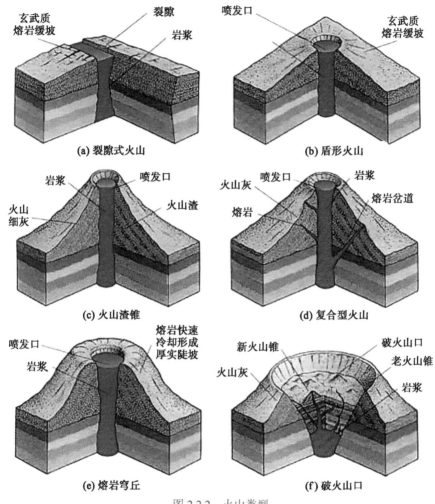

图 2.2.2　火山类型

2.2.2　火山成因

　　火山的形成涉及一系列物理化学过程。地壳或上地幔岩石在一定温度压力条件下产生部分熔融并与母岩分离，熔融体通过孔隙或裂隙向上运移，并在一定部位逐渐富集而形成岩浆囊。随着岩浆的不断补给，岩浆囊的岩浆过剩压力逐渐增大。当表壳覆盖层的强度不足以阻止岩浆继续向上运动时，岩浆通过薄弱带向地表上升。在上升过程中溶解在岩浆中的挥发成分逐渐溶出，形成气泡，当气泡占有的体积超过 75% 时，禁锢在液体中的气泡会迅速释放出来，导致爆炸性喷发，气体释放后岩浆黏度降到很低，流动转变成湍流性质的。如若岩浆黏滞性系数较低或挥发成分较少，便仅有宁静式溢流。从部分熔融到喷发，这一系列的物理化学过程的完成，造就了形形色色的火山活动。

火山喷出地表前的过程归纳为三个阶段，即岩浆形成与初始上升阶段（Ⅰ）、岩浆囊阶段（Ⅱ）和离开岩浆囊到地表阶段（Ⅲ），如图 2.2.3 所示。

1. 岩浆形成与初始上升阶段

岩浆的产生必须有两个过程：部分熔融和熔融体与母岩分离。实际上这两种过程不大可能互相独立，熔融体与母岩的分离可能在熔融开始产生时就有了。部分熔融是液体（即岩浆）和固体（结晶）的共存态，温度升高、压力降低和固相线降低均可产生部分熔融。当部分熔融物质随地幔流上升时，在流动中也会产生液体和固体的分离现象，从而产生液体的移动乃至聚集，称之为熔离。

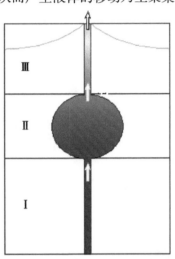

图 2.2.3　火山喷发的三个阶段

2. 岩浆囊阶段

岩浆囊是火山底下充填着岩浆的区域，是地壳或上地幔岩石介质中岩浆相对富集的地方。一般视为与油藏类似的岩石孔隙（或裂隙）中的高温流体，通常认为在地幔柱内，岩浆只占总体积的 5% ~ 30%。从局部看，可以视为内部相对流通的液态集合。岩浆是由岩浆熔融体、挥发物以及结晶体组成的混合物。

3. 离开岩浆囊到地表阶段

岩浆从岩浆源区一直到近地表的通路的上升，与岩浆囊的过剩压力、通道的形成与贯通、岩浆上升中的结晶和脱气过程有关。当地壳中引张应力或引张 - 剪切应力大于当地岩石破裂强度时，便可能形成张性或张 - 剪性破裂，如若这些裂隙互相连通，就可以作为岩浆喷发的通道。

2.2.3　火山喷发形成海啸

前述地震形成海啸，震中必须在深度大于 200m 的海洋之中才能使地震释放的能量推动海水形成海啸波。同样，火山喷发形成海啸，火山所在位置必须是在深海之中，或者在洋中岛屿上，即使所处位置满足以上条件，火山喷发也不必然能够形成海啸，只有大型火山喷发且喷发时形成以下两种状态才能引起海啸。换句话说，火山海啸的形成大致有以下两种机理。

第一种，如图 2.2.4 所示，岛弧中的大型火山喷发，引起侧翼山体塌陷，有时连同火山锥出现整体塌陷，如 1883 年的喀拉喀托火山喷发，喷发前有三个火山锥，喷发后只剩了一个。由于塌陷量很大，类似于断层错动，这种火山喷发往往会引起微小地震，并且海底产生重度滑坡。巨大滑坡即会推动大规模水体在垂直方向上升，产生海啸波，并向四周传播。从严格意义上讲此种海啸属于滑坡海啸，但由于滑坡是由火山喷发引起，故划分为火山海啸。

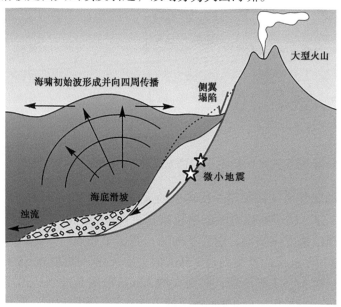

图 2.2.4　火山喷发形成海啸示意图（一）

第二种，如图 2.2.5 所示，有些火山是深埋在海平面以下的。当火山喷发时，熔岩、碎石、火山灰渣冲出火山锥，冲入海水中，有时甚至冲出海平面，虽然能引起水体垂直上升，但毕竟向上的冲力有限，不致引起大规模的水体扰动。只有当火山类型属于破火山口时（参见 2.2.1 节所述），才有可能引发大的海啸。火山喷发前，破火山口在竖直方向受自身重力、上部水体自重压力和岩浆囊上升压力，三者之间长时间维持平衡。火山突然喷发，岩浆囊压力迅速降低，平衡随即被破坏，破火山口突然整体塌陷，同时岩浆囊受挤压再度喷出大量岩浆，内部压力再度减小，破火山口则继续下降，直至上下压力再度平衡。这一过程会持续很长时间，甚至若干年。但只有破火山口起初的突然塌陷才会引起上部水体大规模的上升，产生海啸波，并向四周传播。

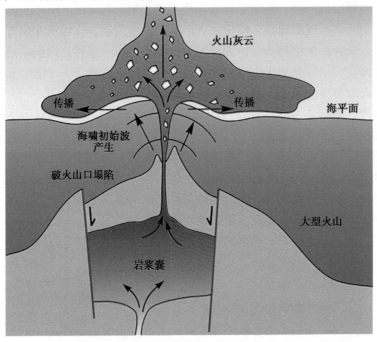

图 2.2.5　火山喷发形成海啸示意图（二）

2.2.4　2018 年喀拉喀托火山喷发引发海啸

2018 年的巽他海峡海啸是一次典型的火山海啸。2018 年 12 月 22 日，当地时间 21 点 03 分，位于巽他海峡的喀拉喀托火山喷发，由于火山喷发导致火山西南部的侧翼山体发生坍塌，引发了海啸，袭击了周边沿岸地区。海啸发生当天，观测到喀拉喀托火山产生高达 1.5km 的火山灰柱，在 20 点 55 分当地的地震台网记录到一次 M_w5.1 级地震，随后大约 32min 海啸首波到达沿岸地区。当地时间 21 点 27 分海啸袭击了印度尼西亚的爪哇和苏门答腊地区，最大海啸波高达1.4m，海浪冲击了大约 300km 的海岸线（图 2.2.6）。据印度尼西亚国家灾害管理委员会发布的数据，截至世界协调时间（UTC）2018 年 12 月 29 日 15 点 17 分，此次海啸致使 431 人死亡、7200 人受伤、46 646 人失踪，434 艘船只倾覆，沿岸大量的基础设施及住房遭到毁灭性打击（BNPB，2019）。

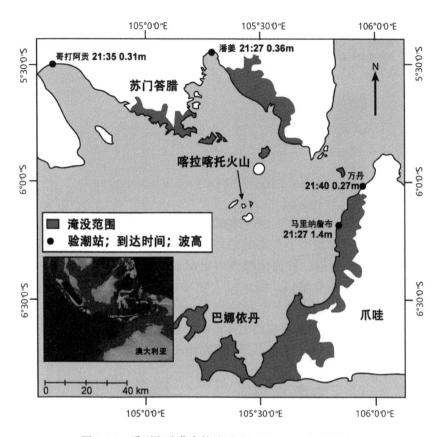

图 2.2.6　受到海啸袭击的地区（Williams et al., 2019）

　　近几个世纪以来，喀拉喀托火山频繁爆发，1883 年喀拉喀托火山发生了一次规模较大喷发，火山喷发后，产生的碎屑流入海洋，引发海啸，席卷了沿岸地区，致使超过 36 000 人死亡（Auker et al., 2013）。1929 年喀拉喀托火山再次露出海平面，在 2018 年喷发以前喀拉喀托火山口已高出海平面 300m。1927 年后喀拉喀托火山活动性增大，频繁发生喷发，在 2018 年 12 月进行了一次大规模喷发，由于火山喷发导致喀拉喀托火山西南部侧翼山体发生坍塌，引发海啸，这是自 1883 年以来，规模最大，造成损失最严重的一次火山喷发。侧翼山体坍塌导致火山高度从 338m 减少到 110m。

　　Williams 等（2019）利用 2018 年 12 月 22 日的雷达影像图计算了火山地面上的坍塌体积，并针对水下坍塌部分进行了铲状分离的假设（图 2.2.7），根据火山的横断面图分析计算水下坍塌的体积，得到地面上坍塌 0.004km³，水下坍塌 0.1km³ 的结果。

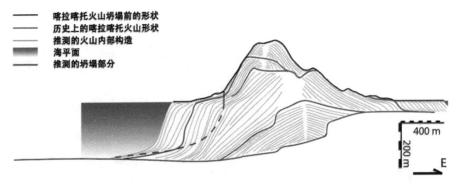

图 2.2.7　火山侧翼坍塌横断面图（Williams et al., 2019）

　　火山侧翼坍塌后发生了一系列的变化，2018 年 12 月 22 日至 2019 年 1 月 10 日之间火山喷发口发生了多次的偏移（图 2.2.8）。由于火山侧翼的坍塌，打开了一条新的岩浆通道，使火山喷发口出现了偏移，在原喷发口西大约 500m 处的水下出现了新的喷发口，海水流入喷发口，导致出现大规模的岩浆蒸汽（图 2.2.9），这种剧烈的活动使喀拉喀托火山侧翼再次发生坍塌。三个星期后，火山喷发出的火山碎屑物和坍塌的山体重新组成新的火山，火山喷发口复位，随着火山碎屑物的加入，火山的水下部分逐渐趋于稳定。

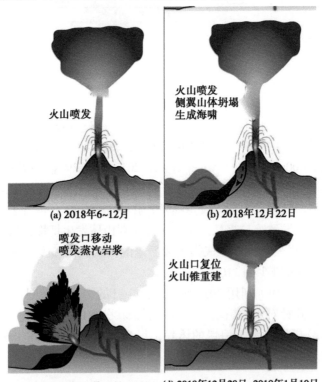

图 2.2.8　不同时期喀拉喀托火山活动示意图（Williams et al., 2019）

图 2.2.9 火山喷发产生的岩浆蒸汽（Williams et al., 2019）

Giachetti 等（2012）曾模拟过喀拉喀托火山喷发诱发海啸的情形，在他的模型中喀拉喀托火山西部的侧翼山体发生了 0.28km³ 的坍塌，巽他海峡沿岸的海啸波高在 0.3 ～ 3.4m 范围内。Giachetti 等（2012）估计的火山坍塌体积是这次火山坍塌体积的三倍，沿岸海啸波高分布情况与这次火山海啸基本一致，但模拟的海啸波到达爪哇和苏门答腊的时间与实际相比分别慢了 10min 和 20min，火山海啸模型低估了喀拉喀托火山海啸的传播速度。虽然与预测结果相比这次火山喷发导致的火山侧翼坍塌量较少，但诱发了相似规模的海啸，以及更快的海啸波传播速度，说明目前的火山海啸模型存在很多不足。火山海啸较低的发生频率、较少的观测资料，给研究人员针对火山海啸开展防灾减灾工作以及认识火山海啸的诱发原理、传播过程带来了巨大挑战。

2.3 滑坡海啸的形成

海底滑坡是具有巨大危害的海洋地质灾害之一。大规模发生的海底滑坡不但会对深海油气钻探、输油管道、海底电缆等海底工程设施造成破坏，而且还能导致海啸，极大地危害着人们生命财产的安全。

2.3.1 海底滑坡类型与成因

海底斜坡土体失稳过程是复杂多样的，为了更好地认识土体破坏后的运动规律，对其进行分类是一项很重要的工作。Locat 等（2002）提议对国际土力学与岩土工程学会（International Society for Soil Mechanics and Geotechnical Engineering，ISSMGE）指出的陆地滑坡分类方案进行修改。他们的分类是根据运动机理把海底滑坡分为 5 种基本类型，即滑动、倾倒、扩张、坠落和流动。滑动进一步细分为旋转滑动和平移滑动。坠落和流动可以细分为崩流、碎屑流和泥流，进一步演变为浊流，如图 2.3.1 所示。与其他分类方法相比，Locat 等（2002）分类的优点是引入了二级分类的概念。近几年多波束测深系统广泛应用表明其分类方案基本能包含所观察到的现象。

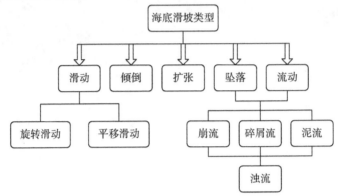

图 2.3.1　对海底滑坡的分类（Locat et al，2002）

　　海底滑坡的诱发机制非常复杂，引起海底滑坡的原因可以分为内在原因和触发原因两类。海底滑坡的内在原因是导致滑坡的基本条件，包括沉积物的物理学性质、海底地形条件、海底底质存在软弱层等。触发原因指因为构造运动、水动力条件、气候变化和人的活动等外在因素导致滑坡产生的原因。主要的触发原因有以下几种。

1. 地震活动

　　大洋岩石圈俯冲到大陆岩石圈的大陆边缘处，由于翘曲和断裂构造活动可以导致斜坡倾角增加。Moore 等（1994）在夏威夷海岭发现有数十处的大型滑坡，跨度超过 200km 的以及滑坡体接近几千立方千米。该地区的地震活动活跃，地震对海底斜坡的稳定性有重要影响。目前，普遍认同地震作用与海底斜坡失稳之间存在联系，但地震作用如何影响海底斜坡失稳仍存在争议。一部分学者认为地震使海底斜坡水平和垂直方向的应力增大，使沉积物中的孔隙水压力发生变化，加剧滑坡的产生；另一部分学者则认为在地震过程中沉积物的孔隙水如果能及时排除，地震作用可能增大海底沉积物的强度，延缓海底滑坡的发生（Boulanger，2000）。

2. 沉积物的欠固结

　　欠固结的沉积物通常被认为是引起河口三角洲海底失稳的主要因素。海底沉积物在正常的沉积—固结压力状态下，土颗粒之间的水体可以自由地逸出进入海水中。但是在河口环境，每年雨季汛期河流携带大量的泥沙堆积在河口。由于大量的泥沙在短时间内快速沉积，沉积物正常的固结过程受阻，部分水体不能自由逸出，产生超孔隙水压力，进而导致海底滑坡。黄河三角洲也有类似现象发生。由于高浓度巨量黄河泥沙快速沉积，河口底坡出现了大量的不稳定现象：塌陷、冲沟、高密度沉积物重力流和滑坡等。

3. 天然气水合物的分解

天然气水合物通常以沉积物的胶结物存在，这对沉积物的强度起着关键作用。在适宜的条件下形成的天然气水合物充填于沉积物的孔隙中，当压力降低或温度升高时，天然气水合物稳定程度降低，水合物质的底部变得不稳定，一旦天然气水合物发生分解，就会释放出远大于水合物体积的甲烷，使天然气水合物带从胶结状态转变为充满气体的状态，从而使原先含天然气水合物的沉积物强度几乎变为零。如果气体释放，又没有孔隙水的补充，就会产生超孔隙气压力，从而降低斜坡的稳定性，进而诱发海底滑坡，导致地质灾害的发生。这种类型的滑坡一般具有以下特征：①可发生在坡度小于或等于 5° 的海底斜坡上；②滑坡体的底部深度接近于天然气水合物分布带的顶部深度。由于海底天然气水合物的稳定性对压力的反应是敏感的，因此，天然气水合物量随海平面的变化而变化，当海平面降低，大陆冰盖相应增加的时候，在大陆坡沉积物中的一些天然气水合物会分解，这在沉积物内部就会形成一层含有自由气体的层位，从而大大降低了沉积物的强度。在欧洲、非洲、美洲沿岸一些海底塌方引起的强大海啸，以及在新西兰、日本海东部和地中海东部发生的滑坡，都证明与天然气水合物中甲烷的释放有关。

4. 潮汐的变化

一些近岸地区频繁发生海底斜坡破坏，可能与潮汐变化有关。作用在海底土体上的上覆水体随潮差的变化而变化，水体的变化引起超孔隙水压力的明显升高。低潮位时，孔隙水在压力差的作用下发生渗流，引起海底斜坡破坏。Wells 等（1981）证明在苏里南（Suriname）潮间泥滩上发育有许多小的水下流动滑坡。滑坡体的运动都是在落潮循环的最后阶段开始的。作用在沉积物上的载荷随潮差的变化而变化，载荷的变化引起超孔隙水压力的明显升高。

5. 冰川作用

陆架冰川作用使陆坡上快速堆积粉质沉积物和冰碛物，影响斜坡土体渗透性和地下水渗流，导致海底滑坡产生如图 2.3.2 所示。新英格兰海底斜坡发育大量的海底滑坡可能和陆架冰川有关。

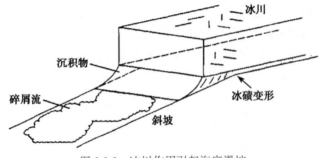

图 2.3.2　冰川作用引起海底滑坡

6. 火山活动

许多较大的海底滑坡痕迹主要位于火山群岛区。堆积在海底未固结沉积层之上的重熔岩火山碎屑物经常倒塌，从斜坡上部下滑至海底深部。夏威夷群岛的演化证明，该群岛四周大部分海区被碎屑岩石包围。

7. 底辟作用

底辟作用会增加斜坡的坡度，特别是土层下的盐底辟活动会在土层中引发应力场变化，如果土质级配良好且渗透性很小，就会引发超静孔隙水压力，以致土剪切强度减小。

8. 泥火山

代表水、盐水、石油或沉积物的流动和喷发的海底泥火山是一种海底地形构造。泥火山与底辟活动及海底水气混合物的形成密切相关，泥火山还会引起泥浆外的快速沉积、压力断层等，因此也是引起海底滑坡的原因之一。

除了上面所列举的，还有侵蚀、风暴潮、海啸作用、蠕变等其他的机制都可能导致海底滑坡的发生。需要指出的是，海底斜坡的不稳定性很少是由单一因素的机制引起，而更多的是由不同时期所进行的非常复杂的相互作用所致。当剪切应力达到土体的抗剪强度使土体发生破坏时，无论剪切应力还是抗剪强度都可能在整个时间和空间上因几个不相同（或相同）的基本因素的结合而达到临界状态。例如，风暴潮作用，一方面增加对土体的剪切应力；另一方面诱发土体内的孔隙水压升高而降低土体的抗剪强度。当剪切应力的增加和土体抗剪强度的降低到达临界状态时，土体发生破坏。如果浅层气的快速产生或从一个地带运移到另一个地带，也有可能导致土体破坏，而应力状态没有发生任何形式的变化。

2.3.2　海底滑坡形成海啸

海底滑坡引起海啸，其特性不同于海底地震引起海啸，它们之间最主要的区别在于滑坡产生的海啸波传播更为集中。滑体沿倾角 β 向下滑动，海啸波则向上产生并且平行于滑体，波形形似 "N"，如图 2.3.3 所示。首波的波峰较低而波谷却相对较深，幅值通常是波峰的 3 倍左右，次波却刚好与此相反。这种起始波峰与波谷间的较大差异经常会造成比地震海啸还大的海岸爬高值。

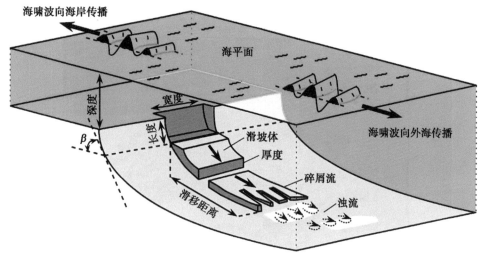

图 2.3.3　海底滑坡形成海啸示意图

滑坡海啸的产生主要取决于滑体的体积、滑体水深及滑移的速度，滑体体积可以由其长度、宽度及厚度决定。模拟滑坡海啸首先必须确定滑坡体开始失效滑移的位置。大部分海底滑坡都会产生碎屑流和浊流，浊流与海啸的产生毫不相干，因为当浊流形成并与海水混合在一起时，海啸波早已形成并向外传播。但是浊流慢慢沉积于海底将成为判断远古海啸的一项标志。

大多数滑坡都是缓慢移动的，渐渐达到自由沉降速度，其值主要取决于滑体质量、密度及倾角 β。因此滑坡海啸是缓慢形成的，不同于地震海啸的瞬间产生。有时候地震引起海底滑坡继而产生海啸，海啸波到达海岸的时间要比预期晚很多。滑坡海啸波的波长通常在 1～10km，周期通常在 1～5min，相比于地震海啸的波长和周期值要小很多。滑坡海啸波周期值随着滑体的尺寸增加、随倾角的减小而增大，与水深及滑体质量无关。

2.3.3　2018 年苏拉威西海底滑坡引发海啸

2018 年 9 月 28 日，当地时间 6 点 02 分（UTC 时间 10 点 02 分）印度尼西亚苏拉威西岛附近发生 M_w7.5 级地震，震中位于 0.256°S、119.846°E，震源深度 13.5km，为一次走滑型地震。震中周围受板块挤压俯冲，地震构造背景复杂、历史地震活动丰富（图 2.3.4），震中附近曾在 1996 年发生过一次 M_w7.7 级地震。地震发生几分钟后，帕卢（Palu）海湾遭受海啸袭击，地震和海啸产生的破坏，造成了大量的经济损失，导致超过 2000 人在这次海啸中丧生（Asean，2018）。这次海啸对帕卢海湾附近地势较低的地区造成了巨大影响，沿岸房屋和植被受到严重破坏（图 2.3.5）；海啸破坏房屋之前卷起了船只和汽车，冲走了很多面向海滩建造的房子，只留下了地基。通常认为走滑型地震不易诱发海啸，然而此次地震引发的海啸其破坏力却令人惊讶，因此其成因引起了研究人员的广泛关注。

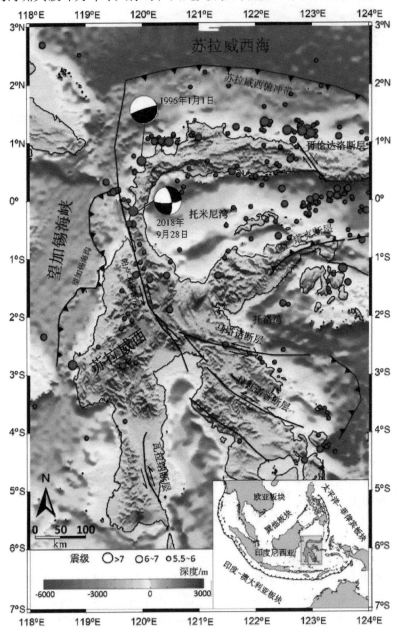

图 2.3.4 2018 年 9 月 28 日印度尼西亚苏拉威西 M_w7.5 级地震构造背景（Omira et al., 2019）

图 2.3.5　帕卢海湾沿岸受灾情况（Omira et al., 2019）

　　Omira 等（2019）在海啸过后沿海岸线进行了现场调查，调查海啸破坏范围、淹没痕迹等资料。最终收集了 62 个场点的海啸爬高，16 个场点的海啸淹没高度（图 2.3.6 和图 2.3.7）。调查结果显示，海啸爬高分布具有明显的位置特征，海啸波侵入海湾，经过汇聚与反射叠加，涌浪高度显著增加，距离海湾顶部越近的场点，海啸爬高越大，淹没深度越深；反之，距离海湾入口越近的场点，海啸爬高越小，淹没深度越浅。在帕卢海湾内，在靠近海湾顶部处产生了达 9.1m 的最大海啸爬高，这个位置的海岸也较为陡峭，倾斜角度达到了 20°。此处向北几米的位置，海啸爬高为 4m 左右，再向北，海湾入口处海啸爬高明显减小，低于 2m。这个现象侧面说明了这次海啸极有可能是由一个局地的点源引起的。

　　对被海啸淹没的地区进行现场调查发现，这次海啸仅对距海岸线 300m 范围以内的内陆造成了影响，说明海啸波波长和周期较短，相对较短的海啸波周期意味着这次海啸是由一个相对较小的局地海啸源生成的；这种波高很高但周期很短的海啸波也通常被认为是非构造源海啸的特征，如滑坡海啸。

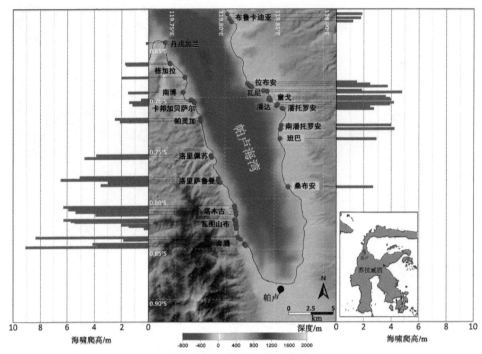

图 2.3.6 帕卢海湾海啸爬高分布（Omira et al., 2019）

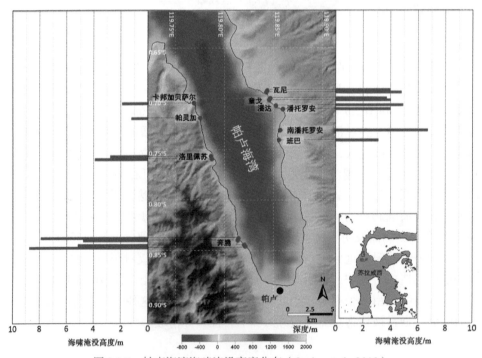

图 2.3.7 帕卢海湾海啸淹没高度分布（Omira et al., 2019）

　　位于帕卢海湾沿岸的潘托罗安（Pantoloan）验潮站在地震发生 6min 后记录到了海啸波的首波，并在 2min 后记录到最大峰值为 1.9m，但在其他沿岸区域海啸波高远超于此。在地震发生后如此短的时间内记录到海啸波，说明海啸源极有可能位于潘托罗安验潮站附近的海湾。距离震中 300km 的马穆朱（Mamuju）验潮站，在地震发生 18min 后记录到了海啸波，震中位置与马穆朱验潮站之间被望加锡海峡隔开，望加锡（Makassar）海峡平均水深约为 2000m，根据 1.8 节给出的海啸波传播速度计算公式 $c = \sqrt{gh}$，假设海啸波在望加锡海峡中的传播速度为 500km/h，海啸波从震中位置传播至马穆朱验潮站至少需要半个小时，这说明了海啸源不在震中位置。

　　很多海啸研究人员认为海底滑坡对这次海啸的形成提供了最大的贡献，但不排除这次海啸是海底滑坡和地震共同作用的结果（Heidarzadeh et al.，2018；Muhari et al.，2018；Takagi et al.，2019）。另外，有一些学者现场调查发现帕卢海湾沿海地区本滕（Benteng）海岸附近发生了大面积的土体液化现象，他们认为这种明显的土体液化引起海岸大面积坍塌（图 2.3.8），对这次海啸的产生起到了一定的贡献（Sassa et al.，2019）。因此，本书作者认为这次海啸是一次多种海啸触发机制共同作用的结果，但海底滑坡是这次海啸产生的主要原因。

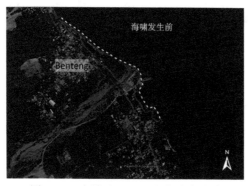

图 2.3.8　本滕（Benteng）海岸在海啸发生后出现海岸坍塌现象（Omira et al., 2019）

2.4　撞击海啸的形成

2.4.1　近地天体撞击地球

近地天体（Near-Earth Objects，NEOs）是对其轨道与地球轨道相交或相近的太阳系天体的总称，包括小行星、彗星、航天器及大型流星体。据天文观测，在太阳系的火星和土星之间大约存在着 50 万颗小行星，构成一圈小行星带，并且是主带，因为在木星运行轨道上还存在着两个特洛伊族小行星带，如图 2.4.1 所示。这些行星中较大的几颗分别是智神星、婚神星、灶神星和谷神星，平均直径都超过 400km，其中最大的是谷神星，直径约为 950km；其余的小行星都较小，有些甚至只有尘埃大小。另外太阳系中还运行着许多彗星，它们主要由水、氨、甲烷、氰、氮、二氧化碳等物质组成，对地球的危险也相对很小，同样航天器及大型流星体对地球的危险也甚是微小，也就是说能对地球造成危险的近地天体基本上就是飞速运行的较大的小行星。

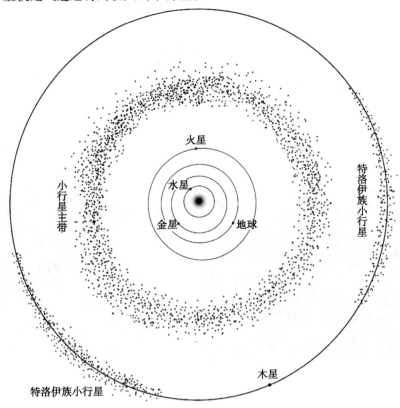

图 2.4.1　太阳系中的小行星带

据美国国家航空航天局（National Aeronautics and Space Administration, NASA）的调查报告，大约有 2000 颗直径大于 1km 的近地天体被发现围绕着太阳旋转，并且其运行轨道与地球的运行轨道相互交叉，而这仅仅占所有近地天体的 7%。目前 NASA 已成立工作组，计划 10 年内将所有直径大于 1km 的彗星和小行星进行划分归类并研究其运行特征。

通常情况下直径小于 100m 的近地天体无法到达地球表面，原因是受大气层摩擦燃烧，它们会在离地面几千米处爆炸分解。发生在 1908 年著名的西伯利亚通古斯大爆炸被证实就是小行星爆炸所引起。这种爆炸产生的能量相当巨大，直径 50m 的小行星在大气层爆炸产生的能量相当于 1000 万 t TNT 炸药爆炸产生的能量，而直径 100m 的小行星则要相当于 7500 万 t TNT，能量的实际大小还取决于行星的速度和密度。爆炸产生的威力相当于核爆炸，将使数千平方千米化为灰烬。在通古斯大爆炸中，2000km² 区域或者说方圆 25km 内一切物体被摧毁，所幸的是该区域人口非常稀少，没有造成太多人员伤亡（Michael，1999）。

大约每隔 3000 ～ 5000 年就会有直径大于 200m 的小行星或彗星撞击地球，因此人类一生中碰到这种事件的概率为 2% ～ 3%。NASA 粗略地绘出了太阳系中水星至火星的运行轨道及已知最大的 100 颗小行星运行轨道，如图 2.4.2 所示，从图中我们可以很好地发现大量的小行星与地球间的运行轨道相互交叉，无论如何总有某一刻会有一颗直径较大的小行星与地球相撞，造成不堪设想的灾难性后果。表 2.4.1 是由 Morrison 等（1994）针对不同大小的近地天体撞击地球所产生的影响进行的预期评估。

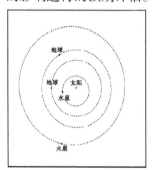

(a) 太阳系行星的运行轨道　　(b) 已知的太阳系中100颗最大　　(c) 大行星与小行星的运行轨道交叉
　　　　　　　　　　　　　　的小行星运行轨道

图 2.4.2　太阳系中的行星及小行星运行轨道（来源于 NASA）

近地天体能给人类带来巨大灾难，但同时人类也可以研究、利用、开发它。NASA 提出近地天体可以作为人类定居火星的一块垫脚石。相对于登陆月球，有些近地天体有更小的轨道偏心率，更短的往返时间。另外，从已坠入地球的近地天体来看，其成分是多样化的。大部分近地天体都包含游离金属，如铁镍合金、铂族金属及金，有机化合物及结合水。人类可以对这些近地天体进行资源及能源的开发。重要的是，这些资源可以用来生成人们赖以生存的氧气和水。因此，某些近地天体可以作为人类在地月系以外的能源基地，可以为人类开发外太空提供能源保障。

表 2.4.1　近地天体撞击地球所产生的影响评估（Morrison et al., 1994）

爆炸当量/百万吨 TNT	小行星直径/km	陨坑直径/km	影响评估
<10	<0.075	<1.5（陨铁）	通常情况下会在大气层燃尽，只有陨铁能到达地面并形成小陨坑，影响甚微
10～<10²	0.075	1.5	陨铁到达地面形成陨坑，其他则在大气层爆炸，对于陆地的破坏相当于柏林、罗马、华盛顿等大城市的面积
10²～<10³	0.16	3	陨石、陨铁都能形成陨坑，对于陆地的破坏相当于纽约或者东京等特大城市的面积；落入海洋则引起海啸
10³～<10⁴	0.35	6	对于陆地的破坏相当于两个卢森堡的面积；撞击海啸能产生至少 20m 高的海啸波
10⁴～<10⁵	0.7	12	对于陆地的破坏相当于中国台湾的面积；全球大范围海岸将受撞击海啸影响
10⁵～<10⁶	1.7	30	由于撞击造成大量粉尘飘浮于空气中，局部气候会发生改变；对于陆地的破坏相当于法国的面积；撞击海啸波将抵达全球所有海岸；全球范围内的臭氧层将被破坏
10⁶～<10⁷	3.0	60	全球气候会发生改变；并且燃烧后的残片会引起全球范围内的森林大火；撞击对于陆地的直接破坏相当于印度的面积
10⁷～<10⁸	7.0	125	全球气候发生大规模变化；大量物种灭绝；直接破坏面积将相当于美国或澳大利亚的国土面积
10⁸～<10⁹	16.0	250	物种大规模灭绝，类似于造成恐龙灭绝的 K-T 事件
>10⁹	>16.0	>250	所有高等生物灭绝

2.4.2　行星撞击形成海啸

类似于其他自然灾害，行星撞击地球引起的次生灾害将带来远大于其自身撞击产生的破坏，在行星爆炸之后，人们将会受到太阳光长久被遮挡、大范围火灾、污染浮沉及有毒气体的危害。另外，由于行星落入海洋的概率极大，另一种次生灾害——海啸的形成不可避免，必将引起巨大灾难。

随着海洋地质学的发展，越来越多的证据表明海洋曾多次遭受到行星的撞击，并在地球上留下了多个陨坑。据科学考察资料显示第一个陨坑是在 4.55 亿年前形成的瑞典洛克内（Lockne）陨坑，水深至少为 200m，直径约 7.5km；第二个是俄罗斯的卡卢加（Kaluga）陨坑，形成于 3.8 亿年前，属于内陆海陨坑，水深 300m，直径约 15km，随即发生地震和海啸在 500km 以外的区域形成了明显的地质特征；直径 40km 的雷神锤（Mjølnir）陨坑位于巴伦支海海域，水深 400m，形成于 1.42 亿年以前；科学家证实 6500 万年以前有一个直径约 10km 的行星袭击了墨西哥希克苏鲁伯（Chicxulub）地区，毁灭了地球上绝大部分生物，包括恐龙在内，地球从此进入新生代，这就是赫赫有名的 K-T 事件。距今 215 万年前发生在南极别林斯高晋海的行星撞击事件通过详细的地质调查被记录下来，直径约 1 ~ 4km，水深在 5km 左右。其他诸如发生在澳大利亚、美国弗吉尼亚和加拿大新斯科舍省的行星撞击海洋事件都被科学家发现并详细地记载下来，如图 2.4.3 所示。

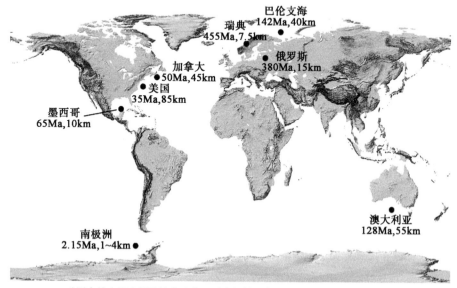

（图中给出了小行星撞击地点、距今年份及直径，其中 Ma 表示百万年）

图 2.4.3　已知的小行星撞击海洋事件

图 2.4.4 为 Hills 等（1998）给出的撞击海啸距落水点 1000km 处的深水波高（2 倍于静水面波高）与小行星的半径、撞击速度之间的关系。它是基于小行星撞击海啸的动能与太平洋核爆测试的爆炸能相等的前提下，将后者引起的海啸波等同于前者引起的海啸波，由此而估算出来的。当海啸波到达海岸时其爬坡高度将是先前深水波高的好几倍，甚至某些区域呈几何级数增长，这主要取决于局部海岸地形条件。从图 2.4.4 中我们可以清楚地看到，只有当半径超过 100m 的小行星撞击海洋时才会产生较大的波高值，以撞击速度 20.0km/s 为例，当小行星直径为 500m 时，距落水点 1000km 处的深水波高值将达到 20m，而当直径达到 1km 时，这种波高值将会达到惊人的 70m。我们假设直径为 1km 的小行星落入大西洋中部，按照图 2.4.4 的关系，静水面波高会有 35m，由于传播距离较远海啸波会产生散射，到达海岸前静水面波高会降低至 1/3，但由于海啸波在海岸的平均爬坡高度是这一高度的 3 倍，因此大西洋两岸都将受到 35m 海啸爬高的袭击，威力远大于 2004 年印度洋海啸。

撞击海啸波形成有两种方式：一种是小行星落水点的海水深度足够深，撞击形成的水坑未触及海底，如图 2.4.5(a) 所示，这种情况下线性长波理论可以用来计算海啸波的传播；另一种情况是小行星很大或者海水较浅，撞击形成的水坑触及海底，从而使海床形成陨坑，如图 2.4.5(b) 所示，这种情况下对海啸波进行数值模拟相对比较困难，较常用的是采用爆炸流体力学进行模拟计算，并且需要考虑固液耦合。

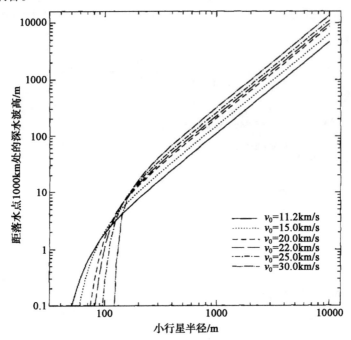

图 2.4.4　不同半径小行星撞击海洋后距离落水点 1000km 处的深水波高（Hills et al., 1998）

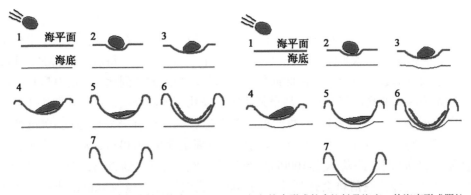

（a）撞击形成的水坑未触及海底　　　　（b）撞击形成的水坑触及海底，使海床形成陨坑
图 2.4.5　撞击海啸形成示意图

　　虽然多数科学家认为撞击海啸对海岸的破坏是显著的、灾难性的、灭绝性的，其危害要远大于地震引起的海啸。但也有极少数科学家持反对观点，这主要源于由海啸专家范多恩主编的一份绝密文件的公开，这份名为《爆破引起的水波

指南》，通过研究海洋中核爆引起的水波特性，对撞击海啸的形成、传播、海岸爬坡给出了比较新颖的观点。其中最重要的一点是，撞击海啸波的周期通常为 20 ~ 100s，这一值介于风暴潮 5 ~ 20s 及地震海啸波 100s ~ 1h 之间，人们通常对风暴潮及地震海啸波比较熟悉，因而这两种波的特性或一些现象往往会误导人们对于撞击海啸波的认识，实际上它在到达外大陆架边缘时会发生破碎，产生的破碎波对近海作业的渔船或油气设施产生巨大破坏，但却大大降低了对海岸建筑物的影响，这一现象称为"范多恩效应"。

目前，还没有历史文献记载有关撞击海啸的任何信息，各种观点都无法通过实践论证，但不管撞击海啸对地球的破坏是大还是小，随着人类对未知科学领域的积极探索，以及现代航天、电子、计算机等高新技术的飞速发展，相信人类总有一天能够应对近地天体对地球的撞击，避免撞击海啸的形成。

参 考 文 献

刘嘉麒, 1999. 中国火山 [M]. 北京 : 科学出版社 .

刘若新, 2000. 中国的活火山 [M]. 北京 : 地震出版社 .

ASEAN, 2018. ASEAN-Coordinating Centre for humanitarian assistance on disaster: situation update no. 12 M 7.4 earth-quake & tsunami Sulawesi, Indonesia[EB/OL]. [2018-12-18]. https://asean.org/storage/2018/10/AHA-Situation_Update-no12-Sulawesi-EQ-rev.pdf.

Auker M R, Sparks R S J, Siebert L, et al., 2013. A statistical analysis of the global historical volcanic fatalities record[J]. Journal of Applied Volcanology, 2(1): 1-24.

BNPB, 2019. Badan Nasional Penanggulangan Bencana Facebook[EB/OL]. [2019-01-22]. https://www.facebook.com/HumasBNPB/.

Boulanger E, 2000. Comportement cyclique des sédiments de la marge continentale de la rivière Eel: une explication possible pour le peu de glissements sous-marins superficiels dans cette région[D]. Quebec City, Canada: Laval University.

Giachetti T, Paris R, Kelfoun K, et al., 2012. Tsunami hazard related to a flank collapse of Anak Krakatau volcano, Sunda Strait, Indonesia[J]. Geological Society London Special Publications, 361(1): 79-90.

Heidarzadeh M, Teeuw R, Day S, et al., 2018. Storm wave runups and sea level variations for the September 2017 Hurricane Maria along the coast of Dominica, eastern Carib-bean sea: evidence from field surveys and sea-level data analysis[J]. Coastal Engineering Journal, 60(3): 371-384.

Hills J C, Goda P, 1998. Tsunami from asteroid and comet impacts: the vulnerability of Europe[J]. Science of Tsunami Hazards, 16(1): 3-10.

Locat J, Lee H J, 2002. Submarine landslides: advances and challenges[J]. Canadian Geotechnical Journal, 39(1): 193-212.

Michael P P, 1999. Asteroid impacts: the extra hazard due to tsunami[J]. Science of Tsunami Hazards, 17(3): 155-166.

Moore J G, Normark W R, 1994. Giant Hawaiian landslides[J]. Annual Reviews in Earth and Planetary Sciences, 22: 119-144.

Morrison D A, Chapman C R, Slovic P, 1994. The impact hazard edited by Tom Gehrels, Hazards due to Comets and Asteroids[M]. Tucson: The University of Arizona Press.

Muhari A, Imamura F, Arikawa T, et al. ,2018. Solving the puzzle of the september 2018 palu, indonesia, tsunami mystery: clues from the tsunami waveform and the initial field survey data[J]. Journal of Disaster Research, 13: 1-3.

Murck B W, Skinner B J, 1999. Geology today: understanding our planet[M]. New York: John Wiley.

Omira R, Dogan G G, Hidayat R, et al., 2019. The September 28th, 2018, tsunami in Palu-Sulawesi, Indonesia: a post-event field survey[J]. Pure and Applied Geophysis, 176(4): 1379-1395.

Sassa S, Takagawa T, 2019. Liquefied gravity flow-induced tsunami: first evidence and comparison from the 2018 Indonesia Sulawesi earthquake and tsunami disasters[J]. Landslides, 16(1): 195-200.

Takagi H, Pratama M B, Kurobe S, et al., 2019. Analysis of generation and arrival time of landslide tsunami to Palu City due to the 2018 Sulawesi earthquake[J]. Landslides, (16): 983-991.

Thordarson T, Self S, 2003. Atmospheric and environmental effects of the 1783-1784 Laki eruption: A review and reassessment [J]. Journal of Geophysical Research: Atmospheres，108(D1): AAC 7-1-AAC 7-29.

Wells J T, Coleman J M, 1981. Physical processes and fine-grained sediment dynamics, coast of Surinam, South America[J]. Journal of Sedimentary Research, 51(4): 1053-1068.

Williams R, Rowley P, Garthwaite M C, 2019. Small flank failure of Anak Krakatau Volcano caused catastrophic December 2018 Indonesian tsunami[J]. Geology, 47(10): 973-976.

Witze A, 2013. Earth science: under the volcano [J]. Nature News，504(7479)：206.

第 3 章　全球历史海啸

3.1　海啸历史数据库

3.1.1　NTL 的数据库

新西伯利亚海啸实验室（Novosibirsk Tsunami Laboratory，NTL）是俄罗斯科学院西伯利亚分院计算数学与地球物理研究所其中的一个实验室，长期致力于海啸历史基础数据的研究，通过互联网推出了 3 个在线数据库，包括太平洋海啸历史数据库（Historical Tsunami Database for the Pacific，HTDB/PAC）、大西洋海啸历史数据库（Historical Tsunami Databases for the Atlantic，HTDB/Atl）、地中海海啸历史数据库（Historical Tsunami Database for the Mediterranean，HTDB/Med）。

1. HTDB/PAC

该数据库包括从公元前 47 年到目前为止的发生在太平洋及周边地区（从 65°S 到 65°N 及 80°E 到 50°W）大约 1490 次历史海啸的基本参数、由这些海啸产生的大约 8000 个沿海海浪爬高和验潮站观测到的浪高记录，还包括有史以来的世界重要地震目录（大约 6300 个地震事件）。

另外通过分析选定数据，网页还提供了一系列的分析结果（包括时间 – 事件直方图、时间 – 海啸等级关系图、地震震级 – 海啸等级关系图），使表达更加直观、可视。

2. HTDB/Atl

该数据库包括从公元前 60 年到目前为止的发生在大西洋及周边地区（南纬 60°S 到 72°N 及 100°W 到 30°E）大约 260 次历史海啸的基本参数，以及由这些海啸产生的沿海爬高和测潮计观测到的浪高记录。

3. HTDB/Med

该数据库包括从公元前 1628 年到目前为止的发生在地中海及周边地区（从 30°N 到 48°N 及 10°W 到 42°E）大约 548 次历史海啸的基本参数，以及由这些海啸产生的沿海爬高和测潮计观测到的浪高记录。

3.1.2　NGDC 的数据库

（美国）国家地球物理数据中心（National Geophysical Data Center，NGDC）隶属于美国国家海洋与大气管理局（National Oceanic & Atmospheric Administration，NOAA），主要提供海洋地质学、地球物理学、古气候学、日地物理学、固体地球物理学及冰川学方面的信息。

该中心提供全球历史海啸数据库，内容包括：①从公元前 2000 年到目前为止发生在太平洋、印度洋、大西洋、地中海及加勒比海地区的所有已知的大约 2600 个（截至 2018 年数据）海啸事件；②由这些海啸事件产生的大约 27 000 个（截至 2018 年数据）沿海海啸爬高记录。图 3.1.2 给出了公元前1610 ~ 2017 年全球发生的历史海啸位置分布，对不同形成原因和危害程度进行了区分。

海啸事件内容包括海啸发生的时间、地点、经纬度、产生原因、海啸地震震级、最大浪高、可信度、爬高数量、人口死亡及财产损失情况等。海啸爬高记录内容包括爬高产生的时间、地点、经纬度、离海啸源的距离、最大爬高、最大淹没水平距离等。

另外，该数据中心提供了在线 ArcIMS 交互式查询，使数据表达更加直观，图层包括历史海啸事件、海啸观测数据、历史重要地震、火山喷发重要事件、全球火山分布、全球 DART 分布、海啸验潮站分布以及重要海啸的传播走时图和传播能量分布。图 3.1.1 和图 3.1.3 分别给出了两个示例，以在线地图形式显示太平洋区域的历史海啸事件和 2011 年日本地震海啸的传播走时图和传播能量分布。

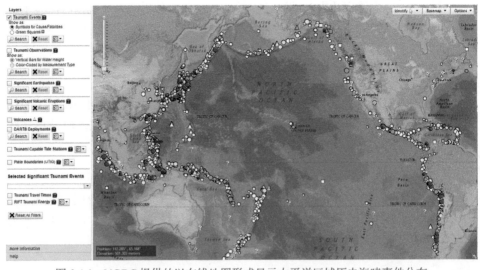

图 3.1.1　NGDC 提供的以在线地图形式显示太平洋区域历史海啸事件分布

图 3.1.2　全球历史海啸分布（公元前 1610 ～ 2017 年）（来源于 NGDC）

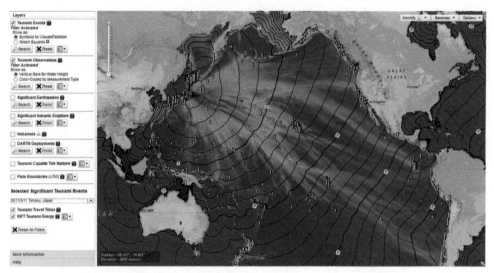

图 3.1.3　NGDC 提供的以在线地图形式显示 2011 年日本地震海啸的
传播走时图和传播能量分布

3.2　海　啸　分　布

3.2.1　全球海啸灾害

海啸是地球上致命的自然灾害之一，无数人因遭遇海啸而死亡。海啸不断威胁人类的生命和财产安全，NGDC 提供的历史海啸数据显示，历史上死亡人数超过 2000 人的破坏性海啸多达 35 次（表 3.2.1）。海啸按造成灾害的大小可以分为破坏性海啸和非破坏性海啸。破坏性海啸事件只占所有海啸事件的一小部分，如图 3.2.1 所示，虽然破坏性海啸发生频率低，但破坏力极强，且难以预测，破坏性海啸所到之处必定造成巨大破坏，使沿岸人民的生命和财产蒙受损失。

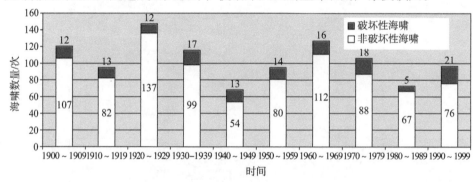

图 3.2.1　20 世纪破坏性海啸与非破坏性海啸数量比较（NGDC）

表 3.2.1　历史上死亡人数超过 2000 人的破坏性海啸一览（截至 2018 年）

序号	死亡人数 / 人	时间 / 年 – 月 – 日	海啸地点
1	5 000	365-07-21	希腊 – 克里特岛
2	2 000	887-08-02	日本 – 新潟
3	2 600	1341-10-31	日本 – 青森县
4	5 000	1498-09-20	日本 – 松滨
5	2 000	1570-02-08	智利中部
6	5 000	1605-02-03	日本 – 南海道
7	5 000	1611-12-02	日本 – 三陆
8	2 244	1674-02-17	印度尼西亚 – 班达海
9	5 000	1687-10-20	秘鲁南部
10	2 000	1692-06-07	牙买加 – 皇家港
11	5 233	1703-12-30	日本 – 房总半岛
12	2 000	1707-10-28	日本 – 松滨
13	5 00	1707-10-28	日本 – 南海道
14	2 000	1741-08-29	日本 – 北海道
15	4 800	1746-10-29	秘鲁中部
16	2 100	1751-05-20	日本 – 本州
17	50 000	1755-11-01	葡萄牙 – 里斯本
18	13 486	1771-04-24	日本 – 琉球群岛
19	14 524	1792-05-21	日本 – 九州
20	3 000	1854-12-24	日本 – 南海道
21	25 000	1868-08-13	智利北部
22	2 282	1877-05-10	智利北部
23	34 417	1883-08-27	印度尼西亚 – 喀拉喀托
24	27 122	1896-06-15	日本 – 三陆
25	2 460	1899-09-29	印度尼西亚 – 班达海
26	2 000	1908-12-28	意大利 – 墨西拿海峡
27	2 144	1923-09-01	日本 – 相模湾
28	3 022	1933-03-02	日本 – 三陆
29	4 000	1945-11-27	巴基斯坦 – 莫克兰海岸
30	10 000	1952-11-04	俄罗斯 – 堪察加
31	2 226	1960-05-22	智利南部
32	6 800	1976-08-16	菲律宾 – 莫罗湾
33	227 899	2004-12-26	印度尼西亚 – 苏门答腊
34	18 434	2011-03-11	日本东北部
35	2 256	2018-09-28	印度尼西亚 – 苏拉威西岛

注：表中数据根据 NGDC 数据库整理而来。

　　全球各大洋均有海啸发生，全球90%的海底大地震发生在太平洋，因此太平洋沿岸是海啸灾害的多发区，在太平洋1300多年的海啸记载中，大量人口死于海啸灾害，沿海众多的城镇被毁。太平洋沿岸的夏威夷、新西兰、澳大利亚和南太平洋地区、印度尼西亚、菲律宾群岛、日本、阿拉斯加、所罗门群岛、美国西海岸、中美洲地区、哥伦比亚与智利地区是海啸灾害的多发区，其中印度尼西亚更是太平洋海啸的重灾区，历史上该地区共发生过30多次破坏性海啸，近年来该地区也多次发生破坏性海啸，如2004年的印度洋海啸、2018年的喀拉喀托火山海啸和苏拉威西海啸。

　　近百年来全球海啸灾害频发，造成巨大破坏的海啸多达17次，死亡人数都在百人以上（表3.2.2），其中2004年印度洋地区、2011年日本东北地区发生的两次海啸最具破坏力。在印度洋海域历史上发生过的海啸中，2004年印度洋海啸是破坏力最强、造成损失最严重的一次。这次海啸夺走了沿岸12个国家超过22万人的生命（根据NOAA提供数据），受灾国家中印度尼西亚、斯里兰卡、印度和泰国损失最为严重。在一些人口总量较少的受灾国家，如斯里兰卡，因海啸丧生的人口占据了总人口极高的比例，社会将在一段时间内处于缺乏劳动力的状态，难以在短时间内恢复经济发展；此外，因这次海啸丧生的人中有4%是外地的游客，这意味着受灾国家蓬勃发展的旅游业在未来也将受到影响。海啸除了造成直接的损失外，对这些地区的社会和经济将造成持续的影响。2011年日本东北部海域发生M_w9.1级地震，激发了最大波高超过10m的海啸，袭击了日本沿岸地区，造成18 434人死亡或失踪。值得注意的是，这次海啸袭击了福岛核电站，对核电站的核设施造成了严重破坏，引发了核泄漏，周边生态环境遭到严重污染，产生了难以估计的持续影响。这一事件也为其他国家的沿海核电站敲响了警钟，对于沿海地区的海啸防灾减灾工作应当予以足够重视。

　　因此，一次破坏性海啸对沿岸地区产生的灾害涉及方方面面，高达数米的海浪到达岸边，将停泊在港口附近的船只冲击上岸，巨大的能量摧毁房屋、道路和植被，破坏依海而建的诸如核电站、跨海大桥等重大工程，并携带着破碎的残骸和泥沙不断向内陆前进，造成更大范围的破坏，海啸灾害除了造成直接的财产损失和人员伤亡，更有海啸过后对社会、经济和生态环境等诸多方面的长远影响，发生一次破坏性海啸，受灾国家需要相当长的时间愈合海啸带来的伤痛。

　　总结历次海啸受灾情况发现，海啸对于发达程度不同的国家造成的影响也是不同的，1998年，巴布亚新几内亚M_w7.1地震诱发的海啸造成了1636人死亡，而2015年智利M_w8.3地震诱发的海啸仅仅有19人死亡，凸显了海啸灾害对不同发达程度国家造成影响的差异，反映出智利在海啸防灾减灾工作中所做的努力，也体现了海啸防灾减灾工作对预防海啸灾害的重要意义。

表 3.2.2　百年来世界重大海啸一览

时间 （年-月-日）	震源	矩震级	海啸地点	浪高 /m	死亡 人数 /人	损失
1908-12-28	意大利墨西拿地震	7	意大利南部西西里岛	13	2 000	
1923-09-01	日本关东	7.9	日本相模湾	13	2 144	868 栋房屋被破坏
1933-03-02	三陆近海	8.4	日本三陆海域	29	3 022	约 6 000 栋房屋被破坏，船舶流失或破损超过 12 000 艘
1946-04-01	阿留申群岛	8.6	夏威夷群岛	42	167	损失约 2 627 万美元
1960-05-22	智利南部瓦尔迪维亚海域	9.5	智利海域	25	2 226	损失约 10 亿美元，58 622 栋房屋被破坏
1964-03-28	阿拉斯加的安克雷奇	9.2	阿拉斯加湾海域	51.8	124	损失约 1.16 亿美元
1976-08-16	菲律宾群岛南部苏拉威西海	8	菲律宾群岛南部	9	6 800	损失约 1.34 亿美元
1983-05-26	日本秋田海域	7.7（M_S）	日本西海岸	14.93	100	3 513 栋房屋被破坏，损失约 8 亿美元
1992-09-01	尼加拉瓜	7.7（M_S）	尼加拉瓜	9.9	170	1 500 栋房屋被破坏，损失约 3 000 万美元
1992-12-12	印度尼西亚弗洛勒斯岛	7.8	印度尼西亚弗洛勒斯岛	26.2	1 169	31 785 栋房屋被破坏，损失约 1 亿美元
1993-07-12	日本北海道西南海底	7.7	奥尻岛	32	208	2 374 栋房屋被破坏，损失约 12.07 亿美元
1994-06-03	印尼巴厘岛西南 61km 海域	6.6	东爪哇、巴厘岛、龙目岛	13.9	238	1 500 栋房屋被破坏，损失约 220 万美元，沉船 278 艘
1998-07-17	巴布亚新几内亚俾斯麦海区	7	西塞皮克省艾塔佩地区	15.03	1 636	海啸摧毁了该县北部哥勒姆市 75% 建筑物
2004-12-16	印度洋海域	9.1	苏门答腊岛及周边沿海地区	50.9	227 899	损失约 100 亿美元
2011-01-11	日本东北部海域	9.1	日本东北部	38.9	18 434	123 661 栋房屋被破坏，280 920 栋房屋损坏，福岛核电站遭到破坏，引发核泄漏，损失约 2 200 亿美元
2018-09-28	巽他海峡	7.5	苏拉威西岛	10.67	2 256	3 673 栋房屋被摧毁，69 483 栋房屋损坏，损失约 9.12 亿美元
2018-12-22	喀拉喀托火山（火山海啸）		爪哇岛、苏门答腊岛	30	437	2 844 栋房屋被破坏，损失约 2.5 亿美元

注：表中数据根据 NGDC 数据库整理而来。

3.2.2 世界海啸分布

1. 按照海啸发生位置分布

在全球已经确定的海啸源中，太平洋海啸源最多，地中海次之，大西洋和印度洋海啸源相对较少，如图 3.2.2 所示。

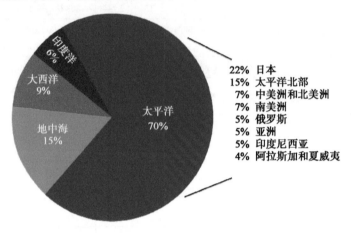

图 3.2.2　全球海啸源分布

因此环太平洋地震带和部分地中海 – 喜马拉雅地震带是发生海啸事件最多的两个区域。

1）环太平洋地震带

环太平洋地震带为全球地震最活跃的地带，全球 80% 的浅源地震，90% 的中源地震和几乎所有的深源地震都集中于此。由于该地带是板块俯冲带，在板块的接触带上产生过许多逆冲倾滑型的 6 ～ 9 级地震，引起深海沟地形快速变化，导致海啸产生，故也是海啸分布最多的地带（魏柏林等，2005）。

东太平洋地震带是太平洋板块向美洲板块俯冲的地带，形成了深达 8 065m 的秘鲁 – 智利海沟和 7973m 的智利海沟。沿板块俯冲带发生过许多大震，其中，1746 年 10 月 29 日在秘鲁发生 M_S 8.0 级地震，出现海啸，地震与海啸造成 5 941 人的死亡。1960 年 5 月 22 日智利发生 M_S 9.5 级地震，引起大海啸，席卷太平洋两岸，不仅给南北美洲沿岸带来灾难，而且对太平洋对岸的菲律宾和日本造成极大的破坏。在日本，这次海啸甚至将巨大船只推到离岸边 40 ～ 50m 远的地方，压在民房之上。1979 年 12 月 12 日，在厄瓜多尔发生的 M_S 7.9 级地震，也引发海啸，地震与海啸造成 600 人死亡。

西太平洋地震带是太平洋板块向欧亚板块俯冲的地带，沿该带自北而南深海沟有：千岛海沟深 8534 ～ 10 542m，日本海沟深 10 374m，马里亚纳海沟深 11 911m；这些地段的板块俯冲带，角度较大，既有俯冲型的中深震发生，也有逆冲型浅源地震发生。在这个地震带，1952 年 11 月 4 日的千岛群岛 M_w 9.0 级地震，1896 年 6 月 15 日和 1933 年 3 月 2 日发生于日本三陆的 M_w 7.6 和 M_w 8.3 级地震，1952 年 3 月 4 日日本十胜 8.3 级地震，都引起过海啸，尤其是三陆海啸，造成沿岸多个村庄的人员全部死亡。此外，在日本关东地区东南部海域、本州南岸、琉球列岛等地都发生过大小不等的地震海啸。

2）地中海 – 喜马拉雅地震带

地中海 – 喜马拉雅地震带也是大地震频发地带，局部地段有深海盆并且海底地形复杂，具备引发海啸的条件，历史上发生过大量地震并引发海啸。例如，葡萄牙濒临大西洋海域，东西向海沟深度超过 5084m，1755 年 11 月 1 日在葡萄牙里斯本发生烈度为 M_w 8.5 级地震，地震和海啸造成约 5 万人死亡。又如地中海内希腊附近科林斯湾，海底深达 3058m，1963 年 2 月 2 日，发生一次小震引发了海底山崩导致海啸。

2. 按照海啸产生原因分布

根据 NGDC 海啸数据库对公元前 1610 ~ 2017 年海啸成因的统计，世界上绝大多数海啸都是由地震诱发，占总数的 81%；因地震产生滑坡诱发的海啸占 6%；火山喷发诱发的海啸占 5%；自然滑坡诱发的海啸占 4%；其他原因诱发的海啸占 4%，如图 3.2.3 所示。

3. 按照死亡人数分布

根据 NGDC 海啸数据库中 1992 ~ 2016 年海啸事件死亡人数统计发现，这段时间共发生 290 次海啸事件，258 次海啸事件没有造成人员死亡，造成人员死亡的 32 次海啸事件中，有 28 次海啸事件死亡人数低于 1000 人，如图 3.2.4 所示。

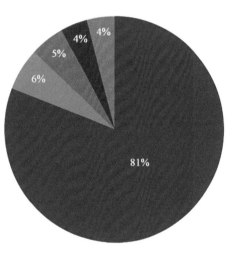

图 3.2.3　海啸成因分布

不过，造成人员死亡的 32 次海啸共致使 251 869 人死亡，其中 2004 年印度洋海啸和 2011 年日本东北部海啸这两次海啸的总死亡人数占了总数的 90% 以上。另外，还有两次海啸事件的死亡人数超过了 1000 人，分别是 1998 年 6 月 7 日的巴布亚新几内亚海啸和 1992 年 12 月 12 日的印度尼西亚弗洛勒斯海啸（Gusiakov et al.，2019）。

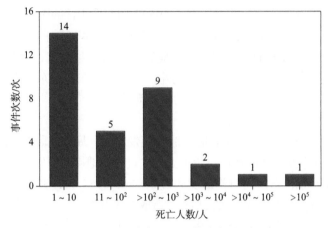

图 3.2.4　1992～2016 年海啸事件死亡人数分布（Gusiakov et al., 2019）

4. 按照海啸波高分布

当最大海啸波高大于 1m 时，海啸将可能对沿岸产生破坏。统计1992～2016 年全球海啸事件最大海啸波高分布，将其分为最大海啸波高大于1m 的海啸事件和最大海啸波高小于 1m 的海啸事件，如图 3.2.5 所示。在这期间的 290 个海啸事件中有 95 个海啸事件最大海啸波高大于 1m，其中 90% 的事件发生在太平洋地区（Gusiakov et al., 2019）。

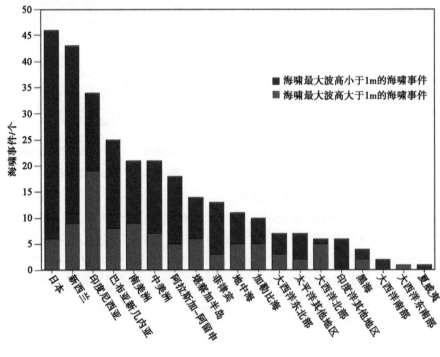

图 3.2.5　1992～2016 年全球海啸事件最大海啸波高分布（Gusiakov et al., 2019）

3.3　重大海啸事件

前文表 3.2.1 和表 3.2.2 列出了历史上有记载的重大海啸事件，这里限于篇幅不做一一介绍，仅对 2004 年印度洋海啸和 2011 年日本海啸（21 世纪影响范围最广的两次海啸）的发生过程、破坏情况、波及范围进行重点介绍。

3.3.1　2004 年印度洋海啸

根据美国地质调查局（USGS）国家地震信息中心（NEIC）及世界数据中心 Denver 地震分中心（WDCS-D）发布的资料，此次地震的发震时间为 2004 年 12 月 26 日 00:58:53（国际标准时间）。震中当地时间（雅加达与曼谷时间）为 2004 年 12 月 26 日 07:58:53。

仪器记录的震中位置为 3.295°N，95.982°E（印度尼西亚苏门答腊岛班达亚齐南东方向 160km，图 3.3.8）。根据哈佛大学快速地震矩张量解的结果，震源深度（地震破裂起始点的深度）约为 7km。这次地震的 M_w 震级（矩震级）为 9.1，是 1964 年阿拉斯加 M_w 9.2 级地震以来最大的地震。历史上该地区地震非常活跃，大地震频发（图 3.3.1）。

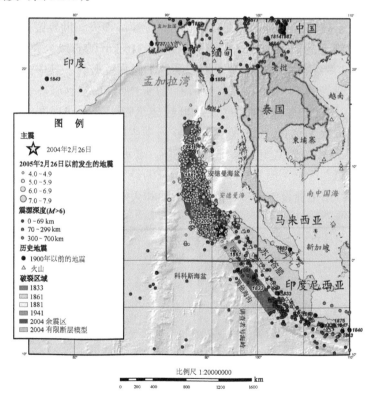

图 3.3.1　2004 年印度洋海啸震中及附近区域历史地震活动性（来源：USGS）

根据余震分布（图 3.3.1 显示余震破裂区域的跨度在 1300km 左右）及有限断层模型计算，此次地震的破裂长度为 1200 ～ 1300km，破裂带平面宽度约为 100km，破裂面实际宽度约 160km。地震破裂总面积约为 18 万 km²。

地震引发海啸，海啸波以约 750km/h 的速度向四周传播，波及印度洋周边很多国家。海啸波 20min 以后袭击了此次海啸受灾最严重的印尼苏门答腊岛北部班达亚齐地区。2h 后开始袭击印度洋北部沿岸泰国、马来西亚、缅甸、孟加拉国、印度、斯里兰卡等国，4h 后袭击了印度洋中的岛国马尔代夫，7h 后到达东非印度洋沿岸各国，在塞舌尔群岛、马达加斯加、毛里求斯、肯尼亚、索马里、坦桑尼亚等国均造成破坏，并有人员伤亡。此次海啸波在 28h 后到达美国大西洋及太平洋沿岸，30h 后到达南美西海岸，最终完成了它的全球"旅行"。

根据美国地质调查局（USGS）的报告，此次地震和海啸共造成 227899 人死亡或失踪、超过 100 万人无家可归。这次地震海啸造成的人员伤亡使其成为 20 世纪以来造成人员伤亡最惨重的一次自然灾害（陈虹等，2005）。

印尼苏门答腊岛北部的亚齐特别行政区离震中最近、受灾最严重，亚齐特别行政区的基础设施绝大多数被海啸摧毁。图 3.3.2 为班达亚齐市海啸袭击前后对比，可见城市基本被夷为平地，图 3.3.3 为海啸袭击后海岸线场景，一片破败。海啸对印尼造成的经济损失估计达到 45 亿美元，占印尼国内生产总值的 2.2%，占亚齐特别行政区生产总值的 97%。其中 66% 是破坏造成的直接经济损失，34% 为由于破坏引起的收入流失造成的间接经济损失。世界银行顾问组评估在交通基础设施上的损失为 37.1 亿美元，包括 316 km 的省级公路网，1900 km 的市级公路，400 座桥梁在内的交通设施受到不同程度破坏，其中的 120 座桥梁被彻底摧毁。亚齐的 14 个港口和北苏门答腊的 5 个港口受到破坏。占总数 19% 的 151600 座房屋和占总数 14% 的 127300 幢建筑物受到不同程度的破坏。占亚齐特别行政区总数 57% 的 1962 所学校、77 所卫生院遭到不同程度的破坏。85% 的供水系统和 92% 的公共卫生系统遭到破坏。亚洲发展银行报告指出，虽然北苏门答腊人员伤亡严重，但其对印尼整个国家的经济损失影响不大，原因是受灾地区为旅游区，重工业设施不多，此外，石油和天然气设施的破坏也不严重。

图 3.3.2　班达亚齐市海啸袭击前后对比

图 3.3.3　2004 年印度洋海啸袭击后的海岸线场景

海啸袭击了斯里兰卡 2/3（1000km）的海岸线，毁坏了沿岸的 100 000 栋房屋，其中的 75% 被完全摧毁。150 000 辆车和沿海的公路、铁路、电力设施、通信系统、供水设施、渔港也遭到不同程度的破坏。其中渔业、旅游业和零售业遭到严重破坏。12 个渔港中的 10 个遭到破坏，占斯里兰卡船只 81% 的 22 940 艘各类船只失踪或被毁坏。初步估计经济损失达到 13 亿美元。由于斯里兰卡国家小、经济模式和财政赤字，这次灾难对斯里兰卡的经济影响是受灾国中最严重的，对这个国家的国内生产总值影响达到 1%。使得这个国家的经济增长从 6% 降低到 5%，且这个国家还面临通货膨胀的压力。图 3.3.4 可见海啸波入侵斯里兰卡沿海某度假酒店，巨大的波浪裹挟着汽车等漂浮物冲击酒店建筑及各项设施。

图 3.3.4　2004 年印度洋海啸袭击斯里兰卡沿海某度假酒店

马尔代夫是受灾国中唯一的全国范围内受到海啸袭击的国家。马尔代夫全国约一半房屋受灾，经济损失初步估计达到 4.7 亿美元。马尔代夫的 198 个有人居住的岛屿中有 53 个遭到破坏，其中的 10% 被彻底摧毁。44 所学校、30 个卫生院及 60 个岛屿的管理机构需要重建。相当于这个国家的房屋总数一半的 4700 幢建筑物被毁坏，其中 1700 个房屋被彻底摧毁。灾害使马尔代夫的经济增长降低了 1 个百分点。

印度的海啸受灾区主要集中在泰米尔纳度、喀拉拉邦、本地治里等地，其中离震中最近的安达曼和尼科巴群岛受灾最严重。海啸还袭击了印度大陆的 2260km 的海岸线。162km 的国家高速公路、462km 的省级高速路、14 座桥梁、78 个涵洞，以及大量的住宅和政府办公楼受到破坏，经济损失估计达到 15 亿美元。

以上为 4 个受灾最严重国家的灾害情况，此外还有缅甸、泰国、马来西亚、东非的索马里等国家也因海啸受到不同程度的破坏。图 3.3.5 可见海啸袭击泰国拉姆海军基地时将一艘停靠在码头的军舰冲上附近海岸，足见其冲击威力之大。

图 3.3.5　泰国拉姆海军基地的一艘军舰被海啸波冲上附近海岸

亚洲发展银行报告指出，此次海啸可能导致受灾地区贫困人口增加 200 万，仅在印度尼西亚，海啸产生的后续破坏性影响将导致 100 万人成为贫困人口；印度的贫困人口可能因此增加 64.5 万；斯里兰卡则可能增加 25 万；马尔代夫一半以上的人口可能陷入绝对贫困。

3.3.2　2011 年日本海啸

北京时间 2011 年 3 月 11 日 13 时 46 分日本东北部海域发生大规模地震。日本气象厅（Japan Meteorological Agency，JMA）将此次地震定名为"平成 23 年（2011 年）东北地方太平洋冲地震"（The 2011 off the Pacific Coast of Tohoku Earthquake）。地震引发的海啸袭击了环太平洋沿海大部分国家和地区，造成了巨大的人员伤亡和财产损失。另外，由海啸间接引起的福岛第一核电站核泄漏事故对于环境的破坏无法估计。据世界银行估计，地震和海啸造成的经济损失约为 1220 亿～2350 亿美元，而日本政府估计的数字则达到了 3090 亿美元。

地震发生于 UTC 时间 14：46：23，震中位于 38.297°N、142.373°E，震源深度为 29km（USGS），如图 3.3.6 所示。震中距最近的仙台市约 130km，距首都东京约 373km。日本气象厅（JMA）速报震级为 M_{JMA}7.9，分别于 16:00 和 17:30 更新为 M_{JMA}8.4 和 M_{JMA}8.8，最终于次日正式敲定为 M_{JMA}9.0。地震发生之初，美国地质调查局发布此次地震的规模为矩震级 7.9，之后数次将震级修正，依次改为 8.1、8.8、8.9，再于 3 月 13 日上午与日本气象厅共同修至矩震级 9.0，成为日本史上第一个规模超过 9 级的地震。2016 年 11 月 7 日，美国地质调查局又将震级修正为矩震级 9.1。除了东北地方之外，东京所在的关东地方在地震发生时的有感晃动时间长达 5min。

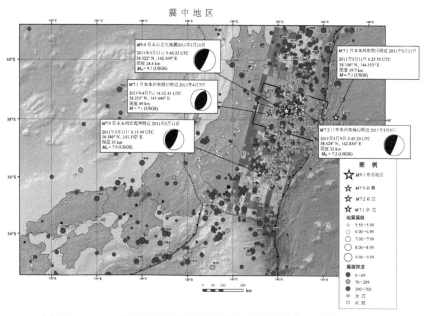

图 3.3.6　2011 年日本地震震中位置及余震活动分布（来源：USGS）

　　在主震发生前 2 天，有一系列的前震发生，其中最大震级 M_w7.2 级，震中离主震位置约 40km，同一天还发生了 3 次 6 级以上的前震。在之后发生的余震中，也有 3 次地震震级超过了 7.0 级，分别为 29min 之后发生的 M_w7.9 级、39min 之后发生的 M_w7.1 级以及 4 月 7 日发生的 M_w7.1 级地震，如图 3.3.6 所示。

　　此次地震是日本有史以来遭受的最大规模地震，是世界上有地震记录以来第五大地震。地震释放了（1.9 ± 0.5）$\times10^{17}$ J 能量，相当于 93200 亿 t TNT 炸药、6 亿颗广岛原子弹爆炸产生的能量。地震造成日本本州岛向东北方向移动了 2.4m，地轴偏移了 25cm，由此加速了地球自转速度，使白天缩短了 1.8 μs。地震造成了长约 500km、宽约 200km 的破裂带，破裂时间长达 2min。

　　地震引发了巨大海啸。海啸波于震后 15min 抵达日本沿岸，并在随后数小时内袭击海岸区。据日本警察厅统计，截至 2021 年 3 月，地震和海啸共造成日本 19 747 人死亡、2556 人失踪以及 6242 人不同程度受伤，接近 1 292 417 万栋建筑物受损，其中绝大部分由海啸造成。灾情尤以东北地方岩手县陆前高田市、宫城县气仙沼市、南三陆町和福岛县南相马市最为严重。日本东京大学地震研究所科学调查组在岩手县宫古市田老地区发现，在离海岸约 200m 的山坡上，有被海水冲过来的木材。在木材附近还有被海啸冲过来的消防车和船只。测量木材到达地点的高度后，海啸冲至陆地的最高点被确定为 37.9m。值得注意的是，核泄漏的福岛第一核电站海啸波高达 12m，远远大于其海啸风险评估的最大高度 6m，造成备用发电设备浸水而无法正常工作，引起了核危机。

美国太平洋海啸预警中心发出警告后，日本、俄罗斯、美国夏威夷、美国西岸、墨西哥等地均发生大小不等的海啸。美国阿拉斯加海啸预警中心曾经发布从加利福尼亚州到华盛顿州一带的海啸预警，根据模拟结果（图 3.3.7），10h 之后海啸波到达美国西岸，波高 1～2.4m；至少有 5 人被海浪卷走，其中有一名摄影者失踪，最后被宣布为已死亡；圣塔克鲁兹码头和船只损失约达 200 万美元、德尔诺特郡首府出现逾 2m 高巨浪，损坏约 35 艘船只，多数码头受损；俄勒冈州寇里郡的布鲁金斯港约 12 艘船沉没；夏威夷州的夏威夷岛有 12 栋住宅全毁或严重受损；欧胡岛的凯路亚柯纳也受到约 100 万美元损失；厄瓜多尔的加拉帕戈斯群岛，基础建设遭到破坏；智利北部的塔尔卡瓦诺通报海水倒灌；另外在墨西哥和秘鲁沿海地区也测量到 0.7～1.5m 的海啸，并冲毁部分房屋，但未造成伤亡；印度尼西亚巴布亚省的查雅普拉，海啸造成 1 人死亡，部分房屋及桥梁破坏。据报道，此次地震引发的海啸水墙高度甚至高于太平洋上的部分岛屿。另外，验潮站观测到地震发生 4h 后海啸波到达我国台湾东部沿海，6～8h 后海啸波到达我国大陆东南沿海，与数值模拟结果一致（图 3.3.7），观测到最大波高在50cm 左右（王培涛等，2012），此次海啸未对我国造成太大影响。

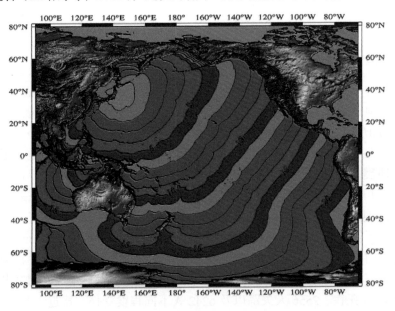

图 3.3.7　2011 年日本海啸传播走时图（温瑞智等，2011）

　　日本自 1933 年三陆地震海啸造成 3000 多人死亡后逐步开展海啸防灾减灾研究，至 1999 年完成了基于数值预报技术的新一代海啸预警系统，能在大震后 3min 之内发出可靠的预警信息（于福江等，2005）。对于此次海啸预警，日本气象厅（JMA）于地震发生后 3min，对岩手县、宫城县、福岛县发布大海啸警报并不断更新警报信息，于震后 45min，扩大至 10 个区域发布大海啸警报。可以说日本在海啸研究领域一直处于世界领先地位。另外政府花费了大量人力、财力修筑了绵延数千千米的海堤和防波堤，但就是这个已从事了近 80 年海啸防灾减灾研究工作的国家，仍未能避免此次巨大的海啸灾难，值得深思与借鉴，为此我们分析了以下几点原因。

　　（1）地震释放能量巨大。此次地震震级最后修订为 9.0 级（JMA 震级），是有记录以来世界第五大地震，造成海底约 500km × 200km 区域破裂带。另外，不断的余震也造成能量的不断累积。据 JMA 统计，主震发生 22min、29min、39min 过后，破裂区内连续发生了 $M7.4$、$M7.7$、$M7.5$ 三次较强余震。主震产生的海啸波还未消退，余震的海啸波接踵而至，相互叠加，一浪胜过一浪，持续数小时。

　　（2）地形放大效应。里亚斯型海岸的特殊地形有利于海啸波汇聚与爬坡，具有一定的放大效应。本次海啸受灾区恰恰具有典型的里亚斯型海岸。岩手县和宫城县多处海啸波高在 10m 以上，最为典型的是大船渡市，"喇叭口形"特征明显（图 1.2.2），海啸波侵入海湾，经过汇聚与反射叠加，涌浪高度显著增加。图 3.3.8 可见涌谷町一处海岸被海啸袭击后的场景，海啸波的汇聚作用加剧了破坏，城镇几乎被摧毁。

图 3.3.8　2011 年日本海啸袭击涌谷町海岸后的场景

（3）边缘波效应。在流体动力学中，当表面重力波沿刚壁边界传播时，受其反射作用，边界处以正弦波方式传播，幅值显著增加。这效应将会使海啸能量盘踞在沿岸或岛屿周围。若周围的海底地形是平坦的斜坡，那么这种地形将充分发挥边缘波效应。日本东北海域（如仙台市沿海）正好如上所述，具有"漂亮"的斜坡地形，因而海啸波高增加、持续时间增长。图 3.3.9 为坐落在岸边的仙台机场被海啸袭击后的场景，一片汪洋。

图 3.3.9　2011 年日本海啸袭击仙台机场后的场景

（4）民众防范意识麻痹。实际上，JMA 在震后 3min 即发布了海啸警报，而第一波海啸波在 15min 后才登陆海岸，公众有充足的时间进行逃生与开展防护措施。然而事实并非如此，最典型的例子是仙台机场，约震后 1h 才遭受高达 12m 的海啸波袭击，由于未采取应急措施而受到严重的破坏。自 1960 年智利 M_w9.5 级地震在日本产生 6～8m 的海啸波以来，至今未有如此高的海啸波侵袭日本沿岸。另外基于修筑在沿海的海堤与防波堤充分的信任与依赖，大部分民众对于海啸灾害没有清醒的忧患意识，在警报响起后并没有选择逃生。

（5）政府低估了海啸强度。首先，对于地震震级的低估，从最初的 7.9 级经过多次修正才确定为 9.0 级，直接导致对于海啸波高的低估；其次，在沿海经济规划与重大工程海啸评估过程中，低估了未来可能遭受到的最大海啸波高，以福岛核电站为例，海啸风险评估的最大高度为 6m，而实际上却达到了 12m，造成了意想不到的备用发电设备浸水而无法正常工作的情况，引起了核危机。

参 考 文 献

陈虹 , 李成日 , 2005. 印尼 8.7 级地震海啸灾害及应急救援 [J]. 国际地震动态 , 4: 22-26.

马宗晋 , 叶洪 , 2005. 2004 年 12 月 26 日苏门答腊 – 安达曼大地震构造特征及地震海啸灾害 [J].
　　地学前缘 , 12(1): 281-287.

王培涛 , 于福江 , 赵联大 , 等 , 2012. 2011 年 3 月 11 日本地震海啸越洋传播及对中国影响的
　　数值分析 [J]. 地球物理学报 , 55(9): 3088-3096.

魏柏林 , 陈玉桃 , 2005. 地震与海啸 [J]. 华南地震 , 25(1): 43-49.

温瑞智 , 任叶飞 , 李小军 , 2011. 日本 M_w 9.0 级地震海啸数值模拟与启示 [J]. 国家地震动态 ,
　　388: 22-27.

于福江 , 昊玮 , 赵联大 , 2005. 基于数值预报技术的日本新一代海啸预警系统 [J]. 国际地震动
　　态 , 313: 19-22.

Gusiakov V K, Dunbar P K, ARCOS N, 2019. Twenty-five years (1992 ～ 2016) of global tsunamis:
　　statistical and analytical overview[J]. Pure and Applied Geophysics, 176: 2795-2807.

第4章 中国发生地震海啸的可能性剖析

4.1 关注海啸风险

我国是一个海洋大国，拥有漫长的海岸线和丰富的海岸带资源。我国大陆与岛屿的海岸线长度分别为 18 000km 与 14 000km 总长度超过 32 000km（王敏等，2017）。海岸带和海涂面积各约 35 万 km² 和 2.17 万 km²。北至丹东、南至防城的广大滨海地区为我国经济最发达的地区，分布着一系列大城市和重要港口，如大连、秦皇岛、天津、青岛、上海、广州等 10km² 以上的港湾 150 多个，其中环境优良者有大窑湾、大连港、夏州湾、胶东湾、杭州湾、乐清湾、罗源湾、湄州湾、厦门港、柏林湾、大鹏湾、大亚湾、广州湾、钦州湾、洋浦湾等。经过多年发展已经形成了环渤海、长江三角洲、东南沿海、珠江三角洲和西南沿海 5 大港口群，形成了煤炭、石油、铁矿石、集装箱、粮食、商品汽车、陆岛滚装和旅客运输等 8 个运输系统的布局。截至 2018 年，中国港口完成货物吞吐量 143.51 亿 t 共有 7 大港口跻身全球前十大货物吞吐量港口之列，其中前 5 名中国港口占据 4 席，万吨级以上深水泊位已达 2444 个。这些沿海港口的海啸危险性需要提前加以关注，因为一旦它们遭受海啸袭击，其影响将非常大，不仅仅是港口遭到破坏影响区域经济发展，港口停滞必将影响我国进出口贸易，拖累我国乃至全球经济发展，牵制我国"一带一路"倡议的实施。

据测算，我国近海大陆架石油和天然气的资源量约 240 亿 t 和 14 万亿 m³。过去十年，我国海洋资源与开发技术获得长足发展，这些油、气开采平台在海啸中的安全性必须关注；近年来，我国在沿海（含河口地区）已建、在建或正在规划一系列进口、跨海大桥和特大桥，如东海大桥、跨钱塘江口大桥、青岛胶州湾大桥、港珠澳大桥、舟山群岛大桥等，这一系列大桥或超大桥在海啸中的安全性必须关注。

我国的渤海平均水深 18m，黄海 44m，发生越洋海啸条件很弱，但对附近海上地震所产生的海啸影响应该进行评估。东海平均水深 340m，南海平均水深 1200m，面对的正是太平洋板块的西北构造带区域，中国实际上一直处于地震和海啸的威胁范围内，但中国的东南沿海尚未建立系统的海啸防护工程。历史上记载，中国曾发生多起导致严重伤亡的海啸。1605 年 7 月 13 日，海南岛琼山里氏 7.5 级地震引起海啸，导致近海 70 多个村庄沉陷为海。1870 年 10 月 18 日在台湾基隆北海中发生海啸导致数百人丧生。

4.2　影响我国的历史海啸记载

我国古代很早就有关于海啸的记载，但是因为当时记录并不详细，又加上海啸与风暴潮在概念上在当时并没有加以定义和区别，所以影响我国的历史海啸记载虽然有但却存疑。因此，很多学者针对古籍中记载的海潮、涌浪、海溢等历史事件进行专门考证以确认其中的海啸事件，得出了一些有意义的结论。例如，叶琳等（2005）认为我国沿海共发生过 29 次历史海啸；李善邦（1981）详细列出了公元 173～1917 年我国沿海发生的 10 例海啸事件史料记载；王锋等（2005）还考虑了日本及我国台湾地区发生的地震海啸对大陆沿海的影响，梳理了 14 例历史事件。其他对单个历史事件的考证工作也有相关研究开展，如王健（2007）、段家芬等（2005）、高山泰等（2003）。

在前人研究工作基础上，我们把所有可能为海啸事件的史料记载信息进行整理汇总。史料中明确记载了地震海啸灾害，可以找到对应的地震事件并且所在区域具备相应发震构造条件的，均被收录。最终确认有 37 例可能对我国产生影响的历史海啸事件，分布如图 4.2.1 所示。对于震中位置的确认则参考《中国历史强震目录》[①]，目录中没有给出震中位置的，参考了 NTL 和 NGDC 历史海啸数据库。对于地震的发震时间参考《中国历史强震目录》给出的公历时间，若为目录中未包含的历史海啸事件，则以史料为准。这 37 例历史事件的具体信息如下所述。

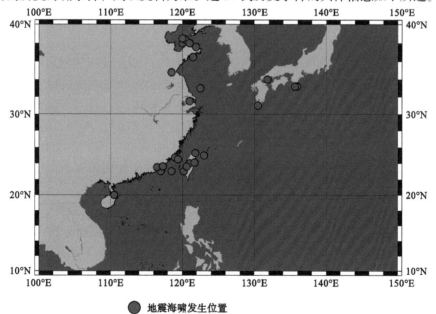

● 地震海啸发生位置

图 4.2.1　影响我国沿海的历史海啸事件分布

---

① 国家地震局震害防御司，1995. 中国历史强震目录（公元前 23 世纪—公元 1911 年）[M]. 北京：地震出版社。

（1）公元前 47 年 9 月；震中位置位于 120°E，38°N；震级未知；一年中，地再动，北海（今渤海）水溢，流杀人民（注：源自《汉书》）。

（2）171 年；震中未知，震级未知；地震，北海（今渤海）水溢（注：源自《后汉书·灵帝纪》，只记录了山东沿海的海潮，没有相应的地震资料）。

（3）173 年 6 月 28 日至 7 月 27 日期间的某日；震中位置位于 120.4°E，38.4°N；震级为 7.5 级；熹平二年六月，北海（今渤海）地震，东莱、北海海水溢（注：源自《后汉书·灵帝纪》）。

（4）1046 年 4 月 24 日；震中位置位于 121.5°E，36.5°N；震级 5.5 级；登州（今山东半岛）地震，岠嵎山摧；自是震不已，每岁震则海底有声如雷（注：源自《宋史》）。

（5）1076 年 10 月 31 日至 11 月 28 日期间的某日；震中位置位于 117°E，23°N；震级未知；熙宁九年十月，海阳、潮阳二县（今汕头）海潮溢，坏庐舍，溺居民（注：源自《宋史·五行志》）。

（6）1324 年 9 月 23 日；震中未知，震级未知；地震，海溢四邑乡村居民漂荡（今温州）（注：《温州府志》《乐清县志》《平阳县志》均有地震、海溢记载）。

（7）1344 年 8 月 17 日；震中未知，震级未知；温州飓风大作，海水溢，漂民居，溺死者甚众（注：源自《元史·五行志》）。

（8）1347 年 9 月 17 日；震中未知，震级未知；至正七年，八月壬午（十二），杭州、上海海岔，午潮退而复至（注：源自《元史·五行志》，无相应强震记录）。

（9）1353 年 8 月 1 日；震中未知，震级未知；至正十三年七月丁卯（十二），泉州海水一日三潮（注：源自《元史·五行志》，无相应强震记录）。

（10）1362 年 7 月 14 日；震中未知，震级未知；六月二十三日，夜四更，松江近海处潮忽骤至，人皆惊，因非正候，至辰时正潮至，遂知前者非潮。后据泖湖人谈，泖湖素常无潮通过，忽水面高涨三四尺，类潮涨，某时亦在上述时间，又平江、嘉兴亦如是（注：源自《南村辍耕录》，无相应强震记录）。

（11）1498 年 7 月 9 日日本南海地震；震中位置位于东经 131.8°，北纬 34°；震级为 8.3 级；日本广大地区地震，京都、三河、熊野最为强烈（注：源自日本《御汤殿上日记》《后法兴院记》《亲长卿记》《实隆公记》《言国卿记》等）；同日我国江浙多处水溢，如嘉定、金山、松江、常熟等（注：《练川备记》《金山县志》《娄县志》《上海县志》《海虞别乘》等史料中有记载）。

（12）1509 年 6 月 17 日至 7 月 16 日期间的某日；震中位置位于 121°E，31.5°N；震级未知；正德四年，地震，海水沸（注：源自《嘉定县志》，中国历史强震目录中无相应的记录，采用 NGDC 的震中数据）。

（13）1548 年 9 月 12 日或 22 日；震中位置位于 121°E，38°N；震级为 7 级；地大震，地震有声如雷，夜复震，坏民庐舍无算，井水上涌，城为之崩，屋坍塌者甚多（注：《烟台市志》,《登州府志》《福山县志》《宁海州志》等史料中均有类似记载）。

（14）1597 年 10 月 6 日；震中位置位于 120°E，38.5°N；震级为 7 级；渤海地震，连震三日。山东境内多处河水逆涌、涨溢。夏庄大湾忽见潮起，随聚随开，聚则丈余，开则见底（注：源自《明实录：神宗实录卷之三百十三》）。

（15）1604 年 12 月 19 日福建泉州海外地震；震中位置位于 119°E，24.7°N；震级为 7.5 级；泉州山石海水皆动，地裂数处（注：源自乾隆《泉州府志》）。

（16）1605 年 7 月 13 日；震中位置位于 110.5°E，20°N；震级为 7.5 级；琼山（今海南）公署、民房崩倒殆尽，城中压死者数千；地裂涌沙水；调塘等都田沉成海，计若干顷，县东新溪港一带沉陷数十村（注：源自康熙《琼山县志》）。

（17）1640 年 9 月 16 日至 10 月 4 日期间的某日；震中位置位于 116.5°E，23.5°N；震级为 5 又 3/4 级；崇祯十三年，秋八月，海溢，地屡震 [注：源自《揭阳县志》《澄海县志》《潮阳县志》等；NGDC 数据库震中位置、震级与《中国历史强震目录》（国家地震局震害防御司，1995）中 1641 年广东揭阳东地震接近]。

（18）1661 年 2 月 15 日；震中位置位于 120.2°E，23°N；震级为 6.5 级；安平房屋倒塌 23 栋，海地（今安平）城破裂多处；若干地方地裂。海水曾被卷入空中，其状如云（注：源自《海地县志》，与一般地震海啸认知差异较大，可能为作者夸大描述）。

（19）1668 年 7 月 25 日山东郯城地震；震中位置位于 118.5°E，34.8°N；震级为 8.5 级；山东郯城发生 8 又 1/2 级地震，赣榆海退三十里，凡河俱暴涨，城南渠一晷之间暴涨，见者异之；江南、松江河水尽沸约一刻止；上海浦水腾跃自西北起至东南，约一刻止；朝鲜平安道铁山海潮大溢（注：源自康熙《赣榆县志》《朝鲜王朝实录》）。

（20）1670 年 8 月 19 日；震中位置位于 122.5°E，33°N；震级为 6 又 3/4 级；康熙九年七月己未（五），地震，有声，海溢，滨海人多溺死（今苏州）（注：源自《苏州府志》）。

（21）1707 年 10 月 28 日日本南海地震；震中位置位于 135.9°E，33.2°N；震级为 8.4 级；日本南海发生 8.4 级地震，自伊豆半岛至九州太平洋沿岸，包括大波湾、播摩、伊予、防长、八丈岛等地均遭海啸袭击；仅土佐一处就漂没房屋 11 170 栋，溺毙 1844 人，失踪 926 人，破损、漂失船舶 768 艘，最大浪高 25.7 米；同日浙江吴兴县双林地震水涌；乌青镇河水暴涨；海盐县（治今盐官镇）地震水沸；安徽巢县无风河塘忽然水起大浪，水面宽处波高丈余，窄处亦有三尺；

无为河水斗，无风波浪自起；贵池水沸逾时（注：源自雍正《巢县志》、乾隆《无为州志》、康熙《池州府志》等）。

（22）1721年9月；震中位置位于120.2°E，23°N；震级为6级；怪风暴雨，流火灼天竟夜，海水皆立，港船互相撞坏，地又大震，郡无完屋，居民压溺死者以数千计（今台湾）（注：源自《治台必告录》）。

（23）1781年4月至5月期间的某日；震中未知；震级未知；乾隆四十六年四、五月间，时甚晴霁，忽海水暴吼如雷，巨浪排空，水涨数十丈，近村人居被淹（今台湾）（注：源自《台湾采访册》）。

（24）1782年5月22日或1682年12月；震中位置位于121°E，24°N；震级为7级；台湾（台南）发生强烈地震并造成严重灾情，海啸随之而来，并以东西向方式攻击海岸地区。超过120千米被海啸所淹没。地震和海啸历时8小时。该岛的三大都市和二十多个村庄先是被地震破坏，随后又为海啸浸吞。海水退去后，原本是建筑物的地方，只剩下一堆瓦砾。几乎无人生还。40 000多居民丧生。无数船沉没或被毁。一些原本伸向大海的海角，已被冲刷，形成新的峭壁和海湾。安平古堡以及赤崁城堡（台南市赤崁楼旧址）连同其坐落的山包均被冲跑（注：源自Solove，1984。文中精确描述海啸之8h历时以及120km海岸溢淹范围，并描述安平及赤崁受灾情形。与情境分析雷同，可信度高。然四万人死亡可能为错误之推估。年代亦尚待考证）。

（25）1792年8月9日；震中位置位于120.6°E，23.6°N；震级为7级；台湾嘉义发生7级地震，（台南鹿耳门）忽无风水涌起数丈。舟子曰：地震甚，又在大洋中亦然，茫茫黑海，摇摇巨舟，亦知地震，洵可异也（注：源自《福建通志台湾府》）。

（26）1854年12月24日；震中位置位于135.6°E，33.2°N；震级为8.4级；日本南海8.4级地震，房总半岛至九州太平洋沿岸海啸，久礼波高16.1m，串本15m，种崎11m，古座、牟歧、阿波9m，伊予西海岸3～4m，室户3.3m，共漂没房屋15000余栋，损坏船舶800余艘，溺毙3000余人，经济损失惨重。海啸甚至波及北美沿岸，对我国也有一定影响。

（27）1866年12月16日晨8时20分台湾地震；震中未知；震级未知；1866年12月16日晨8时20分，发生地震，约历一分钟，树林、房舍及港中船只，无不震动；河水陡落3尺，忽又上升，似将发生水灾（注：源自Alvarez著《Formosa》，文中提及河口海水退却又急速上升，与一般海啸现象类似，可信度高）。

（28）1867年12月18日；震中位置位于121.8°E，25.3°N；震级为7级；基隆全市倒坏，地裂涌水，水石滚落，鸡笼山崩缺，淡水死30余人，台北死150余人。基隆港内海水先倾泻而出，阎王岩一带干涸见底，漂浮物均随海水卷席而走，然后海水又以两个大浪形式涌回，波高7.5m，倾覆船舶无数，帆船被推上岸，屋宇倒塌，金包里（今台北金山镇）、基隆、宜兰、花莲共溺毙数百人，同时海底火山喷发。

（29）1917 年 1 月 25 日台湾基隆东海地震；震中位置位于 119.4°E，24.5°N；震级为 6.5 级；民国六年正月初三，地大震，海潮退而复涨，渔船多遭没（注：源自《同安县志》）。

（30）1917 年 7 月 4 日台湾基隆东海地震；震中位置位于 123°E，25°N；震级为 7.3 级；海啸浪高 3.7m。

（31）1918 年 2 月 13 日广东南澳附近海域地震；震中位置位于 117.3°E，23.6°N；震级为 7.3 级；福建同安地大震，海潮退而复涨，渔船多遭没；广东汕头湾泊在码头的一艘船，其船底与海底接触。

（32）1923 年 7 月 13 日琉球群岛地震；震中位置位于 130.5°E，31°N；震级为 7.2 级；山东烟台芝罘东北强烈地震，烟台有强海潮。

（33）1948 年 5 月 23 日山东威海西海地震；震中位置位于 121.9°E，37.6°N；震级为 6.0 级；海水冲入陆地，浪高 1m 左右，局部地段可高达 2 ～ 3m。

（34）1969 年 7 月 18 日渤海中部地震；震中位置位于 119.4°E，38.2°N；震级 7.4 级；龙口海洋站记录到 20cm 的海啸，烟台海洋站记录到 19cm 的海啸，海啸传到河北唐山附近沿海时，淹没了昌黎附近沿海的农田和村庄。

（35）1986 年 11 月 15 日台湾花莲东北海地震；震中位置位于 121.7°E，24.1°N；震级为 7.6 级；海啸使花莲、宜兰两处港内 10 艘渔船沉没，6 人受伤。

（36）1992 年 1 月 4 ～ 5 日海南岛西南群震；最大震级 3.7 级；海南岛榆林验潮站记录到海啸波振幅 78cm；三亚港内也出现 50 ～ 80cm 的海啸，潮水急涨急退，造成一些渔船相互碰撞、搁浅、损坏，港区附近居民因恐惧而弃家出走（叶琳等，2005）。

（37）1994 年 9 月 16 日台湾海峡地震；震中位置位于 118.5°E，23°N；震级为 7.3 级；台湾澎湖验潮站记录到海啸波 38cm，福建东山海洋站监测到海啸波 26cm，汕头验潮站 47cm，未造成灾害（于福江等，2001；叶琳等，2005）。

需要指出的是，关于历史事件的考证不同学者存在不同的理解，上述所列海啸事件仅表示历史上影响我国沿海的可能性事件，不乏个别事件由气象原因所致。不过至少有两点公认的看法：①除去台湾岛我国大陆沿海历史上未记载有破坏性极强的海啸事件；②外部海域，如日本发生地震引发的海啸波对我国影响有限。

4.3　渤海发生地震海啸可能性

4.3.1　本地产生海啸的可能性

自公元 780 年以来，有记载发生在渤海的 6 级以上地震有 9 次，尽管在历史地震目录和有关史料中可以找到"地震"和"海溢"并记的例子，但判定为海啸事件还有待考究，并不十分可信。

例如，公元前 47 年，《昌乐县志》和《乐安县志》都记有：西汉元帝初元二年正月，齐地震，海水溢；秋七月复震。然而附近更多的史志如《青州府志》《昌邑县志》《掖县志》《黄县志》和《平度府志》等均未记地震。据查，汉时的齐为现在的临淄一带。可见其一，地震并非发生在渤海，而是在淄博东北方一带；其二，即使有地震也不强，因为附近同期的多数史志未有记载。所以这次"海啸"与地震没有必然联系。

另外一起发生在公元 173 年的疑似海啸事件，《后汉书》卷八中记有：东汉熹平二年夏六月，北海地震，东莱北海海水溢。据《地震历史资料汇编》中解释，"东莱"为今山东龙口，"北海"，并非指渤海，而是当时的"北海国"，治剧县，即今山东昌乐西。可见"北海地震"不是渤海地震。另外，同期的《后汉书·五行志》中只记有"熹平二年六月，地震"。这里未提"北海地震"，也未提"海溢"，可见地震不是发生在海中。地震和海潮并非发生在同一时间，因此不能判定为一次海啸事件。

再有 1341 年，清乾隆《潍县志》中记有：元至元七年，地震，海水溢。但同期其他史志中均找不到关于地震的记载，正因为这样，1971 年出版的《中国地震目录》连附录中也未收进此条。

从以上事实说明，即使史料中同时记有"地震"和"海溢"，也不能认定就是地震海啸。此外，从这些"地震海溢"发生的时间和地区看，均在渤海南部风暴潮的多发季节。尤其是海溢的记载中均无海啸的基本特征即海水的迅猛地往复涨落，而只是暴涨。可见史料中的一部分地震海溢实际上是地震和风暴潮增水的巧合。

对近 30 年来发生于渤海及其邻近海域的四次大地震的分析，尤其是 1969 年 7 月 18 日发生于渤海中 7.4 级地震的分析可看出，当时渤海沿岸的龙口、烟台、秦皇岛、葫芦岛等地验潮自记曲线上均未有海啸波的反映，只有龙口的自记曲线上有振幅不足 4cm 的"海震"现象，在约 2h 后诱发起振幅不足 10cm 的海面波动。7.4 级的地震在本海区已属罕见，这样强的地震尚不能引起海啸，这只能说明本海区不存在形成地震海啸的条件。

需说明的是，龙口港是渤海沿岸假潮现象最显著的港口，从现有的记录看，最大振幅达 293cm（1980 年 9 月 1 日 18 ～ 19 时）。1969 年的渤海地震，震中（38.2°N，119.4°E）距龙口较近，发震后 2h 在龙口潮位记录上引起了波动，按这里的水深计算，符合海啸波（长波）的传播速度，然而其同期又与龙口港假潮的周期相同，这又符合外来弱海波诱发假潮的论述；另外，最重要的一点，这次地震过程在渤海其他验潮站如烟台、塘沽、秦皇岛等地潮位自记曲线上均未出现类似的波动。基于以上原因，对这次渤海地震于龙口港引起的水位异常可视为是地震海啸波与其诱发的假潮共同作用的结果，而不仅仅是海啸波本身。

渤海虽处在天津 - 蓬莱断裂带和郯 - 庐断裂带上，但这里的现代构造运动是以水平应力场作用下的走滑运动为主。这样的断层活动不易产生大面积的地壳垂直升降，因而不能使海水获得巨大能量而形成海啸。

大量的地震资料统计分析表明，地震海啸多发生在大洋中岛孤 - 海沟地带，而渤海不处在这样的构造带上。地质结构上的这一特点，加上渤海为超浅海（平均水深仅 20m），这就构成了渤海不能发生较强海啸的重要条件。

由以上分析看出，渤海自身不易发生地震海啸。

4.3.2　外来海啸波传入的可能性

自 1900 年以来，黄海和东海发生了 40 多次 6 级以上的地震，但黄海至渤海都未出现海啸。

资料分析表明，1960 年以来发生在太平洋尤其是西北太平洋上的几次大海啸期间，渤海沿岸验潮自记曲线上均未有海啸波的反映。对 1960 年 5 月 22 日智利大海啸、1968 年 5 月 16 日日本本州岛以东海中 8.1 级大地震和 1972 年 1 月 25 日我国台湾火烧岛以东 8.0 级海底地震等过程期间龙口、塘沽、葫芦岛等站验潮过程曲线以及它们与由 136 个分潮的预报值实施分离的结果进行分析，均未发现海啸波的迹象。

以上分析表明，外来海啸波也不能传入渤海。这是因为渤海为内陆浅海，它只有渤海海峡与黄海相通且有庙岛群岛横卧峡口。黄海及东海有广阔的大陆架，其外又有诸多列岛和岛屿为屏障，这样在外来海啸波经过时，其能量消耗很快，最终因能量耗尽而消失在陆坡浅海区。如 1960 年的智利海啸，在其传到日本时，波高还高达 8m 以上，但传至长江口，其波高只有 20cm 左右。在东海近岸尚且如此，在渤海沿岸观测不到也实属情理之中的了。

总之，渤海是一个面积小，水深浅的内陆海，地质结构上以水平应力场作用下的走滑运动为主，因而自身不易产生地震海啸。另外，渤海距离太平洋海啸的多发区较远，由于受大陆架，岛链、暗礁和海峡的阻挡，外来海啸波也不能传入。因此渤海可视为无地震海啸区，或者认为无有感海啸区。在有关海岸（洋）工程设计中，地震海啸可视为极次要因素考虑。

4.4　南海发生地震海啸可能性

4.4.1　南海地形与地貌

有关南海发生地震海啸可能性，我国学者杨马陵和魏柏林从南海海域的地形与地貌、地质构造格局与断裂构造分布入手分析区域内是否具备产生地震海啸的条件，调查了南海区域的历史地震活动性和历史海啸记录，综合评判了南海发生地震海啸的潜在可能性（杨马陵等，2005）。

南海是我国大陆最大的边缘海，面积约 350 万 km²。外廓呈北东向菱形，长轴约 3140km，东北走向，短轴约 1250km，西北走向。其北缘为亚洲大陆，西缘邻接中南半岛，东缘由北向南诸多岛屿形成了半封闭的边缘海（图 4.4.1）。南海平均水深 1200m，马尼拉海沟南端的最深处达 5377m。特别值得指出的是，南海不仅深度大，而且北缘的深海距离大陆沿岸较近，例如，1000m 等深线距离大陆不过 200～500km。下面分别分析南海大陆坡、中央深海盆和海沟的地形特征，判断是否具备海啸产生的条件。

（1）南海大陆坡是从陆架坡折线开始至深海边界止的整个斜坡区域，水深范围 150～3500m。南海大陆坡除东部宽约 60～90km 外，其余各坡都较宽广。北陆坡宽达 250～300km，南陆坡和西陆坡宽达 520km。大陆坡较大陆架地形起伏较大，水深也较深，具备产生地震海啸条件。

（2）南海中央深海盆呈菱形，长轴东北走向，约 1570km；短轴西北走向，宽 750km，面积 55.1 万 km²。海盆地势由西北微向东南倾斜，至马尼拉海沟附近倾没最深。整个深海盆西缘水深由北部 3200～3500m 开始，往南增至 4200m。中央深海盆平均水深 4000m。深海盆的主要地形有宽广的深海平原，也有隆起的海山、海山链、海丘和拗陷的海槽、海谷、洼地。北海盆深海平原水深为 3800～3900m，盆底坡度一般 5°～8°，最平坦处坡度 1.5°～3°。南海盆深海平原水深为 4000～4200m，盆底坡度一般 5°～7°。北、南海盆深海平原面积巨大，均达 20 万 km² 以上。虽然中央深海盆水深达 4000m，但由于地形起伏不大，同样不具备产生地震海啸条件。

（3）南海的海沟从台湾岛南端向南经吕宋岛西侧延至民都洛岛西边，呈近南北向延伸，水深为 4000～4500m。其中马尼拉海沟水深为 4800～4900m，最深处达 5377m，且海底地形复杂，与海沟平行还有呈南北向的海岭分布（图 4.4.2）。海沟区的水深和海底地形起伏较大，具备产生地震海啸条件。

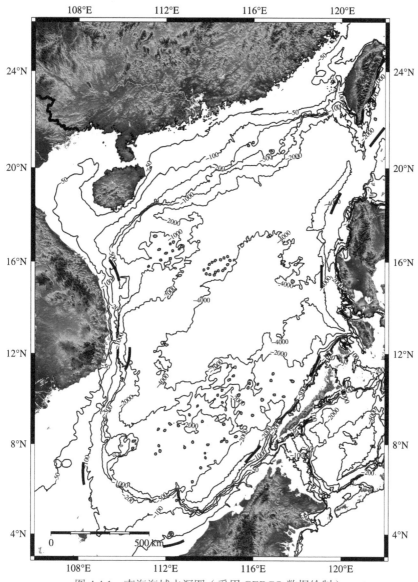

图 4.4.1　南海海域水深图（采用 GEBCO 数据绘制）

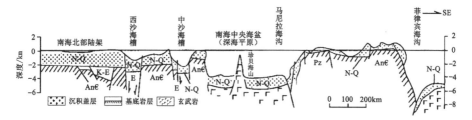

图 4.4.2　南海地质块体剖面示意图（李祥银，2003）

4.4.2　南海的地质构造格局与断裂构造

南海是一个正在扩张的边缘海盆地，具有洋壳结构的特点，反映了大洋岩石圈俯冲时，大陆岩石圈仰冲的结果。它是由于欧亚板块东南缘的解体、海底发生微扩张以及菲律宾地块漂移而逐渐形成的。南海海盆形成于晚中新世时期，菲律宾地块沿逆时针方向旋转 40°～50° 后，已经接近南海东部边缘，新产生的南海洋壳沿着马尼拉海沟向东俯冲于菲律宾地块之下，并且形成了今日的构造格局。

南海的深海部分主要为属于欧亚板块的海洋型地壳，沿着向东倾斜的板块接触面，向东俯冲于菲律宾吕宋群岛（属于菲律宾海板块）之下。

马尼拉海沟俯冲带附近有现代火山活动，如 1991 年皮纳图博火山爆发。要注意火山爆发引起的海啸，如 1883 年 8 月 27 日印度尼西亚喀拉喀托火山爆发就引起海啸。

南海位于欧亚板块、太平洋板块和印澳板块交界区域，断裂构造非常发育，不同地段具有明显差异。从断裂的力学性质来说，有张性断裂、剪切断裂、压性断裂及张剪性断裂等，如北部为拉张型，南部为挤压型，西部为剪切型，东部为俯冲型，中部是扩张型。按断裂展布方向可分为东南向、西南向、东西向、南北向 4 组；按断裂切割深度，可分为岩石圈断裂、地壳断裂、基底断裂和盖层断裂。这些断裂多数为活动断裂，其中东缘的俯冲型断裂又是发震断裂。

东缘俯冲型断裂——马尼拉海沟断裂为俯冲性岩石圈断裂（该断裂带北起台湾南端海域，向南沿马尼拉海沟经民都洛海峡往东南延伸，总体呈向西凸出的弧形）。断裂带北端、中段和南端被西北向断裂切成三段，全长约 1000km。断裂两盘东陡西缓，南海海盆由西向东俯冲，海沟沉积层向东倾斜，贝尼奥夫带的倾角北部约 40°，到南端近于直立，且有一系列地震沿此带分布。同时，与其平行的还有吕宋海岛西缘断裂、吕宋海岛东缘断裂、仁牙因 – 民都乐断裂（图 4.4.3 之 70、71、72），组成了地堑与地垒。西吕宋海槽断堑长 220km，宽 55km，水深 2230～2540m，槽底波状起伏。断堑东侧为平行吕宋西海岸，位于陆架和上陆坡，具正重力异常（+150mGal，1Gal=1cm/s²）的基底隆起；西侧以南北向展布的断垒构成的岸脊与马尼拉海沟分开。马尼拉海沟断堑带位于南海中央海盆和吕宋弧前断褶带之间，为南海陆缘地堑系和菲律宾岛弧断褶系的分界，是受正断层控制的断堑槽地。东侧美岸脊为一两侧受断裂控制的断垒，其西侧断裂直落沟底，构成海沟东壁。其西壁则由南海中央海盆的洋壳阶梯状向沟底断落而成（图 4.4.3 和图 4.4.4）。从断裂运动方式上，马尼拉海沟断裂是南海中最具发生海啸的地带。

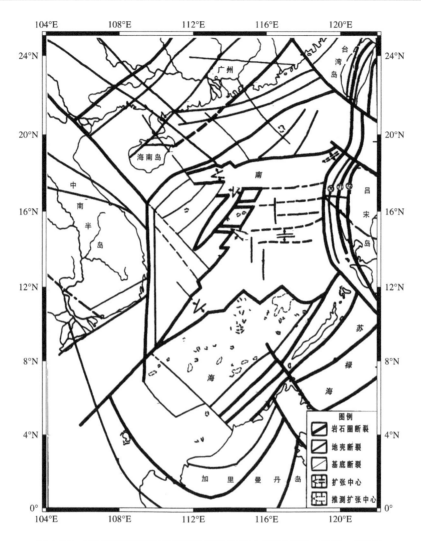

图 4.4.3　南海及其周围区域断裂构造分布（刘昭蜀等，2002，2005）

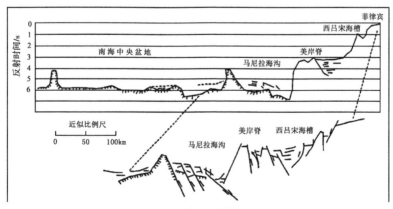

图 4.4.4　马尼拉海沟剖面示意图

4.4.3 南海历史地震活动性

南海海域绝大部分7级以上地震都集中在东缘，板块边缘接触带上的俯冲运动引起了频繁的强震活动。地震分布在台湾岛以南和菲律宾一带，尤其是沿着马尼拉海沟断裂与吕宋海槽（即吕宋岛西缘断裂、吕宋岛东缘断裂、仁牙因－民都洛断裂）呈条带状排列。该地震带上1900年以来共发生7级以上地震120次。其中7～7.9级114次，8～8.9级6次（图4.4.5）。震源深度多在30～60km，最深可达240km，表明了南海中央海盆洋壳向马尼拉海沟的俯冲消减。因为发生在菲律宾以东海域和巴拉望岛以南海域的地震即便产生海啸也不会对我国造成灾害，因此我们只关注台南地震带南段——吕宋岛西缘马尼拉海沟附近发生的历史地震。在最近100多年内，该地段最大地震的强度为8.1级，地震的震源深度多在30km左右，平均每7年发生1次7级以上地震。

在南海台湾岛－菲律宾岛弧地区，区域主压应力场呈近东西方向，与断裂带方向几近垂直，菲律宾板块向西偏北方向运动速率每年约达10cm，从断层滑动面解上分析，为以逆断层错动为主兼左旋滑动。据初步统计，5级以上地震的震源机制为正断层或逆断层（垂直运动）为主的占70%。如1972年4月25日马尼拉海沟南端7.3级地震是具有倾滑分量的走滑错动，1994年台湾海峡的7.3级地震，震源错动以正断层为主。因为引发海啸的地震震源机制类型一定是倾滑型或带倾滑分量的走滑型的地震，所以从地震错动方式上，该区的地震多数具备易引发海啸的条件。

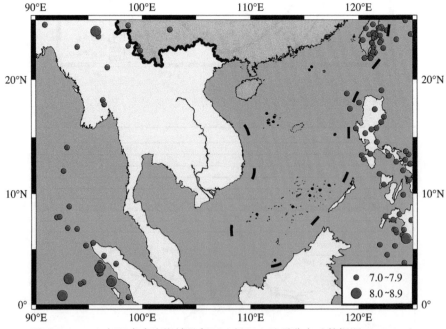

图4.4.5　1900年以来南海海域及邻区7级以上地震分布（数据源于USGS）

4.4.4　南海历史海啸记录

　　根据有关资料，自 1627 ～ 1991 年菲律宾附近海域曾发生过 18 次地震海啸（图 4.4.6）。由图中可见发生在南海海域，特别是吕宋岛以西的海啸，都有可能对我国华南沿海地区产生影响，是南海中最值得注意的海啸源区。表 4.4.1 列出了上述 18 次中的 8 次地震海啸。在 1900 年以来发生在台南地震带南段，吕宋岛西缘马尼拉海沟附近的 15 次 7 级以上地震中有 4 次引发了海啸，与全球通常4 次海底强震引发 1 次海啸的情况类似。以该区平均 7 年发生 1 次 7 级地震，则30 年左右可发生一次引发海啸的地震。

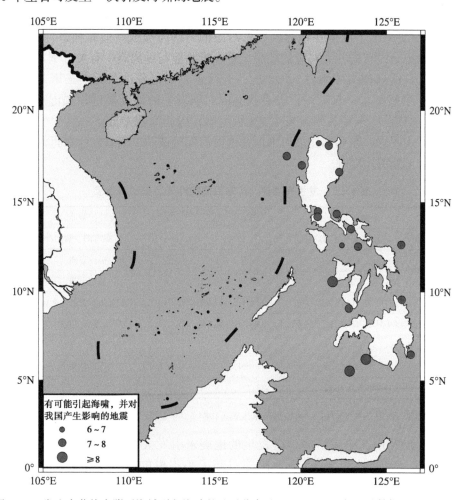

图 4.4.6　发生在菲律宾附近海域引起海啸的地震分布（1627 ～ 1991 年）（数据源于 NGDC）

表 4.4.1　发生在菲律宾吕宋岛以西的地震海啸及影响

序号	时间（年-月-日）	纬度 /(°)	经度 /(°)	震级	死亡人数
1	1627-09-14	18.0N	121.5E	8.0	5000
2	1645-11-30	14.4N	121.0E	8.0	60
3	1863-06-03	14.2N	121.0E	6.5	400
4	1922-03-01	9.0N	123.0E	6.0	—
5	1934-02-14	17.5N	119.0E	7.9	—
6	1948-01-24	10.5N	122.0E	8.3	74
7	1949-12-29	17.0N	120.0E	7.2	16
8	1983-08-17	18.2N	120.9E	6.5	16

表 4.4.2 给出了发生在福建、广东沿海的一些海啸或疑似海啸事件的记载。这些海啸记录中有的并无对应的地震记载，推测应与远离震中有关。例如，1353年 8 月 1 日的疑似海啸事件，《元史·五行志》中记载：至正十三年七月丁卯（十二），泉州海水一日三潮；没有找到同时期发生的地震事件相关记载。1918年 2 月 13 日在广东汕头附近发生 7.3 级地震，引起海啸造成了一定程度的伤亡和破坏，表明在广东和福建沿海不但受南海海啸的威胁，而且发生在近海的强震也完全有可能引发海啸。

表 4.4.2　发生在福建、广东沿海的部分历史海啸记录

序号	时间	地震发生地点	震级	海啸侵袭地区	来源
1	1076 年（10 月 31 日～11 月 28 日）	—	—	广东海阳、潮阳	1
2	1353 年 8 月 1 日	—	—	福建泉州	1
3	1604 年 12 月 29 日	25.0°N，119.5°E	8	福建泉州	2
4	1640 年（9 月 16 日～10 月 14 日）	23.0°N，117.0°E		广东揭阳、澄海、潮阳	2
5	1641 年（9 月 16 日～11 月 26 日）	23.5°N，116.5°E	5	广东澄海、潮阳	2
6	1917 年 1 月 25 日	24.5°N，119.5°E	6.5	福建厦门、同安	1
7	1918 年 2 月 13 日	24.0°N，117.0°E	7.3	广东汕头	2
8	1994 年 9 月 16 日	23.0°N，118.5°E	7.3	福建东山、广东汕头	3

注："来源"列中：1—李善邦（1981）；2—陆人骥（1984）；3—于福江等（2001）。

近几十年内，东南沿海地区发生的地震未引发大的海啸事件，但 1994 年9 月 16 日台湾海峡南部 7.3 级地震曾引起了小规模的海啸，汕头、东山验潮站分别观测到 47cm 和 26cm 的海啸波。1992 年 1 月 4～5 日海南岛西南海域（18°N，108°E）发生最大 3.7 级的 8 次地震，5 日在榆林、东方、秀英等验潮站分别记录到幅度为 20～80cm 的海啸波。因此，可以认为发生在南海北缘即东南沿海近海地区的强震，完全有引发海啸的可能。

4.4.5　南海发生地震海啸综合分析

综上所述，依据海底地形地貌、海水深度、地震构造和断裂规模、地震和海啸分布及活动、震源机制解等分析，南海的北部、西部、南部以及中部都不具备引发地震海啸的基本条件，发生地震海啸的可能性不大。但东部边缘的台湾南部 – 菲律宾以西的马尼拉海沟，不仅是南海亚板块向菲律宾板块的俯冲地带，强震活动频繁，而且倾滑型或具倾滑分量的走滑型地震占很高的比例，历史上也曾发生多次海啸，是南海海域最有可能引发地震海啸的潜在区。

参 考 文 献

段家芬，尹茂仲，魏汝庆，2005. 山东日照地区沿海海啸探析 [J]. 地震地磁观测与研究，26(2): 1-7.

高山泰，于岫嵋，朱大庆，等，2003. 1597 年 10 月 6 日中国东部的振动事件是一次深源强震 [J]. 地震学报，25(3): 324-330.

国家地震局震害防御司，1995. 中国历史强震目录 [M]. 北京：地震出版社.

李善邦，1981. 中国地震 [M]. 北京：地震出版社.

李祥根，2003. 中国新构造运动概论 [M]. 北京：地震出版社.

刘昭蜀，赵焕庭，范时清，等，2002. 南海地质 [M]. 北京：科学出版社.

陆人骥，1984. 中国历代灾害性海潮史料 [M]. 北京：海洋出版社.

王锋，刘昌森，章振铨，2005. 中国古籍中的地震海啸记录 [J]. 中国地震，21(3): 437-443.

王健，2007. 渤海海域历史地震和海啸 [J]. 地震学报，29(5): 549-557.

杨马陵，魏柏林，2005. 南海海域地震海啸潜在危险的探析 [J]. 灾害学，20(3): 41-47.

叶琳，于福江，吴玮，2005. 我国海啸灾害及预警现状与建议 [J]. 海洋预报，22(S): 147-157.

于福江，叶琳，王喜年，2001. 1994 年发生在台湾海峡的一次地震海啸的数值模拟 [J]. 海洋学报，23(6): 32-39.

王敏，韩美，惠洪宽，李云龙，2017. 海岸线变迁及驱动因素进展研究 [J]. 环境科学与管理，42(4): 37-41.

中国海湾志编撰委员会，1999. 中国海湾志（第一分册）[M]. 北京：海洋出版社.

中国科学院南海海洋研究所海洋地质构造研究室，1988. 南海地质构造与陆缘扩张 [M]. 北京：科学出版社.

中央地震工作小组办公室，1971. 中国地震目录 [M]. 北京：科学出版社.

Solovev S L，1984. Catalogue of tsunamis on the eastern shore of the Pacific Ocean[M]. Institute of Ocean Sciences, Department of Fisheries and Oceans.

第5章　中国沿海地震海啸潜源划分

5.1　海啸沉积现场调查

海啸的破坏作用巨大,不仅会对沿海建筑物产生巨大的破坏,还能引起一定的地质变化。近年来通过沿海地质调查寻找古海啸发生的痕迹已逐渐成为研究热点。海啸沉积是海啸形成的巨浪,夹带着海砂、砾石、贝壳等杂物冲向沿岸陆地而产生的沉积物。土层中海啸沉积物的发现提供了有关历史海啸和古海啸发生的信息。不同地点发现的相似年代沉积物,可用于绘制并推断海啸造成的淹没和影响的分布图。通过对海啸沉积的研究,可以帮助识别历史海啸和史前海啸,了解我国沿海海域大陆架的地震地质特征,为评估我国沿海海域地震活动性、划定潜在地震海啸源区提供科学依据。为此,本书作者联合国内外其他学者对我国广东省沿海地区开展了海啸沉积现场调查工作。

5.1.1　海啸沉积作用

海啸的地质沉积作用具有一定的科学原理和理论基础(图 5.1.1)。Dawson等(2007)将海啸整个过程分为海啸的产生、海啸的传播、海啸在岸上的洪泛和海啸的回流这四个阶段。海啸在产生阶段和传播阶段一般没有沉积作用的发生。当海啸运行到近岸浅水区时,海啸波开始聚集爬升,海啸波高骤增,波速骤减。而海啸在岸上的沉积作用也发生在爬升过程。海啸前进到海岸时的速度通常在 10 ~ 25m/s,可以搬运小到细粒、大到巨砾的沉积物。此外,海啸还能引起近岸山石泥土的崩塌,海水混合土石形成一种密度流,这种密度流比清澈海水具有更高的搬运能力。当这种密度流掠过陆地时,前进速度可减至 5m/s,其侵蚀能力随着前进速度的减小而减小,在此过程中粗粒沉积物也在慢慢沉积。当海啸波泛洪达到最大后,海啸波的运行方向改变,海啸波将开始回流。在回流之前,水体将处于短暂的静止状态,这时水体各处的速度都为零,粗粒物质下沉,细粒物质仍旧处于悬浮状态。这种静止临界状态是泛洪回流过程所特有的,其独特的沉积效果可以用来区分海啸沉积和风暴潮沉积。海啸回流是单一海啸波达到向陆最大洪泛后,向海运行的牵引流。Dawson 等(2007)认为回流可能比爬升流具有更大的侵蚀能力。

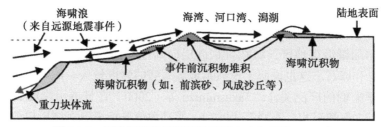

图 5.1.1 海啸沉积作用原理示意图（王立成等，2010）

　　大海啸发生并袭击海岸地区时，海拔高度较低的海岸平原将会被海水淹没，海水甚至能够到达距离海岸较远的地方。此时海啸会侵蚀海岸附近的砂土并搬运到较远的海岸平原，这些被保存在离岸陆相底层中的海砂，称为海啸沉积物。这些沉积层有时含砾石，其排列方式还可以指示它们的运移方向（图 5.1.2）。另外，包含在沙层中的硅藻和有孔虫等微化石也可以指示其来源（姚远等，2007；张振克等，2010）。海啸沉积具有双向水流特征，向岸流的沉积主要由海沙组成，回流沉积主要由土壤、河流砂砾和植物碎片组成（赵港生等，2000；祝会兵等，2006）。海啸沉积的影响范围并不局限于沿岸区，还可以延伸至陆架、陆坡、深海扇乃至深海平原。海啸沉积物粒度明显比非海啸沉积物的粗，而且从下而上由粗变细，具有很好的成层性。在每一层海啸沉积物中可以区分出数次至数十次波浪堆积系列。

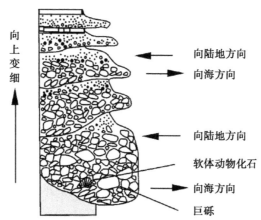

图 5.1.2 沉积层排列方式示意图（王立成等，2010）

　　海啸沉积的研究主要涉及现代海啸沉积、历史海啸沉积和古海啸沉积（张振克，2010）。2004 年印尼地震引发了印度洋海啸，在受灾最严重的印尼班达亚齐，海啸波高高达 30m，淹没了近岸 6km 范围的地区，也在沿岸留下了大片的海啸沉积；Paris 等（2007）在班达亚齐沿岸发现了两段由海岸到内陆逐渐变细、变薄，且分层逐渐清晰的海啸沉积，其中靠近海岸 1.5km 范围内的砂层最厚，可以清楚地分辨出三次连续海啸前进作用和一次海啸回流作用；离海岸

1.5 ~ 3.5km 的砂层，由陆地向海岸分层逐渐模糊、平均粒径逐渐增大，这主要是由于海啸回流的作用。Hindson 等（1996）研究了 1755 年里斯本地震海啸沉积，在阿尔加维沿岸地区，海啸沉积砂层向陆地方向延伸了近 1km，沉积中还夹杂着巨砾和卵石，这也说明了里斯本地震海啸的强度较大。此外，古海啸沉积也引起科学家们的广泛关注。Takashimizu 等（2000）在日本沿岸晚更新世的沟谷中发现了古海啸沉积。石峰等（2012）通过数值分析渤海海域历史地震引发海啸的可能性，结合对渤海沿岸海啸堆积物的地质调查，认为渤海海域历史上基本没有发生破坏性地震，即使存在海啸，到岸浪高也不高于 0.5m。Sun 等（2013）在南中国海的西沙群岛通过地质调查发现了疑似海啸沉积证据。在东岛离海岸200m 的一处淡水湖地质剖面中出现珊瑚及贝壳化石沉积物（图 5.1.3），判断为一次突发地质沉积事件。根据年代测试，这次事件大约发生在公元 1024 年，时间上与 1076 年发生的一次海啸事件相吻合，这一事件在 4.2 节关于历史海啸的文献中有所记载。

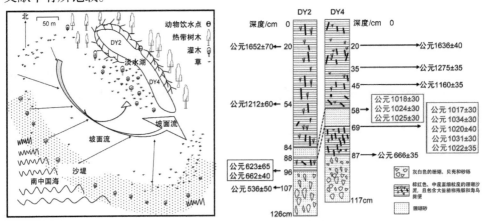

图 5.1.3　西沙群岛中东岛发现疑似海啸沉积物的位置及地质剖面图（Sun 等，2013）

中国科学技术大学孙立广研究团队在广东省南澳岛发现了海啸沉积证据，在地质剖面内发现了海啸沉积层，砂砾中夹杂贝壳、瓷器陶器碎片（图 5.1.4），通过对陆源动物骨骼样品的 14C 校正年代范围是公元 894 ~ 1011年；同时发现在海啸沉积层中还保存有大量的宋代陶瓷器残片，通过不同时代的钱币流通性说明了南澳岛曾经出现了文化衰退，可以与破坏性海啸袭击的猜测相互印证。

关于我国历史上是否遭受过海啸破坏性袭击，还需要更多的科学证据进一步证实，但这些发现提醒人们南中国海的海啸危险性需要引起重视。

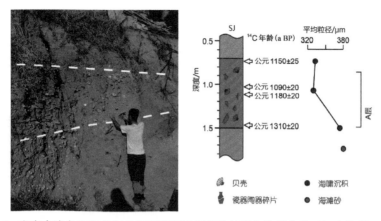

图 5.1.4　广东南澳岛发现的海啸沉积剖面及沉积物年代和粒径变化（杨文卿等，2019）

5.1.2　南海海啸沉积考察

从 4.4 节关于南海海域地质构造和历史数据分析结果表明，南海海域存在发生地震海啸的条件并可对我国沿海构成一定威胁。海啸沉积物调查选址应考虑以下几个要点：首先考虑针对已有海啸记载或灾害传说的地区开展调查；在河口或海湾等易于形成海啸灾害的地区开展调查；所选调查位置应该高于潮汐的高潮位；由于海平面变化，调查目标应为距今 7000 年以来的可能事件。

南海东部边缘的尼拉海沟，是南海最有可能引发地震海啸的潜在地区。

考虑到南海地区海啸发生的潜在性和危险性，本书作者联合广东省地震局、湛江市地震局组成调查团于 2012 年 12 月 14 日至 17 日对湛江市麻章区硇洲镇与雷州市乌石镇 6 个沿海场点进行了现场考察；联合俄罗斯科学院地球物理研究所、广东省地震局、中国地震局地质研究所、汕尾市地震局和阳江市地震局组成调查团于 2015 年 1 月 18 日至 1 月 22 日对汕尾、阳江等地共 13 个场点进行了现场考察。这两次考察场点划分为 A、B、C、D 四个区域，如图 5.1.5 所示。

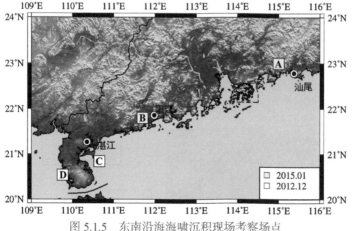

图 5.1.5　东南沿海海啸沉积现场考察场点

1. 第一次现场调查

2012年12月14日至17日，现场勘察湛江市麻章区硇洲镇与雷州市乌石镇（位置如图5.1.6所示）多个第四纪全新统地质剖面，也就是图5.1.5所示C区和D区，现将各点地质调查情况叙述如下。

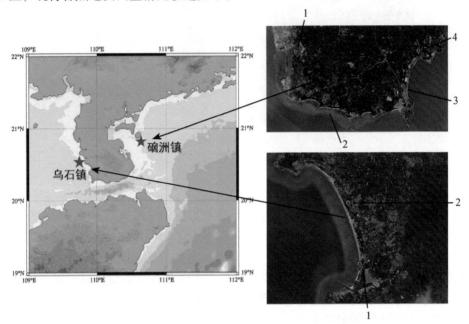

图 5.1.6　硇洲镇与乌石镇调查点地理位置

1）湛江市麻章区硇洲镇（C区）

（1）麻章区硇洲镇德南湾（C区1号点）：剖面高程2m，离海岸线800m。推测此处为人工避风塘，剖面显示为均匀砂质黏土层，经玄武岩风化以及搬运、沉积形成，无海啸沉积痕迹，如图5.1.7所示。

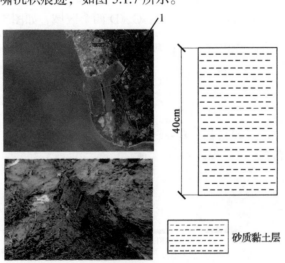

图 5.1.7　麻章区硇洲镇德南湾调查点地理位置及地质剖面

（2）麻章区硇洲镇德斗岭（C区2号点）：共调查了两个剖面，其中：剖面1高程2m，离海岸线20m，剖面为含砾石砂层；剖面2高程2m，离海岸线20m，为含砾石红色砂层，玄武岩风化混合海砂搬运形成（图5.1.8）。两调查点无海啸沉积痕迹。

图 5.1.8　麻章区硇洲镇德斗岭调查点地理位置及地质剖面

（3）麻章区硇洲镇斗龙仔（C区3号点）：距海岸线约30m，如图5.1.9剖面显示，土层由上至下依次为含砾石砂层（砾径1～10cm）、泥质砂岩，未发现疑似海啸沉积物。

（4）麻章区硇洲镇那晏湾（C区4号点）：距海岸线约20m，如图5.1.10剖面显示，土层由上至下依次为含砾石砂层、基岩风化层，未发现疑似海啸沉积物。

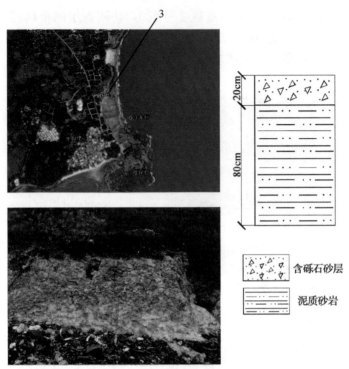

图 5.1.9　麻章区硇洲镇斗龙仔调查点地理位置及地质剖面

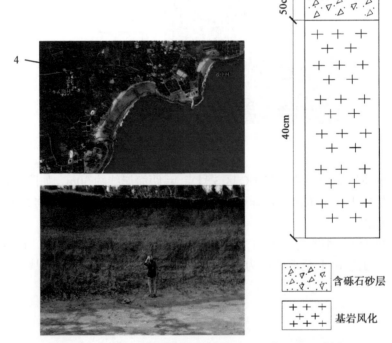

图 5.1.10　麻章区硇洲镇那晏湾调查点地理位置及地质剖面

2) 雷州市乌石镇（D 区）

（1）雷州市乌石镇伴侣村（D 区 1 号点）：共调查了两个剖面。剖面 1 距海岸线 10m，为海水冲刷海滩沉积形成，为含贝壳均匀砂层；剖面 2 距海岸线 100m，与剖面 1 组成类似，如图 5.1.11 所示。两剖面未发现疑似海啸沉积物。

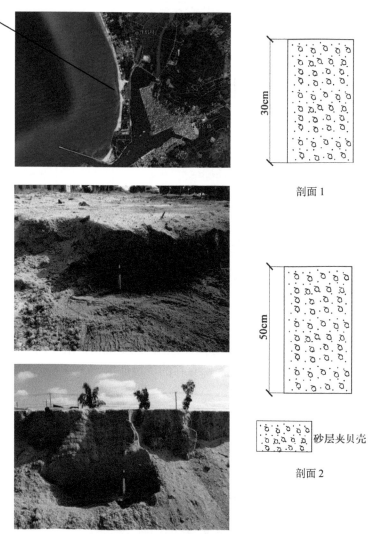

图 5.1.11　雷州市乌石镇伴侣村调查点地理位置及地质剖面

（2）雷州市乌石镇文堂村（D 区 2 号点）：距海岸线 100m，此处为人工堆积陡坎，上层细砂，下层淤泥质软土，如图 5.1.12 所示。无海啸沉积痕迹。

图 5.1.12　雷州市乌石镇文堂村调查点地理位置及地质剖面

　　从上述现场地质剖面来看，几乎都是正常地质沉积，未发现明显的海啸沉积痕迹，第一次地质调查未见历史海啸存在的可疑证据。

　　2. 第二次现场调查

　　2015 年 1 月 18 日至 1 月 22 日对汕尾、阳江等地进行了海啸沉积现场考察，一共对 13 个场点进行了地质调查，地理位置如图 5.1.13 和图 5.1.14 所示。

图 5.1.13　汕尾市调查场点地理位置

图 5.1.14　阳江市调查场点地理位置

1) 汕尾市海丰县（A 区）

1、2 号调查点位于海丰县沿岸地区，所在的杨安平原在古地质时期是浅海地带，明清时期才逐步形成平原，每逢飓风鼓浪，易成巨浸，其中有可能出现现代意义上的海啸。通过查阅地方史志与调查走访当地民众，发现了许多疑似海啸的历史记载。但是古人对海啸和风暴潮没有区分开来，对海啸也只是停留在"海溢"的认识上，因此必须辩证地看待这些历史传说与记载。

海丰县《清乾隆志·卷十·邑事》记载："康熙五十七年夏五月二十八日，飓风淫雨。半夜海水泛溢，浪高数丈，杨安都村落民畜淹没殆尽"。在清光绪版《惠州府志·卷十八》中发现了与之相同时段的灾难记录："康熙五十七年（1718年）夏五月飓风淫雨，覆船数百艘，夜半海水泛溢，浪高数丈，濒海居民漂溺无算。知府余毓浩与归善令欧加意赈恤灾民被泽。龙川雨雹。"由此推测，当时很可能发生了一场波及粤东的大海啸。

为阻止海浸抵御自然灾害，当地政府组织乡民修建海堂（"堂"，古同"堂"），乾隆元年（1736 年），杨安海堂告成，为彰显政治意义，称"王堂"。考察点 1 所在的风神古庙立于乾隆元年，由于历史原因遭到部分损毁，在 20 世

80 年代经过返修重建，作为对上述事件的重要文物佐证被保存了下来。考察点 2 为当年"王坐"旧址，现已修建混凝土堤坝。

3 号调查点位于海丰县沿岸地区，高于海平面约 4m，距海岸线约 400m。地质剖面显示为均匀砂质黏土层，未见疑似海啸沉积物且没有明显的地质分层现象，如图 5.1.15 所示。

图 5.1.15　海丰县沿岸地区 3 号调查点地理位置及地质剖面

4 号调查点位于海丰县沿岸地区，距海岸线约 10m 附近，高于海平面约 1m，为海水冲刷形成的 1 级阶地天然剖面，地质剖面显示为含砾石砂层，未见疑似海啸沉积物且没有明显地质分层，如图 5.1.16 所示。

5 号调查点位于海丰县沿岸地区，高于海平面约 10m，距海岸线约 1.2km，采用洛阳铲人工打孔显示该处的地质剖面分为两层，自上而下分别为均匀黏土层（厚度 120cm）和均匀砂土层（厚度 40cm），如图 5.1.17。砂土层疑似为风暴潮或海啸沉积物。

6 号调查点位于海丰县沿岸地区，高于海平面约 10m，距海岸线约 1.2km。采用洛阳铲人工打孔，孔深 1m 至地下水位，开始透水冒砂。提取土样显示为均匀黏土层，下层发现砂土，疑似为风暴潮或海啸沉积物。

含砾石砂层

图 5.1.16　海丰县沿岸地区 4 号调查点地理位置及地质剖面

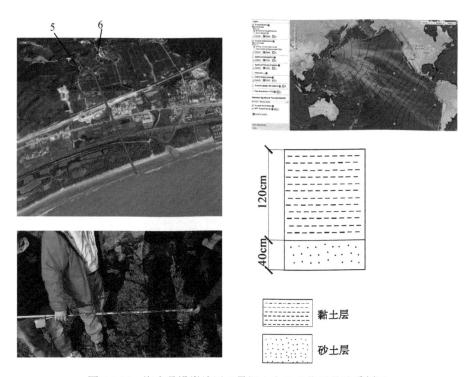

黏土层

砂土层

图 5.1.17　海丰县沿岸地区 5 号调查点地理位置及地质剖面

　　7 号调查点位于海丰县沿岸地区，高于海平面约 10m，距离海岸线约 8.5km。采用洛阳铲人工打孔，孔深 80cm 至地下水位，开始透水冒砂。提取土层为均匀黏土层，下层出现砂土，疑似为风暴潮或海啸沉积物。

　　8 号调查点位于海丰县沿岸地区，距离海岸线约 3.8km，高于海平面约 2m。采用挖掘机开挖至地表 1.3m 以下。土层自上而下依次为：灰黑色淤泥质黏土层、灰黑色淤泥质黏土层夹贝壳夹砂层、灰黑色淤泥质黏土层，如图 5.1.18 所示。出现了疑似海啸沉积物和地质分层现象。

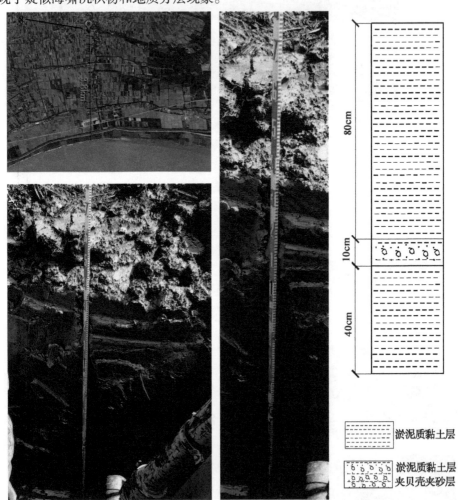

图 5.1.18　海丰县沿岸地区 8 号调查点地质剖面图

　　9 号调查点位于海丰县沿岸地区，高于海平面约 4m，距离海岸线约 1.4km。采用洛阳铲人工打孔，孔深 200cm，为单一均匀黏土层，不含砂砾，未见疑似海啸沉积物和地质分层现象（图 5.1.19）。

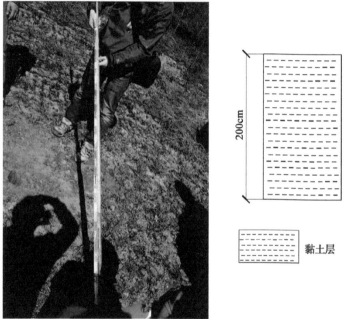

图 5.1.19　海丰县沿岸地区 9 号调查点地理位置及地质剖面

2）阳江市海陵岛地区

10 号调查点位于阳江市海陵岛沿岸地区，共勘查了 3 个地质剖面，均位于海岸线附近，分别高于海平面 3m、7m 和 1m。地质剖面图如图 5.1.20 所示，编号依次为 2 级阶地、3 级阶地和 1 级阶地的剖面。其中，剖面 1 由上而下依次为均匀砂土层（60cm）和均匀黏土层（100cm）；剖面 2 为单一均匀砂土层；剖面 3 为单一均匀砂层夹杂贝壳。这些剖面均未见疑似海啸沉积物。

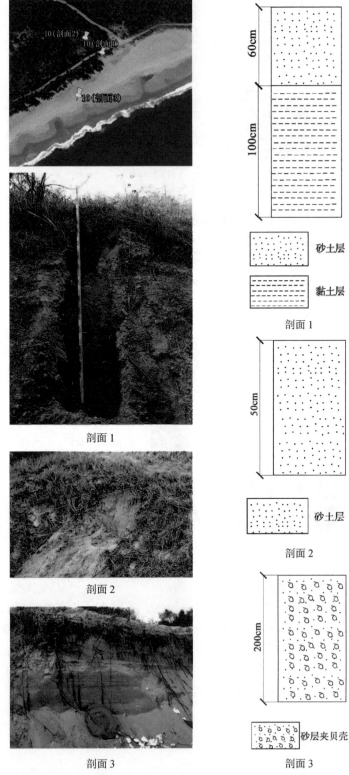

图 5.1.20　海陵岛沿岸地区 10 号调查点地理位置及地质剖面

11 号调查点位于阳江市海陵岛沿岸地区，距海岸约 30m，高于海平面约 6m。剖面显示由上至下土层依次为黄色均匀细砂层和均匀红色粉砂层（图 5.1.21）。距 11 号考察点不远处的 12 号考察点距海岸线约 30m，高于海平面约 10m，为一处天然剖面，该剖面为含砾石红色黏土层，砾径 1 ～ 3cm。两考察点均未发现疑似海啸沉积物和地质分层现象。

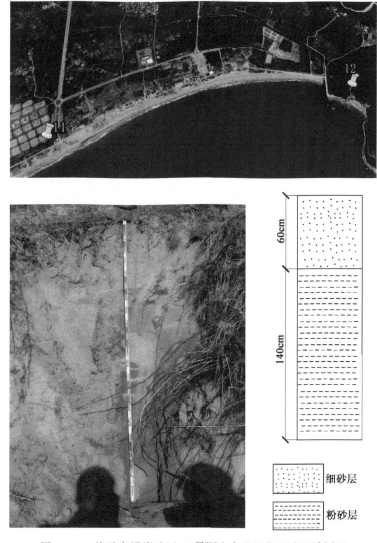

图 5.1.21　海陵岛沿岸地区 11 号调查点地理位置及地质剖面

13 号调查点位于距沿海陆地 20km 的南鹏岛上。距海岸约 20m 的沙滩上发现局部区域存在砂层上覆盖 30cm 厚土层，无砾石。其附近有一小型山丘，山脚为残破积。然而此 30cm 厚土层中却不含坡积物，黄色、红色、灰色粉土混合夹杂层状分布，如图 5.1.22 所示。需要对土样进一步进行 ^{14}C 年代测算和海洋微生物识别，以确定其是否为古海啸地质沉积物。

图 5.1.22　海陵岛沿岸地区 13 号调查点地理位置及地质剖面

　　从地质剖面可见，大部分场点未发现明显的海啸沉积痕迹，个别场点发现黏土层中夹杂砂砾石，或者夹杂贝壳类物质，可以初步判断为风暴潮或海啸作用结果，但需要进一步确认。结合其他学者的调查结果（Sun 等，2013；杨文卿等，2019）以及第 4 章对我国历史海啸记载的分析，有必要针对东南沿海地区开展海啸危险性分析，首要工作是划分其影响的地震海啸潜源。

5.2　对中国有影响的地震海啸潜源划分

　　划分地震海啸潜源是开展海啸危险性分析工作的重要一步。同时，这项工作还需要确定这些潜源的构造参数和地震活动性参数。本节将通过历史地震活动分布、历史海啸空间分布、水深分布以及我国第五代区划图的成果确定潜在海啸源。

　　我国海区大多是浅水大陆架地带，平缓宽阔，外围自北而南有：千岛群岛、日本群岛、琉球群岛、台湾岛、菲律宾群岛、印尼诸岛等环绕，形成一道天然屏障，越洋海啸进入这一海域后，对海啸传播的摩擦力强，能量衰减很快，不利于地震海啸波的传播，对我国大陆沿海影响较小。如 1960 年智利大海啸，对菲律宾乃至日本这些地方都造成了灾害，但传到我国东海的长江口吴淞一带，浪高仅 20cm 左右，没有形成灾害。因此，远海越洋海啸对我国基本没有影响，我们仅考虑区域地震海啸潜源和局地地震海啸潜源产生的海啸对我国沿海地区的影响。

　　我国渤海平均水深 18m，黄海平均水深 44m（图 5.2.1），不满足产生海啸所要求的深水条件。因此，渤海、黄海产生区域海啸的可能性很小。4.3 节从历史文献记载和地质构造特征已说明渤海自身不易发生地震海啸。东海平均水深 340m、南海平均水深 1200m，特别是台湾岛附近海域又是地震频发地段。因此，东海和南海具备产生地震海啸的条件。另外，东海和南海的临近海域产生地震海啸，也会对我国产生影响，如琉球群岛爆发海啸对我国上海、江浙地带将产生影响，第 4 章中所述历史文献也有所记载；台湾岛东侧海域爆发海啸将对我国台湾东岸地区产生影响；菲律宾群岛西侧海域、苏拉威西及加里曼丹北部海域爆发海啸将对我国东南沿海地区产生影响。综合这两方面因素，我国东海和南海区域是产生海啸和受海啸影响的危险区域。下文将确定对中国沿海有影响的区域地震海啸潜源和局地地震海啸潜源。

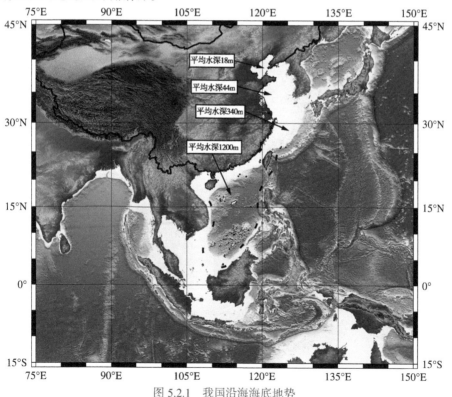

图 5.2.1　我国沿海海底地势

5.2.1　区域地震海啸潜源

由于地震海啸是由地震引起的，在划分潜在海啸源区时将不考虑地震不易发生区域。因此确定对中国能够产生影响的区域地震海啸潜源时，考虑的区域有朝鲜半岛附近海域、日本周边海域、菲律宾海域。

1. 历史地震和海水深度分布

2.1.4 节叙述了地震形成海啸所具备的条件有 3 条，下文将通过历史地震活动性分析，综合海水深度分布确定区域地震海啸潜源。

1）朝鲜半岛附近海域

图 5.2.2 显示了朝鲜半岛附近海域的历史地震分布（数据来源于 NTL，新西伯利亚海啸实验室，从公元前 2150 年到公元 2002 年的所有历史重要地震事件），只有四次地震事件，说明了该区域地震相当不频繁；再则从图 5.2.3 可以看出，朝鲜半岛附近海域水深都浅于 200m，不满足海啸产生需要海水深度到达 200m的要求（见 2.1.4 节），这更加说明了这一区域产生海啸的可能性很小；图 5.2.4给出了我国周边地区历史地震海啸分布图（数据来源于 NGDC，美国国家地球物理数据中心提供的全球历史海啸数据库），朝鲜半岛附近海域只有三个海啸事件，从历史数据角度说明了这一个区域产生海啸的可能性很小。因此确定朝鲜半岛附近海域不划分区域潜在海啸源区。

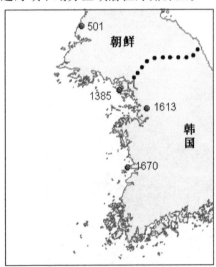 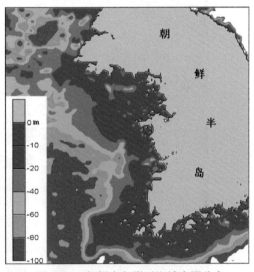

图 5.2.2　朝鲜半岛附近海域历史地震分布　　　　图 5.2.3　朝鲜半岛附近海域水深分布
（数据源于 NTL）

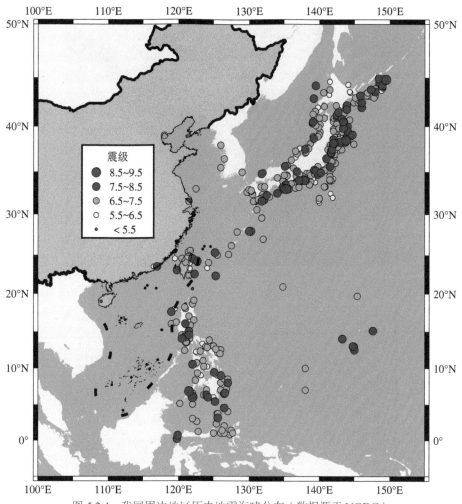

图 5.2.4　我国周边地区历史地震海啸分布（数据源于 NGDC）

2）日本附近海域

由于日本群岛西侧海域产生海啸将受朝鲜半岛阻挡，海啸波不可能传至我国，以及群岛东侧海域产生海啸也会受自身阻挡，海啸波也不可能传至我国，所以仅仅考虑九州岛西侧海域和琉球群岛周边海域。如图 5.2.5 所示，琉球群岛周边海域水深都大于 200m，符合海啸产生的水深条件；而且图 5.2.6 也表明琉球群岛附近海域历史地震发生比较频繁，以及图 5.2.4 也表明该区域历史上产生过多次海啸。因此，将琉球海沟划分为对中国有影响的区域地震海啸潜源。

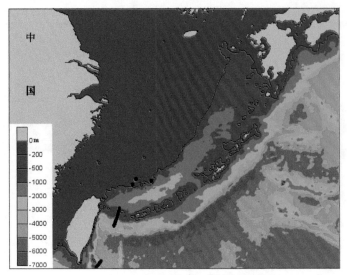

图 5.2.5　日本琉球群岛附近海域水深分布

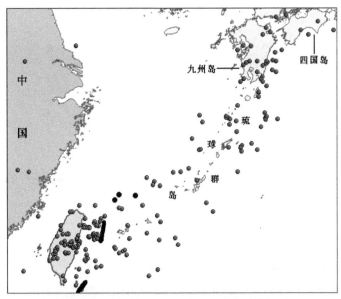

图 5.2.6　日本琉球群岛附近海域历史地震分布（数据源于 NTL）

3）菲律宾附近海域

　　从图 5.2.7～图 5.2.10（图 5.2.8 中的星号为 2006 年 12 月 26 日台湾南部海域产生海啸的位置，作者对该海啸的产生传播过程进行了数值模拟，详见 6.4.2 节）可以判断菲律宾北部海域和西部海域满足水深大于 200m 的海啸产生条件，历史上也发生过许多地震，图 5.2.4 也显示该海域历史上产生过许多海啸事件，而且该海域分布有马尼拉海沟，板块运动剧烈，产生海啸的可能性巨大。因此将马尼拉海沟划分为对中国有影响的区域地震海啸潜源。

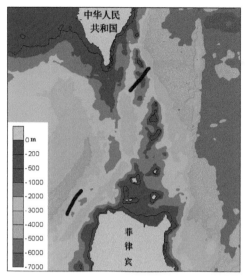

图 5.2.7　菲律宾北部海域水深分布

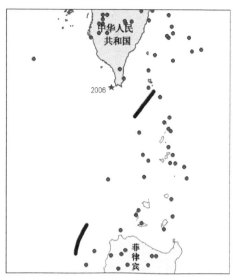

图 5.2.8　菲律宾北部海域历史地震分布
（数据源于 NTL）

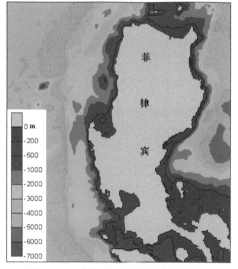

图 5.2.9　菲律宾西侧海域水深分布

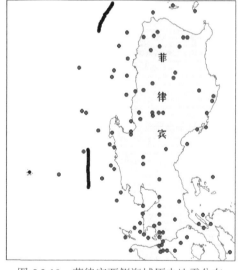

图 5.2.10　菲律宾西侧海域历史地震分布
（数据源于 NTL）

2. 地震构造参数

综上所述对中国沿海能够产生影响的区域地震海啸潜源有两个，分别为琉球海沟和马尼拉海沟。根据《琉球海沟、马尼拉海沟地震构造背景及震源参数评估报告》（周本刚等，2011），马尼拉海沟和琉球海沟的地震构造参数如下所述。

1）琉球海沟潜在海啸源区地震构造参数

琉球海沟潜在海啸源区共有 6 个破裂源，分布如图 5.2.11 所示。各破裂源的地震构造参数如表 5.2.1 所示，包括破裂源的长度、宽度、震源深度以及走向、倾角、滑移角和震级上限。

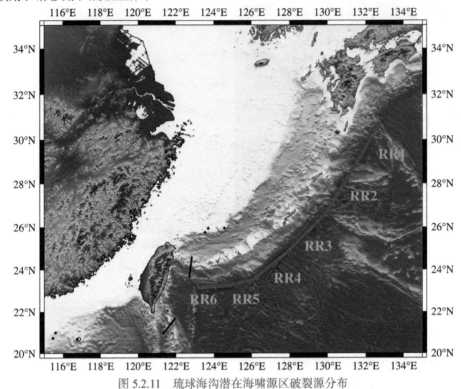

图 5.2.11 琉球海沟潜在海啸源区破裂源分布

表 5.2.1 琉球海沟潜在海啸源区破裂源地震构造参数

琉球海沟破裂源	长度 /km	宽度 /km	震源深度 /km	走向 / (°)	倾角 / (°)	滑移角 / (°)	震级上限 /M_w
RR 1	290	98	15	30	15	315	8.5
RR 2	256	92	20	32	19	315	8.4
RR 3	282	97	18	45	20	310	8.5
RR 4	215	83	20	53	25	310	8.3
RR 5	130	65	25	72	30	344	7.9
RR 6	170	74	25	81	35	355	8.1

2）马尼拉海沟潜在海啸源区地震构造参数

马尼拉海沟潜在海啸源区共有 6 个破裂源，分布如图 5.2.12 所示。各破裂源的地震构造参数如表 5.2.2 所示，包括破裂源的长度、宽度、震源深度以及走向、倾角、滑移角和震级上限。

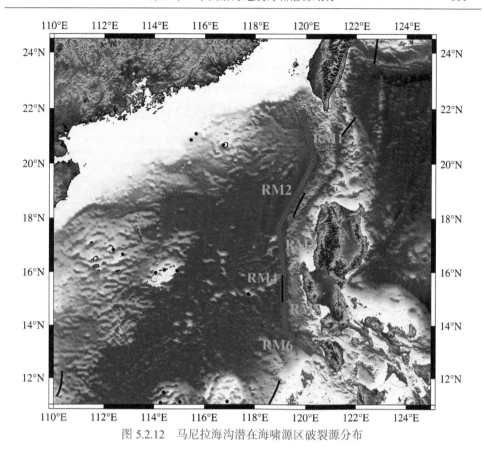

图 5.2.12　马尼拉海沟潜在海啸源区破裂源分布

表 **5.2.2**　**马尼拉海沟潜在海啸源区破裂源地震构造参数**

马尼拉海沟 破裂源	长度 /km	宽度 /km	震源深度 /km	走向 / (°)	倾角 / (°)	滑移角 / (°)	震级上限 /M_w
RM 1	210	82	20	350	14	110	8.2
RM 2	310	109	20	29	20	110	8.6
RM 3	135	66	20	3	20	90	7.9
RM 4	140	66	20	351	20	90	7.9
RM 5	166	71	20	353	30	50	8.0
RM 6	142	66	20	308	30	50	7.9

5.2.2　局地地震海啸潜源

　　局地地震海啸潜源距海岸线较近，海啸传播到陆地时间很短，通常只有几分钟到几十分钟，给人们做出反应的时间很短，尽管局地地震海啸潜源震级上限相对较小，但危害巨大。历史记载我国东南沿海曾发生过多次破坏性地震，引发的海啸造成一定的破坏。因此应重视局地地震海啸潜源对我国沿海地区的影响。

2015年6月我国颁布了《中国地震动参数区划图》（GB 18306—2015），这已是我国第五代区划图，其中划分了我国及邻区1206个潜在震源区，分布如图5.2.13所示。根据其震级上限、地质构造背景以及历史地震活动性，从渤海、黄海、台湾海峡划分了15个局地地震海啸潜源（Ren等，2017），下文给出了这15个局地地震海啸潜源的地震构造分布及构造参数（图5.2.14，表5.2.3～表5.2.15）。

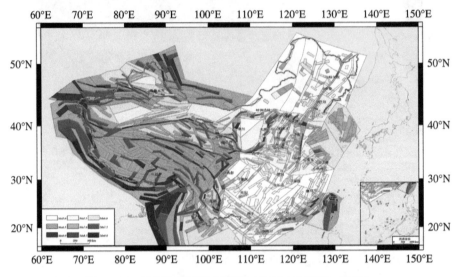

图5.2.13　我国及邻区潜在震源区分布（高孟潭，2015）

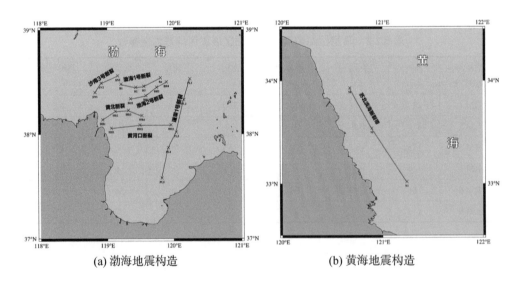

(a) 渤海地震构造　　　　　　　　　　(b) 黄海地震构造

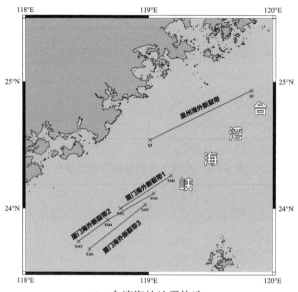

(c) 台湾海峡地震构造

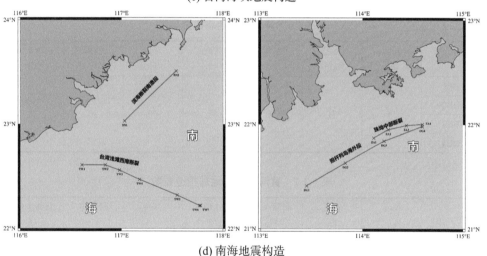

(d) 南海地震构造

图 5.2.14　中国沿海局地地震海啸潜源地震构造分布

表 5.2.3　沙南 3 号断裂地震构造参数

节　点	长度 /km	宽度 /km	震源深度 /km	走向 / (°)	倾角 / (°)	滑移角 / (°)	震级上限 /M_w
SN1							
SN2	35	50	30	66	60	90	7.5
SN3							

表 5.2.4   渤海 1 号断裂地震构造参数

节　点	长度 /km	宽度 /km	震源深度 /km	走向 / (°)	倾角 / (°)	滑移角 / (°)	震级上限 /M_w
B1	53	71	30	259	45	90	8
B2							
B3							
B4							

表 5.2.5   渤海 2 号断裂地震构造参数

节　点	长度 /km	宽度 /km	震源深度 /km	走向 / (°)	倾角 / (°)	滑移角 / (°)	震级上限 /M_w
BH1	51	71	30	254	45	90	8
BH2							
BH3							
BH4							

表 5.2.6   黄北断裂地震构造参数

节　点	长度 /km	宽度 /km	震源深度 /km	走向 / (°)	倾角 / (°)	滑移角 / (°)	震级上限 /M_w
HB1	55	71	35	86	60	90	8
HB2							
HB3							
HB4							

表 5.2.7   黄河口断裂地震构造参数

节　点	长度 /km	宽度 /km	震源深度 /km	走向 / (°)	倾角 / (°)	滑移角 / (°)	震级上限 /M_w
HH1	79	71	30	88	45	90	8
HH2							
HH3							

表 5.2.8   蓬莱 1 号断裂地震构造参数

节　点	长度 /km	宽度 /km	震源深度 /km	走向 / (°)	倾角 / (°)	滑移角 / (°)	震级上限 /M_w
PL1	113	71	30	23	60	90	8
PL2							
PL3							
PL4							
PL5							

表 5.2.9　苏北滨海断裂地震构造参数

节点	长度 /km	宽度 /km	震源深度 /km	走向 / (°)	倾角 / (°)	滑移角 / (°)	震级上限 /M_w
S1							
S2	114	50	30	148	60	90	7.5
S3							

表 5.2.10　泉州海外断裂地震构造参数

节点	长度 /km	宽度 /km	震源深度 /km	走向 / (°)	倾角 / (°)	滑移角 / (°)	震级上限 /M_w
Q1	92	71	20	65	60	90	8
Q2							

表 5.2.11　厦门海外断裂地震构造参数

序 号	节 点	长度 /km	宽度 /km	震源深度 /km	走向 / (°)	倾角 / (°)	滑移角 / (°)	震级上限 /M_w
1 号	XM1	51	71	20	58	60	90	8
	XM2							
2 号	XM3	74	71	20	57	60	90	8
	XM4							
	XM5							
3 号	XM6	59	71	20	53	60	90	8
	XM7							

表 5.2.12　滨海断裂南澳段地震构造参数

节点	长度 /km	宽度 /km	震源深度 /km	走向 / (°)	倾角 / (°)	滑移角 / (°)	震级上限 /M_w
BN1	75	50	20	47	60	90	7.5
BN2							

表 5.2.13　台湾浅滩西南断裂地震构造参数

节点	长度 /km	宽度 /km	震源深度 /km	走向 / (°)	倾角 / (°)	滑移角 / (°)	震级上限 /M_w
TW1							
TW2							
TW3							
TW4	130	50	20	118	60	90	7.5
TW5							
TW6							
TW7							

表 5.2.14　珠－坳中部断裂地震构造参数

节　点	长度 /km	宽度 /km	震源深度 /km	走向 /(°)	倾角 /(°)	滑移角 /(°)	震级上限 /M_w
ZA1							
ZA2	52	50	20	74	60	90	7.5
ZA3							
ZA4							

表 5.2.15　担杆列岛海外段地震构造参数

节　点	长度 /km	宽度 /km	震源深度 /km	走向 /(°)	倾角 /(°)	滑移角 /(°)	震级上限 /M_w
DG1							
DG2	135	50	20	63	60	90	7.5
DG3							
DG4							

　　综上所述，图 5.2.15 给出了我国周边的区域地震海啸潜源和局地地震海啸潜源的位置及历史海啸发生位置分布。

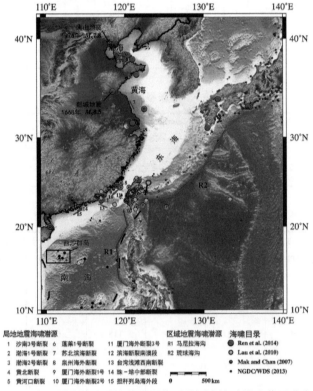

图 5.2.15　中国周边的地震海啸潜源位置及历史海啸发生位置分布

5.3　区域地震海啸潜源活动性参数

马尼拉海沟潜源规模较大，断裂带较长，历史上地震活动较为活跃，但历史上相关马尼拉地区地震诱发海啸的记录并不是很多，原因是马尼拉海沟潜源发生的许多大地震，并非全都可以诱发海啸。其他地区的历史地震记录中，也发生过一些较大震级的地震，但并未能引发海啸，表 5.3.1 列举了近年来未能引发海啸的震级较大的地震。

表 5.3.1　近年来未引发海啸的较大地震

时间	地点	震级	地震类型	震源深度 /km
2012 年 4 月 11 日	苏门答腊海域	8.6	走滑	20
2012 年 4 月 11 日	阿拉斯加南部海域 苏门答腊海域	8.2	走滑	53.7
2013 年 1 月 5 日	南阿拉斯加	7.5	走滑	10
2007 年 8 月 8 日	印尼爪哇岛海域	7.5	不明确	280
2012 年 8 月 14 日	鄂霍次克海域	7.7	不明确	583
2013 年 5 月 24 日	鄂霍次克海域	7.3	不明确	598
2009 年 11 月 9 日	斐济	7.3	逆冲	595

在一些学者的研究中，也只是考虑了部分可能诱发海啸地震的年发生率。Geist 和 Parsons（2009）以及 Leonard 等（2014）仅考虑俯冲带区域为海啸潜源；Burbidge 等（2008）在评估西澳大利亚海啸危险性时，排除了走滑型断层；Sørensen 等（2012）在评估地中海海啸危险性时，对该地区历史地震进行分类，根据各类型地震所占的比例确定样本数量；Annaka 等（2007）在评估日本地区海啸危险性、González 等（2009）在评估美国俄勒冈地区海啸危险性时，则直接考虑了逆冲型地震。

根据历史记录和海啸产生的原理，我们总结了诱发海啸的地震需满足的条件有 3 点：①地震的震源较浅；②地震为逆冲型；③地震震级较大。并根据这些条件，计算马尼拉海沟潜源符合条件的地震的年发生率。图 5.3.1 给出了地震年发生率的计算过程。

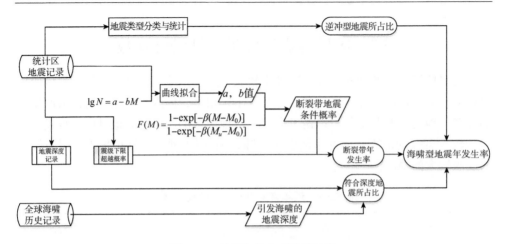

图 5.3.1　地震年发生率计算过程

根据 Gutenberg 和 Richter（1944）对地震震级和发生频度的研究，他们提出地震震级和发生频度服从以下经验公式，该公式简称为 G–R 公式，即

$$\lg \lambda_m = a - bm \tag{5-3-1}$$

式中，m 为地震震级；λ_m 为对应震级为 m 的地震次数；a 和 b 为系数，通常由该地区历史地震统计分析得出。

根据式（5-3-1）可以得到震级 m 的累积分布函数为

$$
\begin{aligned}
F_M(m) &= P(M \leqslant m \mid m_{\min} \leqslant M \leqslant m_{\max}) \\
&= \frac{\lambda_{\min} - \lambda_m}{\lambda_{\min} - \lambda_{\max}} \\
&= \frac{1 - 10^{-b(m-m_{\min})}}{1 - 10^{-b(m_{\max}-m_{\min})}}, m_{\min} \leqslant m \leqslant m_{\max}
\end{aligned}
\tag{5-3-2}
$$

震级 m 的概率密度函数为

$$f_M(m) = \frac{b \ln 10 \times 10^{-b(m-m_{\min})}}{1 - 10^{-b(m_{\max}-m_{\min})}}, m_{\min} \leqslant m \leqslant m_{\max} \tag{5-3-3}$$

式中，$m_{\max}$ 为该区域内发生地震的震级上限；$m_{\min}$ 为该区域内发生地震的震级下限。式（5-3-2）和式（5-3-3）变换形式得到

$$F_M(m) = \frac{1 - \exp[-\beta(m-m_{\min})]}{1 - \exp[-\beta(m_{\max}-m_{\min})]}, m_{\min} \leqslant m \leqslant m_{\max} \tag{5-3-4}$$

$$f_M(m) = \frac{\beta \exp[-\beta(m-m_{\min})]}{1 - \exp[-\beta(m-m_{\min})]}, m_{\min} \leqslant m \leqslant m_{\max} \tag{5-3-5}$$

式中，$\beta = b \times \ln 10$。

马尼拉海沟潜在海啸源区地震活动较为活跃，并且历史地震记录较为丰富，

我们利用该地区丰富的历史地震目录，考虑震源深度和地震类型，计算满足上述三个条件的海啸地震年发生率 P_{pf} 为

$$P_{pf} = P_{gr} \cdot P_f \cdot P_d \qquad (5\text{-}3\text{-}6)$$

式中，P_{gr} 为符合震级条件的地震年发生率；P_f 表示发生地震为逆冲型地震的概率；P_d 表示震源深度满足条件的概率。

根据 Ren 等（2017）的研究，马尼拉海沟潜在海啸源区发生能够诱发海啸的地震最小震级 M_{min}=7.0，考虑震级上限 M_{max}=9.0。

根据式（5-3-7）计算 P_{gr}

$$P_{gr} = [F(M_{max}) - F(M_{min})] \cdot v(M \geqslant 4) \qquad (5\text{-}3\text{-}7)$$

式中，$F(M_{max})$ 和 $F(M_{min})$ 根据式（5-3-4）计算得到，式中取 m_{min}=4.0，m_{max}=9.0，$v(M \geqslant 4)$ 为该潜源区内发生 4.0 级以上地震的年发生率。通过对马尼拉海沟潜源历史记录的统计分析可以得到 v 与 b 的值。

根据 USGS 的历史地震目录，潜源区内 1976 ～ 2015 年共发生 2212 次地震，震级大小从 3.1 至 7.3。对这四十年内的 2212 次地震进行 G-R 公式的拟合，如图 5.3.2 所示，得到

$$\lg \lambda_m = 7.87 - 1.09m \qquad (5\text{-}3\text{-}8)$$

Liu 等（2007）利用南中国海地区 30 年的历史地震目录统计得到了该地区的 G-R 关系（图 5.3.2），其中 a 值小于本次研究结果，原因是本次研究统计时间跨度为 40 年；Liu 等（2007）以整个南中国海地区作为统计区域，而本次研究根据马尼拉断裂带的走向和位置（图 5.2.12 和表 5.2.2），确定了相应的统计区（图 5.3.3），统计结果相对更符合潜源内的真实地震活动性。

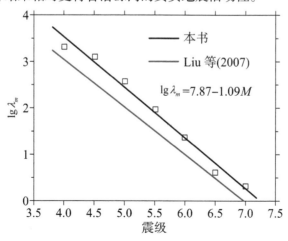

图 5.3.2　拟合得到的马尼拉潜在海啸源区的 G-R 分布以及与 Liu 等（2007）结果比较

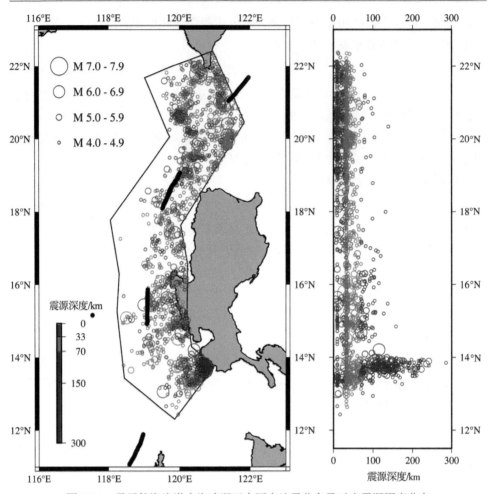

图 5.3.3 马尼拉海沟潜在海啸源区内历史地震分布及对应震源深度分布

对这 2212 次地震进行频次统计，结果表明发生 4.0 级以上地震共 2068 次，平均每年发生 51.7 次，则认为 $v(M \geqslant 4)$=51.7，连同 b=1.09 代入式（5-3-7），求得 P_{gr}=0.02758。

接下来，计算地震若能引发海啸满足震源深度要求的概率 P_d。

我们选取 NGDC 全球历史海啸数据库中公元前 2100 年至今的海啸记录，包括诱因、真实性、海啸波高、震源深度等内容，一共 2539 个历史海啸记录。其中，海啸的诱因有地震、海底滑坡、火山、气象、爆炸和天文潮等，相应编码见表 5.3.2。

我们选取由地震引起的海啸事件，共有 1691 次记录，考虑到海啸的诱因往往不止一种，地震可以诱发滑坡、火山，也可以诱发地震，因此凡是诱因含地震的事件都被选入，即编码 1 ~ 5。这些记录中具有深度信息的有 837 次。

表 5.3.2　NGDC 给出的历史海啸记录中海啸诱因及编码

海啸诱因	编 码
未知	0
地震	1
疑似地震	2
地震和滑坡	3
火山和地震	4
火山、地震和滑坡	5
火山	6
火山和滑坡	7
滑坡	8
气象	9
爆炸	10
天文潮	11

　　事件记录的真实性又分为 6 个级别，分别为毫无疑问的、很有可能的、可疑的、很有疑问的、在内陆河流中仅造成水流扰动、错误的，相应编码见表 5.3.3。为保证被选事件具有一定的可信度，选取真实性编码 3 和 4 的事件共 639 次作为最终的统计样本。

表 5.3.3　NGDC 给出的历史海啸事件真实性及相应编码

真实性	编 码
毫无疑问的	4
很有可能的	3
可疑的	2
很有疑问的	1
在内陆河流中仅造成水流扰动	0
错误的	−1

　　这些海啸事件中最早的记录可以追溯到 365 年 [图 5.3.4（a）]，但是考虑到 1976 年之前没有 GCMT 记录，并且早期监测手段的不足导致目录不完整和深度信息可能并不准确，我们再缩小范围，选取了 1976 年以后的记录作为统计对象 [图 5.3.4（b）]，确保震源深度数据具有一定的可信度。图中可见，大部分事件震源深度都小于 60km。对比深度较深的几个地震 [图 5.3.4（c）] 事件，尽管其震级都在 7.0 以上甚至接近 8.0，但其形成的最大海啸波高基本都在 1m 以下，判断可能由震源深度相对较深引起。因此，这里确定马尼拉海沟潜在海啸源区内能够诱发海啸的地震震源深度条件为 <60km。

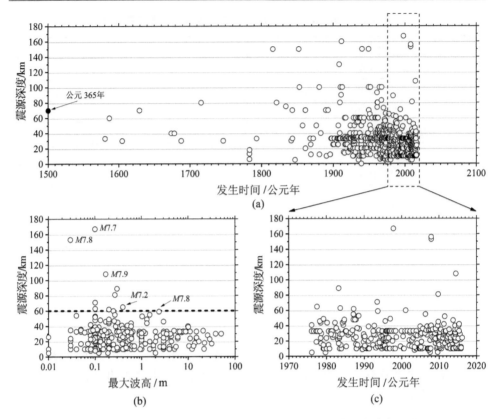

图 5.3.4　地震型海啸震源深度分布以及震源深度和海啸最大波高相关性

图 5.3.3 可以看出震源深度在 0 ～ 70km 的地震占绝大多数，在整个潜源区内分布均匀，表明在概率海啸危险性分析中可以考虑在潜源区内对震中进行均匀随机分布。可以看到绝大多数震源深度超过 100km 的地震都分布在马尼拉海沟潜源的最南端，表明南北两侧的地质构造背景存在一定的差异，原则上应分别进行地震动活动性分析，不过由于缺乏详细的调查数据，这里暂且按下不表。

图 5.3.5 给出了统计区内这 639 次历史地震的震源深度累计频率，大约 90% 的地震发生在地下 0 ～ 100km 处，其中 30 ～ 40km 处发生的地震最多，占到了地震总量的 35% 左右。根据直方图分布结果，得出马尼拉海沟海啸潜源区内地震若能引发海啸满足震源深度要求（0 ～ 60km）的概率 P_d =0.78。

接下来再确定马尼拉海沟海啸潜源区内发生地震为逆冲型的概率 P_f。

从 GCMT 中选取统计区内 1976 ～ 2015 年间共 321 个含震源机制的地震事件 [图 5.3.6（a）]，震级范围为 M_w 4.7 ～ 7.2。我们采用 Cliff Frohlich 提出的类三元相图来区分走滑型、逆冲型和其他地震（Frohlich and Apperson，1992）。

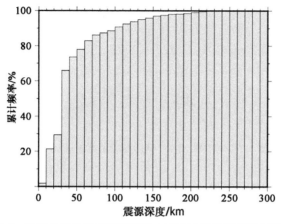

图 5.3.5　马尼拉海沟潜在海啸源区内历史地震震源深度累计频率

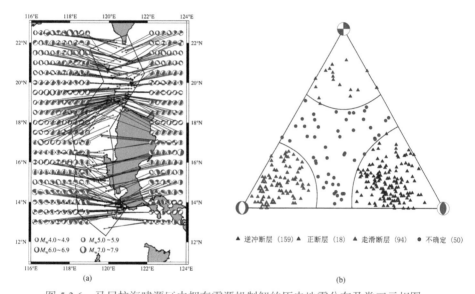

图 5.3.6　马尼拉海啸源区内拥有震源机制解的历史地震分布及类三元相图

根据应力轴倾角性质，三个倾角的正弦符合公式

$$(\sin\delta_{\mathrm{T}})^2+(\sin\delta_{\mathrm{B}})^2+(\sin\delta_{\mathrm{P}})^2=1 \tag{5-3-9}$$

分别以 $\sin\delta_{\mathrm{P}}$、$\sin\delta_{\mathrm{T}}$、$\sin\delta_{\mathrm{B}}$ 为 x、y、z 轴坐标值，我们可以把一次地震事件定位于八分之一个单位球面，即球面 ABC（图 5.3.7），我们利用球心投影，把所有的点投射到边长为 $\sqrt{2}$、三个点坐标为（1，0，0），（0，1，0），（0，0，1）的正三角形 ABC 上（图 5.3.7），得出地震类型的分布图 [图 5.3.6（b）]，具体计算方法如下所述。

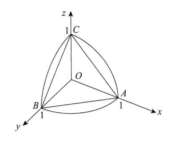

图 5.3.7　坐标投影示意图

（1）根据空间球面方程，我们得到单位球面方程 $x^2+y^2+z^2=1$，我们在球面 ABC 上假设一点 (p,t,b)，根据投影原理，该点在正三角形 ABC 平面的投影点即该点与原点 $O(0,0,0)$ 连线与三角形平面的交点，根据平面的截距式我们很方便求出三角形平面的方程为

$$x+y+z=1 \tag{5-3-10}$$

根据空间直线向量式我们得出该直线的方程为

$$\frac{x}{1}=\frac{y}{1}=\frac{z}{1} \tag{5-3-11}$$

联立式（5-3-10）和式（5-3-11），我们可以得出 (p,t,b) 在 ABC 平面投影点的坐标为

$$\left(\frac{p}{p+b+t},\frac{t}{p+b+t},\frac{b}{p+b+t}\right)$$

（2）我们在 ABC 平面内以底边中心为原点，底边为 x 轴，底边的高为 y 轴建立笛卡儿坐标系，接下来的工作就是把空间坐标转化为平面坐标，根据空间距离公式，我们求得平面内的坐标为

$$\left(\left(\frac{p-t}{|p-t|}\right)\times\sqrt{\left[\frac{t}{p+b+t}-\left(\frac{p+t}{2(p+b+t)}\right)\right]^2+\left[\frac{p}{p+b+t}-\left(\frac{p+t}{2(p+b+t)}\right)\right]^2},\right.$$
$$\left.\frac{b}{(p+b+t)\cos35.26°}\right)$$

根据上式，我们将球体上的坐标转为平面上的坐标，可以更加直观地表示出各类型地震所占比例。

根据 Frohlich 和 Apperson（1992）的研究，$\delta_T>50°$ 为逆冲断层，$\delta_B>60°$ 为走滑断层，$\delta_P>60°$ 确定为正断层，将 321 次地震事件的应力轴倾角按上述方法投影至同一平面内可以确定各事件的地震类型，如图 5.3.6（b）所示，其中逆冲型地震为 159 次，得到 $P_f=0.49$。

最后根据式（5-3-6），计算得到马尼拉潜在海啸源区内能够诱发海啸的地震

年发生率 P_{pf}=0.010 54。

5.4　局地地震海啸潜源活动性参数

通常区域地震海啸潜源位于板块边界俯冲带内，地震活动较为活跃，历史地震记录丰富；而局地地震海啸潜源，由于历史地震记录较少，不能采用类似统计方法确定其地震动活动性参数。2015 年我国颁布了第五代《中国地震动参数区划图》，全国共划分了 29 个地震带，又细划了我国及邻区 1206 个潜在震源区，如图 5.2.13 所示。根据其震级上限、地质构造背景以及历史地震活动性，从渤海、黄海、台湾海峡至南海划分了 15 个局地地震海啸潜源，其中有 8 个对我国东南沿海存在潜在影响。

这 8 个潜源的地震活动性参数，其中 G–R 关系式中的 b_{belt} 值、震级上限值 M_{max}、发生 4.0 级以上地震的年发生率 $v_{belt}(M \geqslant 4)$ 等同于潜在海啸源地理位置与其一致的潜在震源区的相应值，地震区划图已经给出了相应的取值。这里所选取的 8 个近海局地潜源均位于东南沿海地震带内，b_{belt}=0.87，$v_{belt}(M \geqslant 4)$=5.6，海啸潜源的震级上限取对应潜在震源区的震级上限，具体取值见表 5.4.1。

表 5.4.1　局地地震海啸潜源地震活动性参数

潜在震源区编号	潜在海啸源编号	b_{belt}	M_2^i	A_i	$\gamma_i(M_{VII})$	$\gamma_i(M_{VIII})$	$v_i(M_1^i \leqslant M \leqslant M_2^i)/(10^{-3})$		
							$v_i(M_{VII})$	$v_i(M_{VIII})$	合计
I	1	0.87	8	4993	0.171	0.563	1.485	1.798	3.283
II	2	0.87	8	3881	0.133	0.437	1.154	1.398	2.552
	3								
	4								
III	5	0.87	7.5	3226	0.110	0.000	0.959	0.000	0.959
IV	6	0.87	7.5	4513	0.154	0.000	1.342	0.000	1.342
V	7	0.87	7.5	4703	0.161	0.000	1.399	0.000	1.399
	8								
VI			7.5	7937	0.271	0.000	2.361	0.000	2.361
	合计			29253	1	1	8.700	3.196	11.896

每个近海局地地震海啸潜源的地震年发生率可根据潜源所属的潜在震源区的年发生率求得，每个地震带内分布着若干个震源区，在一个地震带内第 i 个潜在震源区不同震级档的地震年发生率计算公式为

$$v_i(M_j) = v_{belt}(M_j) \cdot \gamma_i(M_j) \qquad (5\text{-}4\text{-}1)$$

式中，$v_i(M_j)$ 为第 i 个潜在震源区在第 j 个震级档的地震年发生率；$v_{belt}(M_j)$ 为潜在震源区所属的地震带在第 j 个震级档的地震年发生率；$\gamma_i(M_j)$ 为第 i 个潜在震源区在第 j 个震级档的地震年发生率占所属地震带的权重，通常也称之为地震空间分布函数。

$\gamma_i(M_j)$ 受多个因素影响，其中潜在震源区的面积是一个重要因素，在这里

$\gamma_i(M_j)$ 简单近似等于第 i 个潜在震源区占所属地震带面积的比重，即

$$\gamma_i(M_j) = \frac{A_i(M_j)}{\sum_{i=1}^{N_{sj}} A_i(M_j)} \qquad (5\text{-}4\text{-}2)$$

式中，$A_i(M_j)$ 为第 i 个能够发生震级 M_j 的潜在震源区的面积；N_{sj} 为地震带内能够发生震级 M_j 的潜在震源区的数量。在一个地震带内指定震级档的所有潜在震源区 $\gamma_i(M_j)$ 的和为 1，即

$$\sum_{i=1}^{N_{sj}} \gamma_i(M_j) = 1 \qquad (5\text{-}4\text{-}3)$$

Ren 等（2017）认为能够诱发海啸的最小震级为 7.0，这 8 个近海局地地震海啸潜源所在的东南沿海地震带内共有 6 个潜在震源区的震级上限是大于 7.0 的，对应位置及面积见图 5.4.1，不同震源区采用不同的罗马数字表示。

震级档的定义为从震级下限 $m_{\min}$ 到震级上限 $m_{\max}$ 根据分档间隔 ΔM 分成若干个区间，这些区间称之为震级档。M_j 表示第 j 个震级档，j 为大于等于 1 的整数（这里使用罗马数字表示），则有

$$m_{\min} + (j-1) \cdot \Delta M \le M_j \le m_{\min} + j \cdot \Delta M \qquad (5\text{-}4\text{-}4)$$

$$j \le \frac{(m_{\max} - m_{\min})}{\Delta M} \qquad (5\text{-}4\text{-}5)$$

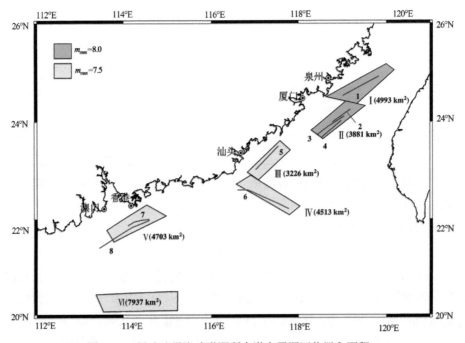

图 5.4.1　局地地震海啸潜源所在潜在震源区位置和面积

　　这里选取的 8 个近海局地地震海啸潜源所属地震带震级上限 m_{max} =7.5 或 8.0，震级下限 m_{min} =4.0，我们选取分档间隔 ΔM =0.5，因为能够诱发海啸的最小震级为 7.0，所以我们只考虑震级档 M_{VII} 和 M_{VIII} 的地震年发生率。根据式（5-4-1），计算 $v_i(M_j)$ 需确定 $v_{belt}(M)$ 和 $\gamma_i(M_j)$ 的值，根据式（5-4-2）可以得到 $\gamma_i(M_{VII})$ 和 $\gamma_i(M_{VIII})$ 的值，结果见表 5.4.1。$v_{belt}(M_{VII})$ 和 $v_{belt}(M_{VIII})$ 计算过程如下所述。

　　根据式（5-3-2），地震带内发生一次地震，震级分布在震级档 M_{VII} 和 M_{VIII} 的概率为

$$F_{belt}(M_{VII}) = F_{belt}(M = 7.5) - F_{belt}(M = 7.0) \tag{5-4-6}$$

$$F_{belt}(M_{VIII}) = F_{belt}(M = 8.0) - F_{belt}(M = 7.5) \tag{5-4-7}$$

式中，$F_{belt}(M)$ 为地震带内震级 M 的累积分布函，可根据式（5-3-4）得到。计算过程中 $\beta_{belt}=b_{belt}\times\ln 10=2.003$，$m_{max}=8.0$，$m_{min}=7.0$。求得 $F_{belt}(M_{VII})= 1.554\times 10^{-3}$，$F_{belt}(M_{VIII})= 5.706\times 10^{-4}$，根据式（5-4-8）可以求出 $v_{belt}(M_{VII})$ 和 $v_{belt}(M_{VIII})$ 的值。

$$v_{belt}(M_j) = F_{belt}(M_j)\cdot v_{belt}(M \geq 4.0) \tag{5-4-8}$$

式中，$v_{belt}(M \geq 4)$ =5.6，求得 $v_{belt}(M_{VII})$ =8.7 $\times 10^{-3}$，$v_{belt}(M_{VIII})$ =3.196 $\times 10^{-3}$。

　　根据式（5-4-1）可以求得 $v_i(M_{VII})$ 和 $v_i(M_{VIII})$，从而根据每个近海海啸潜源的震级上限求得每个近海局地海啸潜源发生震级在 M_1^i 和 M_2^i 之间地震的年发生率 $v_i(M_1^i \leqslant M \leqslant M_2^i)$，$M_1^i = 7.0$，$M_2^i$ 根据每个海啸潜源的震级上限确定，即

$$v_i(M_1^i \leqslant M \leqslant M_2^i) = \begin{cases} v_i(M_{VII}) & M_2^i = 7.5 \\ v_i(M_{VII})+v_i(M_{VIII}) & M_2^i = 8.0 \end{cases} \tag{5-4-9}$$

　　具体计算结果见表 5.4.1。

参 考 文 献

高孟潭，2015. GB 18306—2015《中国地震动参数区划图》宣贯教材 [M]. 北京：中国标准出版社 .

石峰，毕丽思，谭锡斌，等，2012. 渤海海域历史上发生过地震诱发海啸吗？ [J]. 地球物理学报，55(9): 3097-3104.

王立成，王成善，李亚林，等，2010. 海啸和海啸沉积 [J]. 沉积学报，28(3): 596-610.

杨文卿，孙立广，杨仲康，等，2019. 南澳宋城：被海啸毁灭的古文明遗址 [J]. 科学通报，64(1): 107-120.

姚远，蔡树群，王盛安，2007. 海啸波数值模拟的研究现状 [J]. 海洋科学进展，25(4): 487-494.

张振克，谢丽，杨达源，等，2010. 国际海啸沉积研究进展与展望 [J]. 海洋地质与第四纪地质，30(6): 133-140.

赵港生，赵根模，邱虎，2000. 中国海洋地震灾害研究进展 [J]. 海洋通报，19(4): 74-85.

周本刚，何宏林，安艳芬，等，2011. 琉球海沟、马尼拉海沟地震构造背景及震源参数评估报告 [R]. 中国地震局地质研究所，中国地震局地球物理研究所，中国地震局地震预测研究所.

祝会兵, 于颖, 戴世强, 2006. 海啸数值计算研究进展 [J]. 水动力学研究与进展: A 辑, 21(6): 714-723.

Annaka T, Satake K, Sakakiyama T, et al., 2007. Logic-tree approach for probabilistic tsunami hazard analysis and its applications to the Japanese coasts[J]. Pure and Applied Geophysics, 164(2): 577-592.

Burbidge D, Cummins P R, Mleczko R, et al., 2008. A probabilistic tsunami hazard assessment for western Australia[J]. Pure and Applied Geophysics, 165(11): 2059-2088.

Dawson A D, Stewart I, 2007. Tsunami deposits in the geological record[J]. Sedimentary Geology, 200: 166-183.

Frohlich C, Apperson K D, 1992. Earthquake focal mechanisms, moment tensors, and the consistency of seismic activity near plate boundaries[J]. Tectonics, 11(2): 279-296.

Geist E L, Parsons T, 2009. Assessment of source probabilities for potential tsunamis affecting the U.S. Atlantic coast[J]. Marine Geology, 264(1–2): 98-108.

González F I, Geist E L, Jaffe B, et al., 2009. Probabilistic tsunami hazard assessment at Seaside, Oregon, for near- and far-field seismic sources[J]. Journal of Geophysical Research: Atmospheres, 114(C11): 507-514.

Gutenberg B, Richter C F. 1944. Frequency of Earthquakes in California[J]. Bulletin of the Seismological Society of America, 34, 185-188.

Hindson R A, Andrade C, Dawson A G, 1996. Sedimentary processes associated with the tsunami generated by the 1755 Lisbon earthquake on the Algarve coast, Portugal [J]. Physics and Chemistry of the Earth, 21: 57-63.

Leonard L J, Rogers G C, Mazzotti S, 2014. Tsunami hazard assessment of Canada[J]. Natural Hazards, 70(1): 237-274.

Liu Y, Santos A, Wang S M, et al., 2007. Tsunami hazards along Chinese coast from potential earthquakes in South China Sea[J]. Physics of the Earth & Planetary Interiors, 163(1): 233-244.

Paris R, Lavigne F, Wassmer P, et al., 2007. Coastal sedimentation associated with the December 26, 2004 tsunami in Lhok Nga, west Banda Aceh (Sumatra, Indonesia)[J]. Marine Geology, 238: 93-106.

Ren Y F, Wen R Z, Zhang P, et al., 2017. Implications of Local Sources to Probabilistic Tsunami Hazard Analysis in South Chinese Coastal Area[J]. Journal of Earthquake and Tsunami, 11(1): 1740001.

Sørensen M B, Spada M, Babeyko A, et al., 2012. Probabilistic tsunami hazard in the Mediterranean Sea[J]. Journal of Geophysical Research: Solid Earth, 117(B1): B01305.

Sun L, Zhou X, Huang W, et al, 2013. Preliminary evidence for a 1000-year-old tsunami in the South China Sea [J]. Scientific Reports, 3: 1655.

Takashimizu Y, Masuda F, 2000. Depositional facies and sedimentary successions of earthquake-induced tsunami deposits in Upper Pleistocene incised valley fills, central Japan [J]. Sedimentary Geology, 135: 231-239.

第6章　地震海啸数值模拟

当前的科技水平还无法对海啸的生成、传播、爬高过程进行全域监测，但通过数值模拟技术可对海啸波的各项物理量（如波高、流速）实现有效估计。在海啸预警、危险性评估等各项防灾减灾工作中，海啸数值模拟是不可或缺环节。目前，全球许多国家都开发了高效精确的海啸数值模型和计算程序，例如，美国国家海洋和大气管理局研制的海啸劈裂方法（method of splitting tsunami，MOST）、日本东北大学开发的 TUNAMI 等。本章将介绍海啸生成与传播的数值模拟过程、计算方法，提供越洋与近场海啸的数值模拟算例。

6.1　海啸初始位移场的确定

地震海啸的生成过程，首先需要确定震源的基本参数，进一步计算海底地形的演变以确定静水面初始波高。能否准确地确定震源参数，对海啸的数值模拟结果影响较大。这影响到海啸波数值模拟的初始条件，任何细微的差别将影响整个数值模拟的结果。震源参数包括地震的震中位置，断裂带的长度和宽度、几何形态和破裂方向等。基于这些参数，通过数值模型，可以得到海底地面的形变，最后确定地震海啸的初始位移场。

1958 年 Steketee 首次将位错理论引入地震学，随着许多学者不断对这一理论进行补充和发展（Maruyama，1964；Press，1965；Chinnery，1963；Mansinha and Smylie，1971；Sato and Matsuura，1974；Iwasaki and Sato，1979），该理论被广泛应用于地震同震位移、震后的应力、应变和倾斜等研究中。随后 Okada（1985，1992）在前人的基础上总结并完善了一套完整且系统的弹性半空间均匀位错模型的计算公式，成为位错理论发展的一个里程碑。随着位错理论的发展，弹性半空间位错理论被广泛应用于地震海啸的研究中，计算地震引起的海床形变，为海啸形成的初始形态提供海底运动边界的变化过程。因为地震发生错动的过程是一个很短的冲击过程，可能发生在几秒钟之内，所以，可以假设海水表面的向上运动和海底位移是一致的，水面的变化就是初始的海啸波，忽略断层破裂的复杂性、错位的多向性、破裂层厚度的可变性等各种因素，采用将海床形变直接作为水面抬升的初始形态处理的瞬时响应模型估计地震海啸的初始位移场（Dao and Tkalich, 2007）。

6.1.1　断层破裂面几何参数确定

计算断层的弹性位错，需要确定断层破裂面几何参数，主要包括断面破裂面长度 L、破裂面宽度 W、断层走向角 θ（表示断层面顶部在地表面的投影线与正北方向的夹角）、断层倾角 δ（表示断层面与地表面的夹角）、滑动角 λ（为滑动方向与破裂面长度方向的夹角）、震源深度 h（震源至与地表面的距离），这些参数的空间示意如图 6.1.1 所示。

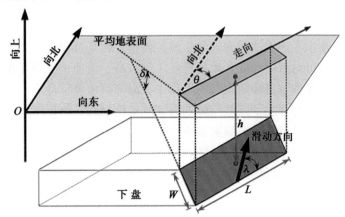

图 6.1.1　断层破裂面几何参数空间示意图

　　断层破裂面几何参数的确定一般分为以下两种情况。

　　（1）对于历史海啸地震，特别是大震级地震的断层破裂几何参数，通常地震学研究工作者通过大量研究给出了科学结果，直接引用即可。

　　（2）对于预测的海啸地震，可由经验公式确定部分参数，走向角的取值与震中位置附近的海沟或海岸线走向相同，倾角和滑移角应根据具体研究内容确定。通常有两种考虑方式：倾角和滑移角设定为 90° 以考虑最不利的情况；根据震中所在区域的历史地震信息确定倾角和滑移角。

　　对于 L、W 以及滑动量 u 常用的经验关系如下所述。

　　Papazachos 等（2004）利用全球历史地震数据，区分走滑断层、倾滑断层及俯冲断层进行统计，给出了长度 L（单位：km）、宽度 W（单位：km）及滑移量 u（单位：m）与震级 M_{w} 的经验关系。

　　走滑断层：

$$\lg L = 0.59 M_{\mathrm{w}} - 2.30, \quad 6.0 \leqslant M_{\mathrm{w}} \leqslant 8.0 \tag{6-1-1}$$

$$\lg W = 0.23 M_{\mathrm{w}} - 0.49, \quad 6.0 \leqslant M_{\mathrm{w}} \leqslant 8.0 \tag{6-1-2}$$

$$\lg u = 0.68 M_{\mathrm{w}} - 4.59, \quad 6.0 \leqslant M_{\mathrm{w}} \leqslant 8.0 \tag{6-1-3}$$

　　倾滑断层：

$$\lg L = 0.50 M_{\mathrm{w}} - 1.86, \quad 6.0 \leqslant M_{\mathrm{w}} \leqslant 7.5 \tag{6-1-4}$$

$$\lg W = 0.28 M_{\mathrm{w}} - 0.70, \quad 6.0 \leqslant M_{\mathrm{w}} \leqslant 7.5 \tag{6-1-5}$$

$$\lg u = 0.72 M_{\mathrm{w}} - 4.82, \quad 6.0 \leqslant M_{\mathrm{w}} \leqslant 7.5 \tag{6-1-6}$$

　　俯冲断层：

$$\lg L = 0.55 M_w - 2.19, \quad 6.7 \leqslant M_w \leqslant 9.3 \qquad (6-1-7)$$

$$\lg W = 0.31 M_w - 0.63, \quad 6.7 \leqslant M_w \leqslant 9.2 \qquad (6-1-8)$$

$$\lg u = 0.64 M_w - 4.78, \quad 6.7 \leqslant M_w \leqslant 9.2 \qquad (6-1-9)$$

Wells 和 Coppersmith（1994）利用历史地震的震源参数也给出了 M_w 与 L（单位：km）、W（单位：km）及 u（单位：m）之间的经验关系。

走滑断层：

$$\lg L = 0.62 M_w - 2.57, \quad 4.8 \leqslant M_w \leqslant 8.1 \qquad (6-1-10)$$

$$\lg W = 0.27 M_w - 0.76, \quad 4.8 \leqslant M_w \leqslant 8.1 \qquad (6-1-11)$$

$$\lg u = 0.90 M_w - 6.32, \quad 5.6 \leqslant M_w \leqslant 8.1 \qquad (6-1-12)$$

正断层：

$$\lg L = 0.50 M_w - 1.88, \quad 5.2 \leqslant M_w \leqslant 7.3 \qquad (6-1-13)$$

$$\mathrm{Lg} W = 0.35 M_w - 1.14, \quad 5.2 \leqslant M_w \leqslant 7.3 \qquad (6-1-14)$$

$$\lg u = 0.63 M_w - 4.45, \quad 6.0 \leqslant M_w \leqslant 7.3 \qquad (6-1-15)$$

逆断层：

$$\lg L = 0.58 M_w - 2.42, \quad 4.8 \leqslant M_w \leqslant 7.6 \qquad (6-1-16)$$

$$\lg W = 0.41 M_w - 1.61, \quad 4.8 \leqslant M_w \leqslant 7.6 \qquad (6-1-17)$$

$$\lg u = 0.08 M_w - 0.74, \quad 5.8 \leqslant M_w \leqslant 7.4 \qquad (6-1-18)$$

Tatehata（1998）给出了日本气象厅海啸预警服务中心的估计 L（单位：km）、W（单位：km）和 u（单位：m）的经验公式。

$$\lg L = 0.50 M_w - 1.90, \quad 4.8 \leqslant M_w \leqslant 7.6 \qquad (6-1-19)$$

$$\lg W = 0.50 M_w - 2.20, \quad 4.8 \leqslant M_w \leqslant 7.6 \qquad (6-1-20)$$

$$\lg u = 0.50 M_w - 3.40, \quad 4.8 \leqslant M_w \leqslant 7.6 \qquad (6-1-21)$$

我国也有相关学者开展了这方面的研究工作。邓起东等（1992）考虑到活动断裂的地震危险性及工程安全评估的实际需要，对东亚地区、我国新疆、青藏、华北等地区的断层破裂参数与震级进行回归分析，其中东亚地区逆冲断层的 L（单位：km）和 u（单位：m）的经验公式为

$$\lg L = 0.43 M_w - 1.46 \qquad (6-1-22)$$

$$\lg u = 0.63 M_w - 4.29 \qquad (6-1-23)$$

龙峰等（2006）建立了适用于华北地区地震活断层的地震震级 – 震源破裂尺度间（破裂长度 L 与破裂面积 A）经验关系为

$$\lg L = 0.498 M_w - 1.832 \qquad (6-1-24)$$

$$\lg A = 0.999 M_{\text{w}} - 4.063 \qquad (6\text{-}1\text{-}25)$$

这些经验关系中，Papazachos 等（2004）、Wells 和 Coppersmith（1994）给出的经验公式在海啸危险性分析中都有广泛应用，示例如下所述。

Løvholt 等（2006）采用 Wells 等（1994）给出的经验公式估算断层破裂尺度，进而对泰国西海岸进行危险性分析，以帮助泰国政府应对未来短期和长期的海啸危险。其他研究中，Ichinose 等（2000）、Ten 等（2009）、Liu 等（2007）、Lorito 等（2008）分别针对位于美国加利福尼亚州与内华达州之间的太浩湖、美国东海岸、中国东南沿海、地中海海域进行海啸危险性分析的工作中都应用到了此经验公式。

Papazachos 和 Saelem（2004）的经验关系同样在海啸危险性分析中的地震海啸事件模拟中得到了广泛的应用。

Ruangrassamee 等（2009）评估马尼拉海沟潜在海啸源对中国南海、泰国、越南、柬埔寨的风险时，采用 Papazachos 等（2004）给出经验公式估计设定地震海啸的断层破裂尺度。其他研究中，Suppasri 等（2012）对泰国沿海进行海啸危险性分析、Yanagisawa 等（2011）对秘鲁沿海进行海啸易损性评估时都应用了该经验公式。

显然，关于震级与断层破裂尺度的经验关系还不仅限于上述给出的，这里无须一一列出。原因是对于不同地区的海啸潜源，最理想做法是选择适用于本地区的经验公式。例如，对于影响我国沿海的马尼拉区域海啸潜源，位于板块交界的俯冲带，选用 Papazachos 等（2004）给出经验公式较为科学合理；而对于中国近海的局地海啸潜源，则选用 Wells 和 Coppersmith（1994）提供的经验公式较为合理。然而，他们提供的经验公式对于破裂长度和破裂宽度的估计比较可靠，也就是式（6-1-16）和式（6-1-17）；而对于平均滑移量的估计则由于经验关系［也就是式（6-1-18）］的拟合相关性很小（仅0.1），无法做出合理估计。可采用如下方式估计平均滑移量。

地震的剧烈程度与滑移面的面积、滑移量，以及介质的刚性系数相关，一般以地震矩 M_0 表示（Aki, 1966）为

$$M_0 = \mu LWD \qquad (6\text{-}1\text{-}26)$$

式中，μ 为地壳介质的刚性系数；D 为平均滑移量。μ 可根据其与介质密度 ρ 和剪切波速 V_{s} 的关系式确定，即

$$V_{\text{s}} = \sqrt{\frac{\mu}{\rho}} \qquad (6\text{-}1\text{-}27)$$

我国大陆地区取 ρ=2.7g/cm³ 和 V_{s}=3.6km/s（裴顺平 等，2004），可得到 μ=35GPa。地震矩可根据矩震级 M_{w} 标量公式确定（Hanks and Kanamori, 1979）为

$$M_\mathrm{W} = \frac{2}{3}\lg M_0 - 10.7 \qquad (6\text{-}1\text{-}28)$$

先由式（6-1-28）确定 M_0，再通过式（6-1-16）、式（6-1-17）和式（6-1-26）共同确定平均滑移量。

6.1.2　弹性位错模型

断层破裂的几何参数确定后，可采用弹性半空间位错理论计算海底地表形变，生成海啸波的初始位移场。目前应用较多的是 Okada（1985）在前人研究的基础上，总结并完善的点源及有限矩形面元的位错、应变和倾斜通用解析表达式。适合空间展布为垂直、水平和倾斜断层，以及走滑、倾滑和张性破裂，适合各向同性及各向异性介质，可以计算出地表走滑、倾滑、法向分量及三分量梯度变化，从而为地震地球物理学提供了一个通用的定量的计算框架，在诸多领域得到广泛的应用。

1. 点源位错模型

Steketee（1958）提出，穿过断层面 $\sum$ 内的各向同性介质的位错 $\Delta u_j\,(\xi_1, \xi_2, \xi_3)$ 产生的位移场 $u_i\,(x_1, x_2, x_3)$ 有以下关系：

$$u_i = \frac{1}{F}\iint_\Sigma \Delta u_j \left[\lambda \delta_{jk} \frac{\partial u_i^n}{\partial \xi_n} + \mu \left(\frac{\partial u_i^j}{\partial \xi_k} + \frac{\partial u_i^k}{\partial \xi_j} \right) \right] v_k \mathrm{d}\Sigma \qquad (6\text{-}1\text{-}29)$$

式中，δ_{jk} 为 Kronecker 符号；λ 和 μ 为 Lamé 常数；v_k 为断层面元 $\mathrm{d}\Sigma$ 的法向与 k 方向的夹角余弦；u_i^j 是振幅为 F 的点源 (ξ_1, ξ_2, ξ_3) 的 j 分量在点 (x_1, x_2, x_3) 处产生的 i 分量位移。

对于如图 6.1.2 所示的断层位错模型，定义如图 6.1.2 所示直角坐标系，在 $z \leqslant 0$ 的无限半空间区域中均匀分布有各向同性的地球介质，取与沿断层走向方向相同的轴为 x 轴。分别定义位错的走滑分量为 U_1、倾滑分量为 U_2、拉张分量为 U_3、δ 代表断层面的倾角、d 代表震源深度。断层面的长度和宽度分别为 L 和 W。上述模型中的每个分量都是上盘对于下盘的滑动。

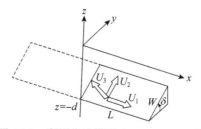

图 6.1.2　断层位错模型（Okada，1985）

在此坐标系下，地表的同震位移 u_i^j 可以表示为

$$\begin{cases} u_1^1 = \dfrac{F}{4\pi\mu}\left\{ \dfrac{1}{R} + \dfrac{(x_1-\xi_1)^2}{R^3} + \dfrac{\mu}{\lambda+\mu}\left[\dfrac{1}{R-\xi_3} - \dfrac{(x_1-\xi_1)^2}{R(R-\xi_3)^2} \right] \right\} \\[3mm] u_2^1 = \dfrac{F}{4\pi\mu}(x_1-\xi_1)(x_2-\xi_2)\left[\dfrac{1}{R^3} - \dfrac{\mu}{\lambda+\mu}\dfrac{1}{R(R-\xi_3)^2} \right] \\[3mm] u_3^1 = \dfrac{F}{4\pi\mu}(x_1-\xi_1)\left[-\dfrac{\xi_3}{R^3} - \dfrac{\mu}{\lambda+\mu}\dfrac{1}{R(R-\xi_3)^2} \right] \end{cases} \quad (6\text{-}1\text{-}30)$$

$$\begin{cases} u_1^2 = \dfrac{F}{4\pi\mu}(x_1-\xi_1)(x_2-\xi_2)\left[\dfrac{1}{R^3} - \dfrac{\mu}{\lambda+\mu}\dfrac{1}{R(R-\xi_3)^2} \right] \\[3mm] u_2^2 = \dfrac{F}{4\pi\mu}\left\{ \dfrac{1}{R} + \dfrac{(x_2-\xi_2)^2}{R^3} + \dfrac{\mu}{\lambda+\mu}\left[\dfrac{1}{R-\xi_3} - \dfrac{(x_2-\xi_2)^2}{R(R-\xi_3)^2} \right] \right\} \\[3mm] u_3^2 = \dfrac{F}{4\pi\mu}(x_2-\xi_2)\left[-\dfrac{\xi_3}{R^3} - \dfrac{\mu}{\lambda+\mu}\dfrac{1}{R(R-\xi_3)} \right] \end{cases} \quad (6\text{-}1\text{-}31)$$

$$\begin{cases} u_1^3 = \dfrac{F}{4\pi\mu}(x_1-\xi_1)\left[-\dfrac{\xi_3}{R^3} + \dfrac{\mu}{\lambda+\mu}\dfrac{1}{R(R-\xi_3)} \right] \\[3mm] u_2^3 = \dfrac{F}{4\pi\mu}(x_2-\xi_2)\left[-\dfrac{\xi_3}{R^3} + \dfrac{\mu}{\lambda+\mu}\dfrac{1}{R(R-\xi_3)} \right] \\[3mm] u_3^3 = \dfrac{F}{4\pi\mu}\left(\dfrac{1}{R} + \dfrac{\xi_3^2}{R^3} + \dfrac{\mu}{\lambda+\mu}\dfrac{1}{R} \right) \end{cases} \quad (6\text{-}1\text{-}32)$$

式中，$R^2=(x_1-\xi_1)^2+(x_2-\xi_2)^2+(\xi_3)^2$，利用式（6-1-29），位错源在每个断层面 $\mathrm{d}\Sigma$ 所引起的位错计算式如下。

走滑位错：

$$u_i = \dfrac{1}{F}\mu U_1 \Delta\Sigma\left[-\left(\dfrac{\partial u_i^1}{\partial \xi_2} + \dfrac{\partial u_i^2}{\partial \xi_1} \right)\sin\delta + \left(\dfrac{\partial u_i^1}{\partial \xi_3} + \dfrac{\partial u_i^3}{\partial \xi_1} \right)\cos\delta \right] \quad (6\text{-}1\text{-}33)$$

倾滑位错：

$$u_i = \dfrac{1}{F}\mu U_2 \Delta\Sigma\left[\left(\dfrac{\partial u_i^2}{\partial \xi_3} + \dfrac{\partial u_i^3}{\partial \xi_2} \right)\cos 2\delta + \left(\dfrac{\partial u_i^3}{\partial \xi_3} - \dfrac{\partial u_i^2}{\partial \xi_2} \right)\sin 2\delta \right] \quad (6\text{-}1\text{-}34)$$

张拉位错：

$$u_i = \dfrac{1}{F}U_3 \Delta\Sigma\left[\lambda\dfrac{\partial u_i^n}{\partial \xi_n} + 2\mu\left(\dfrac{\partial u_i^2}{\partial \xi_2}\sin^2\delta + \dfrac{\partial u_i^3}{\partial \xi_3}\cos^2\delta \right) - \mu\left(\dfrac{\partial u_i^2}{\partial \xi_3} + \dfrac{\partial u_i^3}{\partial \xi_2} \right)\sin 2\delta \right] \quad (6\text{-}1\text{-}35)$$

把式（6-1-30）～式（6-1-32）代入式（6-1-33）～式（6-1-35），令 $\xi_1=\xi_2=0$，$\xi_3=-d$，可以得到位于 $(0,0,-d)$ 的点源在地面产生的位移，对其微分便可得到应变

和倾斜量。下面用 (x, y, z) 代替 (x_1, x_2, x_3)，并用上标"0"表示与点源有关的量，得到最终表达式。

位移的走滑、倾滑、张拉分量表达式为

走滑分量：

$$
\begin{cases}
u_x^0 = -\dfrac{U_1}{2\pi}\left(\dfrac{3x^2 q}{R^5} + I_1^0 \sin\delta\right)\Delta\Sigma \\[2mm]
u_y^0 = -\dfrac{U_1}{2\pi}\left(\dfrac{3xyq}{R^5} + I_2^0 \sin\delta\right)\Delta\Sigma \\[2mm]
u_z^0 = -\dfrac{U_1}{2\pi}\left(\dfrac{3xdq}{R^5} + I_4^0 \sin\delta\right)\Delta\Sigma
\end{cases}
\tag{6-1-36}
$$

倾滑分量：

$$
\begin{cases}
u_x^0 = -\dfrac{U_2}{2\pi}\left(\dfrac{3xpq}{R^5} - I_3^0 \sin\delta\cos\delta\right)\Delta\Sigma \\[2mm]
u_y^0 = -\dfrac{U_2}{2\pi}\left(\dfrac{3ypq}{R^5} - I_1^0 \sin\delta\cos\delta\right)\Delta\Sigma \\[2mm]
u_z^0 = -\dfrac{U_2}{2\pi}\left(\dfrac{3dpq}{R^5} - I_5^0 \sin\delta\cos\delta\right)\Delta\Sigma
\end{cases}
\tag{6-1-37}
$$

张拉分量：

$$
\begin{cases}
u_x^0 = \dfrac{U_3}{2\pi}\left(\dfrac{3xq^2}{R^5} - I_3^0 \sin^2\delta\right)\Delta\Sigma \\[2mm]
u_y^0 = \dfrac{U_3}{2\pi}\left(\dfrac{3yq^2}{R^5} - I_1^0 \sin^2\delta\right)\Delta\Sigma \\[2mm]
u_z^0 = \dfrac{U_3}{2\pi}\left(\dfrac{3dq^2}{R^5} - I_5^0 \sin^2\delta\right)\Delta\Sigma
\end{cases}
\tag{6-1-38}
$$

其中

$$
\begin{cases}
I_1^0 = \dfrac{\mu}{\lambda+\mu}\, y\left[\dfrac{1}{R(R+d)^2} - x^2\dfrac{3R+d}{R^3(R+d)^3}\right] \\[3mm]
I_2^0 = \dfrac{\mu}{\lambda+\mu}\, x\left[\dfrac{1}{R(R+d)^2} - y^2\dfrac{3R+d}{R^3(R+d)^3}\right] \\[3mm]
I_3^0 = \dfrac{\mu}{\lambda+\mu}\left(\dfrac{x}{R^3}\right) - I_2^0 \\[3mm]
I_4^0 = \dfrac{\mu}{\lambda+\mu}\left[-xy\dfrac{2R+d}{R^3(R+d)^2}\right] \\[3mm]
I_5^0 = \dfrac{\mu}{\lambda+\mu}\left[\dfrac{1}{R(R+d)} - x^2\dfrac{2R+d}{R^3(R+d)^2}\right]
\end{cases}
\tag{6-1-39}
$$

$$\begin{cases} p = y\cos\delta + d\sin\delta \\ q = y\sin\delta - d\cos\delta \\ R^2 = x^2 + y^2 + d^2 = x^2 + p^2 + q^2 \end{cases} \tag{6-1-40}$$

2. 有限矩形源位错模型

在各向同性的条件下，根据弹性半空间位错理论，某一矩形几何面发生滑移引发地表某点的动力响应所产生的位移，与破裂面的滑动量成正比。比例系数由破裂面的深度、倾角、几何尺寸以及该点与破裂面的相对位置确定。

如图 6.1.2 所示，对于一个有限范围的矩形断层而言，假设断层的长度和宽度分别为 L 和 W。替换相应参数到上述点源位错公式中，则可获得其位移场。参数替换即指把上述点源位错的计算公式（6-1-36）～式（6-1-40）中的 (x, y, d) 替换为 $(x-\xi', y-\eta'\cos\delta, d-\eta'\sin\delta)$，并进行如下积分：

$$\int_0^L d\xi' \int_0^W d\eta' \tag{6-1-41}$$

进行如下变换：

$$\begin{cases} x - \xi' = \xi \\ p - \eta' = \eta \end{cases} \tag{6-1-42}$$

p 与式（6-1-40）一致，即 $p = y\cos\delta + d\sin\delta$，式（6-1-41）变换为

$$\int_x^{x-L} d\xi \int_p^{p-W} d\eta \tag{6-1-43}$$

将式（6-1-43）用 Chinnery（1961）符号"‖"表示后可得

$$f(\xi, \eta) \| = f(x, p) - f(x, p-W) - f(x-L, p) + f(x-L, p-W) \tag{6-1-44}$$

式中，f 表示下面各种计算形变的函数。

走滑分量 U_1 引起的地面测点 (x, y) 的变形为

$$\begin{cases} u_x = -\dfrac{U_1}{2\pi}\left[\dfrac{\xi q}{R(R+\eta)} + \tan^{-1}\dfrac{\xi\eta}{qR} + I_1\sin\delta\right]\Big\| \\[3mm] u_y = -\dfrac{U_1}{2\pi}\left[\dfrac{\tilde{y}q}{R(R+\eta)} + \dfrac{q\cos\delta}{R+\eta} + I_2\sin\delta\right]\Big\| \\[3mm] u_z = -\dfrac{U_1}{2\pi}\left[\dfrac{\tilde{d}q}{R(R+\eta)} + \dfrac{q\sin\delta}{R+\eta} + I_4\sin\delta\right]\Big\| \end{cases} \tag{6-1-45}$$

倾滑分量 U_2 引起的变形为

$$
\left\{
\begin{array}{l}
u_x = -\dfrac{U_2}{2\pi}\left[\dfrac{q}{R} - I_3\sin\delta\cos\delta\right] \Big\| \\[3mm]
u_y = -\dfrac{U_2}{2\pi}\left[\dfrac{\tilde{y}q}{R(R+\xi)} + \cos\delta\tan^{-1}\dfrac{\xi\eta}{qR} - I_1\sin\delta\cos\delta\right] \Big\| \\[3mm]
u_z = -\dfrac{U_2}{2\pi}\left[\dfrac{\tilde{d}q}{R(R+\xi)} + \sin\delta\tan^{-1}\dfrac{\xi\eta}{qR} - I_5\sin\delta\cos\delta\right] \Big\|
\end{array}
\right.
\qquad (6\text{-}1\text{-}46)
$$

张性分量 U_3 引起的变形为

$$
\left\{
\begin{array}{l}
u_x = \dfrac{U_3}{2\pi}\left[\dfrac{q^2}{R(R+\eta)} - I_3\sin^2\delta\right] \Big\| \\[3mm]
u_y = \dfrac{U_3}{2\pi}\left[\dfrac{-\tilde{d}q}{R(R+\xi)} - \sin\delta\left\{\dfrac{\xi q}{R(R+\eta)} - \tan^{-1}\dfrac{\xi\eta}{qR}\right\} - I_1\sin^2\delta\right] \Big\| \\[3mm]
u_z = \dfrac{U_3}{2\pi}\left[\dfrac{\tilde{y}q}{R(R+\xi)} + \cos\delta\left\{\dfrac{\xi q}{R(R+\eta)} - \tan^{-1}\dfrac{\xi\eta}{qR}\right\} - I_5\sin^2\delta\right] \Big\|
\end{array}
\right.
\qquad (6\text{-}1\text{-}47)
$$

其中

$$
\left\{
\begin{array}{l}
I_1 = \dfrac{\mu}{\lambda+\mu}\left(\dfrac{-1}{\cos\delta}\dfrac{\xi}{R+\tilde{d}}\right) - \dfrac{\sin\delta}{\cos\delta}I_5 \\[3mm]
I_2 = \dfrac{\mu}{\lambda+\mu}\left[-\ln(R+\eta)\right] - I_3 \\[3mm]
I_3 = \dfrac{\mu}{\lambda+\mu}\left[\dfrac{1}{\cos\delta}\dfrac{\tilde{y}}{R+\tilde{d}} - \ln(R+\eta)\right] + \dfrac{\sin\delta}{\cos\delta}I_4 \\[3mm]
I_4 = \dfrac{\mu}{\lambda+\mu}\dfrac{1}{\cos\delta}\left[\ln(R+\tilde{d}) - \sin\delta\ln(R+\eta)\right] \\[3mm]
I_5 = \dfrac{\mu}{\lambda+\mu}\dfrac{2}{\cos\delta}\tan^{-1}\dfrac{\eta(X+q\cos\delta)+X(R+X)\sin\delta}{\xi(R+X)\cos\delta}
\end{array}
\right.
\qquad (6\text{-}1\text{-}48)
$$

$$
\left\{
\begin{array}{l}
p = y\cos\delta + d\sin\delta \\
q = y\sin\delta - d\cos\delta \\
\tilde{y} = \eta\cos\delta + q\sin\delta \\
\tilde{d} = \eta\sin\delta - q\cos\delta \\
R^2 = \xi^2 + \eta^2 + q^2 = \xi^2 + \tilde{y}^2 + \tilde{d}^2 \\
X^2 = \xi^2 + q^2
\end{array}
\right.
\qquad (6\text{-}1\text{-}49)
$$

如果 $\cos\delta = 0$, 则有

$$
\begin{cases}
I_1 = -\dfrac{\mu}{2(\lambda+\mu)}\dfrac{\xi q}{(R+\tilde{d})^2} \\[3mm]
I_3 = \dfrac{\mu}{2(\lambda+\mu)}\left[\dfrac{\eta}{R+\tilde{d}} + \dfrac{\tilde{y}q}{(R+\tilde{d})^2} - \ln(R+\eta)\right] \\[3mm]
I_4 = -\dfrac{\mu}{\lambda+\mu}\dfrac{q}{R+\tilde{d}} \\[3mm]
I_5 = -\dfrac{\mu}{\lambda+\mu}\dfrac{\xi\sin\delta}{R+\tilde{d}}
\end{cases}
\tag{6-1-50}
$$

在上述计算公式中，利用下述条件可以避免上式中在某些特定情况下产生的奇异问题。

（1）当 q=0 时，在式（6-1-45）和式（6-1-47）中设定 $\tan^{-1}(\xi\eta/qR)$=0。

（2）当 ξ=0 时，在式（6-1-48）中设定 I_5=0。

（3）当 $R+\eta$=0（当 $\sin\delta$<0 并且 ξ=q=0 时发生）时，式（6-1-45）～式（6-1-50）所有分母含 $R+\eta$ 的项为零，并且在式（6-1-48）和式（6-1-50）中用 $-\ln(R-\eta)$ 代替 $\ln(R+\eta)$。

Okada 模型是基于各向同性的弹性半空间假设，目前已被广泛应用于计算地震引起的变形和应力。即使目前对一些复杂地震采用多单元精细描述，其基本单元也是矩形形状并采用 Okada 模型计算。

一直以来模拟地震海啸时，通常采用均一滑动场的同震模型表征海啸源破裂特征，这种模型假定海底地震具有一致震源机制特征，采用点源、单断层面和平均滑动量的假定以简化断层破裂的复杂性，忽略了对同震形变有较大影响的断层破裂的局地地质特征和地形效应。近年来，随着越来越多的地震探测数据和海啸监测记录被应用于同震位移场的重构和反演计算，有限断层模型替代均一滑动场模型，被广泛用于表征海啸源的破裂特征，有限断层模型将断层面剖分为多个面积均等子断层，每个子断层具有可变的局部震源机制解，根据断层破裂的速度以及子断层破裂时间构建海底地震位移场动态破裂过程，相比于均一滑动场的同震模型，有限断层模型可以更细致地描述海啸近场传播特征（王培涛等，2016）。

6.2　越洋海啸数值模拟

在得到海啸的初始位移场后，海啸波将以自由表面重力波的形式向外传播。本书将对越洋海啸和近场海啸两种类型的海啸传播模型分别进行介绍。区域海啸与越洋海啸传播特征相似，越洋海啸的数值模拟方法同样适用于区域海啸。

越洋海啸发生后，可在大洋中传播数千千米而能量衰减很少，因此使数千千米之外的沿海地区也遭遇海啸灾害。提到越洋海啸，最令人难忘的要数 2004 年 12 月 26 日发生在苏门答腊岛附近的海底地震引发的海啸。此次海啸不仅袭击了海啸地震震中附近的印度尼西亚、泰国、缅甸等国家，而且海啸波还长途跋涉，奔袭了数千千米以外的印度、斯里兰卡、马尔代夫、东非各国。各国受灾情况详见 3.3.2 节，这里不再赘述。另外有良好记录且令人印象深刻的越洋海啸还有 1960 年智利大海啸，海啸波不仅洗劫了智利沿岸，造成 200 万人无家可归，还横扫了西太平洋岛屿。海啸波走完了大约 1.7 万 km 的路程，到达了太平洋彼岸的日本，波高依旧高达 6 ～ 8m，造成了数百人死亡，沿岸码头、港口及其设施多数被毁坏。以上两个例子充分说明了海啸虽然产生于数千千米甚至上万千米以外，但是还有能力对该地区造成巨大破坏，主要原因是跟海啸波的传播特征有关。

就越洋海啸对中国的影响而言，5.2 节已有阐述。总而言之，越洋海啸对中国大陆造成破坏的可能性很小，但我们不能忽视区域海啸，我国东部、南部沿海地区面临琉球海沟区域潜在海啸和马尼拉海沟区域潜在海啸源的威胁（见 5.2.1 节），一旦遭受袭击后果不堪设想。本书第 7 章、第 8 章将分别开展我国沿海地区的确定性、概率性海啸危险性分析，其中海啸波生成、传播的数值模拟是关键环节。

6.2.1　控制方程

目前越洋海啸传播的数值模型可分为两类：基于线性浅水方程的数值模型和基于布内西斯克（Boussinesq）方程的数值模型。

1. 线性浅水方程

线性浅水方程目前是海啸数值模拟中常用的一种模型，主要是由于方程简单、低阶，不考虑海啸传播过程中的物理频散和非线性项，仅考虑地球自转引起的科里奥利力（简称科氏力），在球坐标下，可表示为

$$\frac{\partial \eta}{\partial t} + \frac{1}{R\cos\theta}\left[\frac{\partial M}{\partial \lambda} + \frac{\partial}{\partial \theta}\left(N\cos\theta\right)\right] = 0 \qquad (6\text{-}2\text{-}1)$$

$$\frac{\partial M}{\partial t} + \frac{gh}{R\cos\theta}\frac{\partial \eta}{\partial \lambda} = fN \qquad (6\text{-}2\text{-}2)$$

$$\frac{\partial N}{\partial t} + \frac{gh}{R}\frac{\partial \eta}{\partial \theta} = -fM \qquad (6\text{-}2\text{-}3)$$

式中，η 为静水面上的垂直位移（也称静水面水位）；h 为海水深度；g 为重力加速度；θ、λ 分别为地球纬度和经度坐标；M、N 分别为沿经度和纬度方向上的流量（因为 $\eta \ll h$，所以 $M=uh$、$N=vh$，u、v 为经度和纬度方向上平均波速）；R 为地球半径；f 为科氏力参数（$f=2\omega\sin\theta$，ω 是地球自转半径）。

2. Boussinesq 方程

Boussinesq 方程是在球坐标下弱非线性和频散很弱的假定下推导得到的，考

虑了非线性项、频散项及科氏力项，Boussinesq 方程可表示为

$$\frac{\partial \zeta}{\partial t} + \frac{h}{R\cos\varphi}\left[\frac{\partial u}{\partial \psi} + \frac{\partial}{\partial \varphi}(v\cos\varphi)\right] = 0 \tag{6-2-4}$$

$$h\frac{\partial u}{\partial t} + \frac{gh}{R\cos\varphi}\frac{\partial \zeta}{\partial \psi} - fhv = \frac{h^3}{3R^2\cos\varphi}\frac{\partial}{\partial \psi}\left[\frac{1}{\cos\varphi}\frac{\partial}{\partial t}\left\{\frac{\partial u}{\partial \psi} + \frac{\partial(v\cos\varphi)}{\partial \varphi}\right\}\right] \tag{6-2-5}$$

$$h\frac{\partial v}{\partial t} + \frac{gh}{R}\frac{\partial \zeta}{\partial \varphi} - fhu = \frac{h^3}{3R^2}\frac{\partial}{\partial \varphi}\left[\frac{1}{\cos\varphi}\frac{\partial}{\partial t}\left\{\frac{\partial u}{\partial \psi} + \frac{\partial(v\cos\varphi)}{\partial \varphi}\right\}\right] \tag{6-2-6}$$

式中，ζ 为静水面上的垂直位移（也称静水面水位）；h 为海水深度；g 为重力加速度；φ、ψ 分别为地球纬度和经度坐标；u、v 分别为经度和纬度方向上的海啸波波速；R 为地球半径；f 为科氏力参数（$f=2\omega\sin\varphi$，ω 是地球自转半径）。

3. 控制方程的选取

适宜的控制方程的选取已经成为一个争论了几十年的焦点，这是由于采用线性浅水方程和 Boussinesq 方程估计首波的高度时存在差别。对于越洋海啸传播，相比运用线性浅水方程计算获得的首波高度，Boussinesq 方程的频散项减小了这个高度，虽然在深海中差别可能只有几厘米，但在海啸的爬高计算中却极为重要（Ortiz et al.，2000）。Houston（1978）以及 Houston 和 Butler（1984）提出线性长波方程控制海啸首波的生成及越洋传播，他们建议对于非常大的海啸，如1964 年阿拉斯加海啸，在传播过程中频散项是忽略不计的，除非当海啸处于爬坡阶段时出现怒潮现象。Hammack 和 Segur（1978）也同意这种说法，对于大海啸，非线性项和频散项对首波的影响不大。Kowalik（1993）建议用四阶蛙跃差分格式来削减由采用浅水方程进行数值模拟而产生的频散影响。但是也有人持相反的观点，Heinrich 等（1998）用有限差分法解 Boussinesq 方程，发现频散的重要性。Imamura 等（1990）和 Liu 等（1995）也认同频散项的重要性，在有限差分法中通过选择恰当的栅格大小和时间步长，用求解线性浅水方程产生的数值频散来替代 Boussinesq 方程中物理频散。由于受局部海水深度和海底地形的影响，沿岸的验潮站不能清晰地对海啸频散进行监测，因此适宜的海啸传播控制方程的选取仍会继续有争议。

观察两个方程不难发现，由于考虑了非线性项和频散项，Boussinesq 方程是三阶微分形式，而线性浅水方程由于忽略这两项，方程微分形式只有一阶。在用有限差分法解方程时，明显要更容易些。虽说非线性项和频散项的省略使后者方程不能准确地反映海啸传播的实际情况，但是通过选择适当的时间步长和空间步长，用差分方程近似微分方程而引入的数值频散来减小后者方程中的物理频散的影。Imamura 和 Goto（1988）指出，对于正方形网格采用蛙跃格式，当 $I_m = \Delta x\sqrt{1 - (C\Delta t / \Delta x)^2} / (2h)$ 约为 1 时（其中 Δx 和 Δt 分别为空间和时间步长，

C 为线性长波波速，h 为水深），差分方程的数值频散可以近似代替微分方程的物理频散。采用线性浅水方程既保持了海啸传播过程的物理本质，又缩短了计算时间。

6.2.2　计算方法及条件

1. 计算方法

由于描述海啸的各种控制方程都比较复杂（高阶或者非线性），难于求出解析解，于是采用各种数值方法进行计算就成了必要手段。目前主要的求解方法为有限差分法、有限元法和边界积分法。其中有限差分法使用最为广泛，下面简要介绍二阶截断误差的中心差分公式的推导过程及表现形式，差分格式为蛙跃格式，中心差分。推导过程参考了由 IUGG/IOC 开发的 Time 项目（IOC，1997）。

如图 6.2.1 所示，关于 $F(x)$ 函数的曲线图，记

$$F\{(i-1)\Delta x\} = F_{i-1}, \quad F(i\Delta x) = F_i, \quad F\{(i+1)\Delta x\} = F_{i+1}$$

将 F_{i-1}、F_{i+1} 分别作泰勒展开有

$$F_{i-1} = F_i - \Delta x \left.\frac{\partial F}{\partial x}\right|_i + \frac{(\Delta x)^2}{2}\left.\frac{\partial^2 F}{\partial x^2}\right|_i - \frac{(\Delta x)^3}{6}\left.\frac{\partial^3 F}{\partial x^3}\right|_i + \frac{(\Delta x)^4}{24}\left.\frac{\partial^4 F}{\partial x^4}\right|_i + O(\Delta x^5) \quad （6\text{-}2\text{-}7）$$

$$F_{i+1} = F_i + \Delta x \left.\frac{\partial F}{\partial x}\right|_i + \frac{(\Delta x)^2}{2}\left.\frac{\partial^2 F}{\partial x^2}\right|_i + \frac{(\Delta x)^3}{6}\left.\frac{\partial^3 F}{\partial x^3}\right|_i + \frac{(\Delta x)^4}{24}\left.\frac{\partial^4 F}{\partial x^4}\right|_i + O(\Delta x^5) \quad （6\text{-}2\text{-}8）$$

将式（6-2-8）减去式（6-2-7）得到二阶精度的中心差分方程为

$$\left.\frac{\partial F}{\partial x}\right|_i = \frac{1}{2\Delta x}(F_{i+1} - F_{i-1}) + O(\Delta x^2) \quad （6\text{-}2\text{-}9）$$

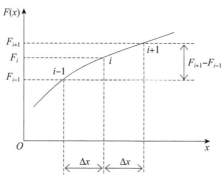

图 6.2.1　中心差分

将式（6-2-9）用于式（6-2-1）～式（6-2-3）得到

$$\frac{\eta_{j,m}^{n+\frac{1}{2}}-\eta_{j,m}^{n-\frac{1}{2}}}{\Delta t}+\frac{1}{R\cos\theta_m}\left(\frac{M_{j+\frac{1}{2},m}^{n}-M_{j-\frac{1}{2},m}^{n}}{\Delta\lambda}+\frac{N_{j,m+\frac{1}{2}}^{n}\cos\theta_{m+\frac{1}{2}}-N_{j,m-\frac{1}{2}}^{n}\cos\theta_{m-\frac{1}{2}}}{\Delta\theta}\right)=0$$

（6-2-10）

$$\frac{M_{j+\frac{1}{2},m}^{n+1}-M_{j+\frac{1}{2},m}^{n}}{\Delta t}+\frac{gh_{j+\frac{1}{2},m}}{R\cos\theta_m}\frac{\eta_{j+1,m}^{n+\frac{1}{2}}-\eta_{j,m}^{n+\frac{1}{2}}}{\Delta\lambda}=fN'$$　　（6-2-11）

$$\frac{N_{j,m+\frac{1}{2}}^{n+1}-N_{j,m+\frac{1}{2}}^{n}}{\Delta t}+\frac{gh_{j,m+\frac{1}{2}}}{R}\frac{\eta_{j,m+1}^{n+\frac{1}{2}}-\eta_{j,m}^{n+\frac{1}{2}}}{\Delta\theta}=-fM'$$　　（6-2-12）

其中

$$N'=\frac{1}{4}\left[N_{j+1,m+\frac{1}{2}}^{n}+N_{j+1,m-\frac{1}{2}}^{n}+N_{j,m+\frac{1}{2}}^{n}+N_{j,m-\frac{1}{2}}^{n}\right]$$　　（6-2-13）

$$M'=\frac{1}{4}\left[M_{j+\frac{1}{2},m+1}^{n}+M_{j+\frac{1}{2},m}^{n}+M_{j-\frac{1}{2},m+1}^{n}+M_{j-\frac{1}{2},m}^{n}\right]$$　　（6-2-14）

于是得到 η、M、N 的显示表达式为

$$\eta_{j,m}^{n+\frac{1}{2}}=\eta_{j,m}^{n-\frac{1}{2}}-R_1\left(M_{j+\frac{1}{2},m}^{n}-M_{j-\frac{1}{2},m}^{n}+N_{j,m+\frac{1}{2}}^{n}\cos\theta_{m+\frac{1}{2}}-N_{j,m-\frac{1}{2}}^{n}\cos\theta_{m-\frac{1}{2}}\right)$$（6-2-15）

$$M_{j+\frac{1}{2},m}^{n+1}=M_{j+\frac{1}{2},m}^{n}-R_2h_{j+\frac{1}{2},m}\left[\eta_{j+1,m}^{n+\frac{1}{2}}-\eta_{j,m}^{n+\frac{1}{2}}\right]+R_3N'$$　　（6-2-16）

$$N_{j,m+\frac{1}{2}}^{n+1}=N_{j,m+\frac{1}{2}}^{n}-R_4h_{j,m+\frac{1}{2}}\left[\eta_{j,m+1}^{n+\frac{1}{2}}-\eta_{j,m}^{n+\frac{1}{2}}\right]-R_5M'$$　　（6-2-17）

其中，系数 $R_1 \sim R_5$ 可表示成

$$R_1=\Delta t/\left(R\cos\theta_m\Delta s\right)$$

$$R_2=g\Delta t/\left(R\cos\theta_m\Delta s\right)$$

$$R_3=2\Delta t\omega\sin\theta_m$$

$$R_4=g\Delta t/\left(R\Delta s\right)$$

$$R_5=2\Delta t\omega\sin\theta_{m+\frac{1}{2}}$$

$$\Delta s=\Delta\theta=\Delta\lambda$$

从式（6-2-10）～式（6-2-17）可以看出，η 的计算点与 M、N 的计算点不一致，这是为了确立边界条件的方便。图 6.2.2 是对应式（6-2-15）的浪高计算点

示意图，j、m、n 分别用来表示空间位置（λ，θ）和时间 t。

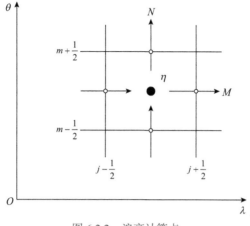

图 6.2.2　浪高计算点

2. 条件确定

（1）初始条件。计算初始，M、N 的值设为零，η 的值可通过 6.2 节所述计算得到。

（2）边界条件。取陆边界为刚壁边界，波完全反射，但法向速度为 0；开边界为辐射边界条件，使边界反射效应接近 0。

在开边界波自由的通过，对于 u，线形自由传播条件表示为

前进波，$\eta = +\sqrt{h/g} \cdot u$

后退波，$\eta = -\sqrt{h/g} \cdot u$

由于 $\eta \ll h$，故

前进波，$\eta = +Q/\sqrt{gh}$

后退波，$\eta = -Q/\sqrt{gh}$

而流量 Q 的大小则根据图 6.2.3 得到

$$Q = \sqrt{\frac{(M_1 + M_2)^2}{4} + N_2^2}$$

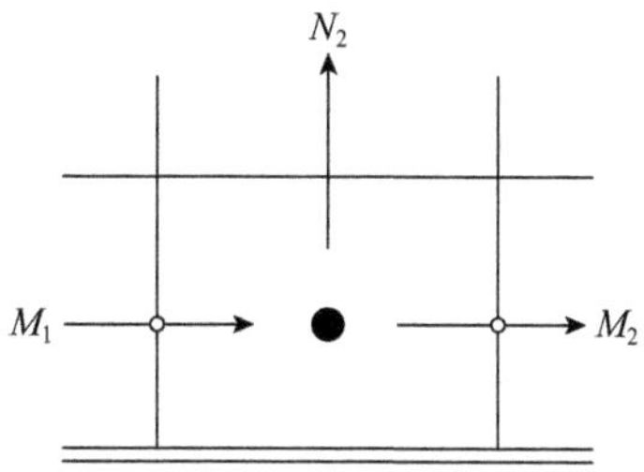

图 6.2.3　开边界流量设置

6.3　近场海啸数值模拟

　　近场海啸相对于越洋海啸只是空间位置上的转换。地震发生后引起的海啸波向近海传播，对于近海岸则是近场海啸；如果向外海传播，在很远的海岸某处引起灾害，那么相对于该位置就是越洋海啸。例如，1960 年智利海啸尽管是典型的越洋海啸，在 17000km 之外的日本引发巨大灾害；但其相对于智利当地又是典型的近场海啸，破坏更为严重。我国沿海具备发生近场海啸的地质构造条件，第 5 章已划分了影响我国沿海的局地潜在海啸源，第 7 章和第 8 章将针对这些潜在海啸源开展确定性和概率性危险性分析，海啸波的生成和传播数值模拟是关键环节。区别于越洋海啸在深海传播，近场海啸由于传播区域位于近海大陆架，海底底部摩擦是一项必须考虑的重要因素，海啸波的数值传播模型有别于 6.2 节介绍的越洋海啸。

6.3.1　非线性浅水方程

　　目前近场海啸传播的模拟使用最广泛的是非线性浅水方程模型。

　　因为海啸波的波长远远大于海洋深度，故而海啸波是长波，而长波的质点运动垂直加速度相对于重力加速度来说非常小，所以海啸波的质点垂直运动对压力分布没有影响，可以近似为静水压力。基于这些假设，海啸波质点运动在笛卡儿坐标系下可以用下述非线性浅水方程表示。

$$\frac{\partial \eta}{\partial t} + \frac{\partial [u(h+\eta)]}{\partial x} + \frac{\partial [v(h+\eta)]}{\partial y} = 0 \qquad (6\text{-}3\text{-}1)$$

$$\frac{\partial u}{\partial t} + u\frac{\partial u}{\partial x} + v\frac{\partial u}{\partial y} + g\frac{\partial \eta}{\partial x} + \frac{\tau_x}{\rho D} = 0 \qquad (6\text{-}3\text{-}2)$$

$$\frac{\partial v}{\partial t} + u\frac{\partial v}{\partial x} + v\frac{\partial v}{\partial y} + g\frac{\partial \eta}{\partial y} + \frac{\tau_y}{\rho D} = 0 \qquad (6\text{-}3\text{-}3)$$

式中，x 和 y 分别为平面坐标；t 为时间；h 为静水深度；η 为静水面上的垂直位移（也称静水面水位）；u 和 v 分别是波质点在 x 和 y 方向的速度；g 为重力加速度；$\tau_x/\rho D$ 和 $\tau_y/\rho D$ 分别为 x 和 y 方向的底部摩擦项。

　　底部摩擦项又可以表示成

$$\frac{\tau_x}{\rho D} = \frac{f}{2D}u\sqrt{u^2+v^2}, \quad \frac{\tau_y}{\rho D} = \frac{f}{2D}v\sqrt{u^2+v^2}$$

式中，D 为总的水深（$D=h+\eta$）；f 为摩擦系数。为了方便，我们用土木工程中熟悉的曼宁粗糙系数 n 来代替摩擦系数 f。

　　f 和 n 的关系为

$$n = \sqrt{\frac{fD^{\frac{1}{3}}}{2g}}$$

故底部摩擦项表示为

$$\frac{\tau_x}{\rho D} = \frac{gn^2}{D^{\frac{4}{3}}} u\sqrt{u^2 + v^2} , \quad \frac{\tau_y}{\rho D} = \frac{gn^2}{D^{\frac{4}{3}}} v\sqrt{u^2 + v^2} \qquad （6\text{-}3\text{-}4）$$

接下来介绍 x 和 y 方向的流量（M，N），M、N 关于 u 和 v 的表达式为

$$M = u(h + \eta) = uD , \quad N = v(h + \eta) = vD \qquad （6\text{-}3\text{-}5）$$

把式（6-3-4）和式（6-3-5）分别代入式（6-3-1）～式（6-3-3）得

$$\frac{\partial \eta}{\partial t} + \frac{\partial M}{\partial x} + \frac{\partial N}{\partial y} = 0 \qquad （6\text{-}3\text{-}6）$$

$$\frac{\partial M}{\partial t} + \frac{\partial}{\partial x}\left(\frac{M^2}{D}\right) + \frac{\partial}{\partial y}\left(\frac{MN}{D}\right) + gD\frac{\partial \eta}{\partial x} + \frac{gn^2}{D^{\frac{7}{3}}} M\sqrt{M^2 + N^2} = 0 \qquad （6\text{-}3\text{-}7）$$

$$\frac{\partial N}{\partial t} + \frac{\partial}{\partial x}\left(\frac{MN}{D}\right) + \frac{\partial}{\partial y}\left(\frac{N^2}{D}\right) + gD\frac{\partial \eta}{\partial y} + \frac{gn^2}{D^{\frac{7}{3}}} N\sqrt{M^2 + N^2} = 0 \qquad （6\text{-}3\text{-}8）$$

当式（6-3-1）～式（6-3-3）离散化时，不满足质量守恒，这将导致数值模拟结果的巨大误差；而式（6-3-6）～式（6-3-8）离散化时不仅能满足质量守恒，而且还能满足动量守恒。因此，式（6-3-6）～式（6-3-8）作为研究近场海啸数值模拟的基本方程。

6.3.2　计算方法

选用有限差分法来解非线性浅水方程，有限差分法的中心差分表现形式在 6.2 节中已描述，见式（6-2-9）。下文计算方法的推导过程参考了由 IUGG/IOC 开发的 Time 项目（IOC，1997）。

1. 连续方程的求解

将式（6-2-9）运用于连续方程式（6-3-6）中，三个微分项可分别用差分形式表示成

$$\frac{\partial \eta}{\partial t} = \frac{1}{\Delta t}\left(\eta_{i,j}^{k+1} - \eta_{i,j}^{k}\right)$$

$$\frac{\partial M}{\partial x} = \frac{1}{\Delta x}\left(M_{i+\frac{1}{2},j}^{k+\frac{1}{2}} - M_{i-\frac{1}{2},j}^{k+\frac{1}{2}}\right)$$

$$\frac{\partial N}{\partial y} = \frac{1}{\Delta y}\left(N_{i,j+\frac{1}{2}}^{k+\frac{1}{2}} - N_{i,j-\frac{1}{2}}^{k+\frac{1}{2}} \right)$$

将上述式子代回连续方程式（6-3-6）中，可求得 $\eta(i,j,k+1)$，因为 $k\Delta t$ 及 $(k+1/2)\Delta t$ 时刻的值是已知的。

$$\eta_{i,j}^{k+1} = \eta_{i,j}^{k} - \frac{\Delta t}{\Delta x}\left(M_{i+\frac{1}{2},j}^{k+\frac{1}{2}} - M_{i-\frac{1}{2},j}^{k+\frac{1}{2}} \right) - \frac{\Delta t}{\Delta y}\left(N_{i,j+\frac{1}{2}}^{k+\frac{1}{2}} - N_{i,j-\frac{1}{2}}^{k+\frac{1}{2}} \right) \tag{6-3-9}$$

为了容易确立边界条件，设定蛙跃格式中 η 的计算点与 M、N 的计算点是不一致的，如图 6.3.1 所示，下标 i、j、k 表示栅格化后的空间位置 (x,y) 和时间 t。

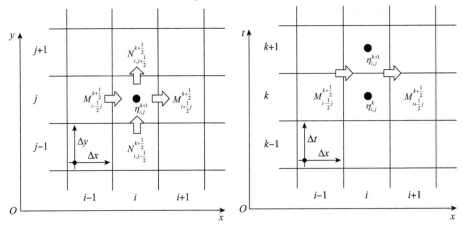

图 6.3.1　连续方程计算点的设置

2. 动量方程线性项的求解

动量方程的求解可分为线性项、对流项、摩擦项的求解。

x 方向的动量线性方程可表示成

$$\frac{\partial M}{\partial t} + gD\frac{\partial \eta}{\partial x} = 0 \tag{6-3-10}$$

取点 $(i+1/2, j, k)$ 为中心差分的中点，将式（6-3-10）用差分格式代替，求得未知的 $M(i+1/2, j, k+1/2)$。

$$M_{i+\frac{1}{2},j}^{k+\frac{1}{2}} = M_{i+\frac{1}{2},j}^{k-\frac{1}{2}} - gD_{i+\frac{1}{2},j}^{k}\frac{\Delta t}{\Delta x}\left(\eta_{i+1,j}^{k} - \eta_{i,j}^{k} \right) \tag{6-3-11}$$

其中总的水深 $D(i+1/2, j, k)$ 可以表示为

$$D_{i+\frac{1}{2},j}^{k} = h_{i+\frac{1}{2},j} + \eta_{i+\frac{1}{2},j}^{k} = h_{i+\frac{1}{2},j} + \frac{1}{2}\left(\eta_{i+1,j}^{k} + \eta_{i,j}^{k} \right) \tag{6-3-12}$$

类似的求解过程运用到 y 方向动量线性方程，求得

$$N^{k+\frac{1}{2}}_{i,j+\frac{1}{2}} = N^{k-\frac{1}{2}}_{i,j+\frac{1}{2}} - gD^k_{i,j+\frac{1}{2}} \frac{\Delta t}{\Delta y} \left[\eta^k_{i,j+1} - \eta^k_{i,j} \right] \tag{6-3-13}$$

$$D^k_{i,j+\frac{1}{2}} = h_{i,j+\frac{1}{2}} + \eta^k_{i,j+\frac{1}{2}} = h_{i,j+\frac{1}{2}} + \frac{1}{2}\left[\eta^k_{i,j+1} + \eta^k_{i,j} \right] \tag{6-3-14}$$

这里需要说明的是式（6-3-11）和式（6-3-13）与原始方程的不同，前者采用 D，而后者采用 h，如果 h 远远大于 η，式（6-3-11）和式（6-3-13）能够产生稳定的计算结果，但如果 h 小于 η，应当注意这种线性求解可能会变得不稳定。

3. 动量方程对流项的求解

为了计算的稳定性，动量方程对流项的求解采用迎风差分格式，用一个简单的对流方程来解释为什么会采用这种差分格式。

$$\frac{\partial F}{\partial t} + C \frac{\partial F}{\partial x} = 0 \tag{6-3-15}$$

系数 C 是传播速度，假定它是常量。对于一阶时间导数，采用向前的差分格式，计算点的设置见图 6.3.2，得到

$$\frac{\partial F}{\partial t} = \frac{1}{\Delta t}\left[F^{k+\frac{1}{2}}_{i+\frac{1}{2}} - F^{k-\frac{1}{2}}_{i+\frac{1}{2}} \right] - \frac{\Delta t}{2} \frac{\partial^2 F}{\partial t^2} + O(\Delta t^2) \tag{6-3-16}$$

对于空间导数采用中心差分

$$C \frac{\partial F}{\partial x} = \frac{C}{2\Delta x}\left[F^{k-\frac{1}{2}}_{i+\frac{3}{2}} - F^{k-\frac{1}{2}}_{i-\frac{1}{2}} \right] + O(\Delta x^2) \tag{6-3-17}$$

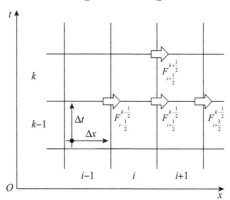

图 6.3.2　动量方程对流项计算点的设置

取式（6-3-16）和式（6-3-17）等号右边第一项代入式（6-3-15），得到未知项 $F(i+1/2, k+1/2)$

$$F^{k+\frac{1}{2}}_{i+\frac{1}{2}} = F^{k-\frac{1}{2}}_{i+\frac{1}{2}} - C \frac{\Delta t}{2\Delta x}\left[F^{k-\frac{1}{2}}_{i+\frac{3}{2}} - F^{k-\frac{1}{2}}_{i-\frac{1}{2}} \right] \tag{6-3-18}$$

或者反过来说，式（6-3-18）的解相当于是拥有截断误差 $(\Delta x^2 + \Delta t^2)$ 的式（6-3-19），即

$$\frac{\partial F}{\partial t} + \frac{\Delta t}{2}\frac{\partial^2 F}{\partial t^2} + C\frac{\partial F}{\partial x} = 0 \qquad （6\text{-}3\text{-}19）$$

根据式（6-3-15），F 对于时间的二阶导数可表示为

$$\frac{\partial^2 F}{\partial t^2} = \frac{\partial}{\partial t}\left(-C\frac{\partial F}{\partial x}\right) = C^2\frac{\partial^2 F}{\partial x^2} \qquad （6\text{-}3\text{-}20）$$

将式（6-3-20）代入式（6-3-19）得到扩散方程，其中扩散系数是负的。

$$\frac{\partial F}{\partial t} + C\frac{\partial F}{\partial x} = -\frac{\Delta t}{2}C^2\frac{\partial^2 F}{\partial x^2} \qquad （6\text{-}3\text{-}21）$$

负的扩散将导致堆积舍入误差使计算不稳定，因此，式（6-3-18）是一个不稳定的差分格式。

为了获得一个稳定的差分格式，把空间导数项用向前或者是向后的差分近似。

用向前的差分，有

$$C\frac{\partial F}{\partial x} = \frac{C}{\Delta x}\left[F_{i+\frac{3}{2}}^{k-\frac{1}{2}} - F_{i+\frac{1}{2}}^{k-\frac{1}{2}}\right] - \frac{\Delta x}{2}C\frac{\partial^2 F}{\partial x^2} + O(\Delta x^2) \qquad （6\text{-}3\text{-}22）$$

用向后的差分，有

$$C\frac{\partial F}{\partial x} = \frac{C}{\Delta x}\left[F_{i+\frac{1}{2}}^{k-\frac{1}{2}} - F_{i-\frac{1}{2}}^{k-\frac{1}{2}}\right] + \frac{\Delta x}{2}C\frac{\partial^2 F}{\partial x^2} + O(\Delta x^2) \qquad （6\text{-}3\text{-}23）$$

还是按照上述的方法，得到有截断误差 $(\Delta x^2 + \Delta t^2)$ 的扩散方程，当采用向前差分时为

$$\frac{\partial F}{\partial t} + C\frac{\partial F}{\partial x} = -\frac{C}{2}(C\Delta t + \Delta x)\frac{\partial^2 F}{\partial x^2} \qquad （6\text{-}3\text{-}24）$$

当采用向后差分时为

$$\frac{\partial F}{\partial t} + C\frac{\partial F}{\partial x} = \frac{C}{2}(-C\Delta t + \Delta x)\frac{\partial^2 F}{\partial x^2} \qquad （6\text{-}3\text{-}25）$$

这样，为了保证扩散系数为正（也就是确保计算的稳定性），在 C 为正的情况下，选用向后的差分；在 C 为负的情况下，选用向前的差分，并设置 $\Delta x / \Delta t \geq |C|$。

这就是为什么这种格式称为迎风差分的缘故了，差分格式取决于流量的方向。式（6-3-7）和式（6-3-8）中的对流项采用上述迎风差分格式可表示为

$$\frac{\partial}{\partial x}\left(\frac{M^2}{D}\right)=\frac{1}{\Delta x}\left[\lambda_{11}\frac{\left(M_{i+\frac{3}{2},j}^{k-\frac{1}{2}}\right)^2}{D_{i+\frac{3}{2},j}^{k-\frac{1}{2}}}+\lambda_{21}\frac{\left(M_{i+\frac{1}{2},j}^{k-\frac{1}{2}}\right)^2}{D_{i+\frac{1}{2},j}^{k-\frac{1}{2}}}+\lambda_{31}\frac{\left(M_{i-\frac{1}{2},j}^{k-\frac{1}{2}}\right)^2}{D_{i-\frac{1}{2},j}^{k-\frac{1}{2}}}\right] \quad （6\text{-}3\text{-}26）$$

$$\frac{\partial}{\partial y}\left(\frac{MN}{D}\right)=\frac{1}{\Delta y}\left(v_{11}\frac{M_{i+\frac{1}{2},j+1}^{k-\frac{1}{2}}N_{i+\frac{1}{2},j+1}^{k-\frac{1}{2}}}{D_{i+\frac{1}{2},j+1}^{k-\frac{1}{2}}}+v_{21}\frac{M_{i+\frac{1}{2},j}^{k-\frac{1}{2}}N_{i+\frac{1}{2},j}^{k-\frac{1}{2}}}{D_{i+\frac{1}{2},j}^{k-\frac{1}{2}}}+v_{31}\frac{M_{i+\frac{1}{2},j-1}^{k-\frac{1}{2}}N_{i+\frac{1}{2},j-1}^{k-\frac{1}{2}}}{D_{i+\frac{1}{2},j-1}^{k-\frac{1}{2}}}\right) \quad （6\text{-}3\text{-}27）$$

$$\frac{\partial}{\partial x}\left(\frac{MN}{D}\right)=\frac{1}{\Delta x}\left(\lambda_{12}\frac{M_{i+1,j+\frac{1}{2}}^{k-\frac{1}{2}}N_{i+1,j+\frac{1}{2}}^{k-\frac{1}{2}}}{D_{i+1,j+\frac{1}{2}}^{k-\frac{1}{2}}}+\lambda_{22}\frac{M_{i,j+\frac{1}{2}}^{k-\frac{1}{2}}N_{i,j+\frac{1}{2}}^{k-\frac{1}{2}}}{D_{i,j+\frac{1}{2}}^{k-\frac{1}{2}}}+\lambda_{32}\frac{M_{i-1,j+\frac{1}{2}}^{k-\frac{1}{2}}N_{i-1,j+\frac{1}{2}}^{k-\frac{1}{2}}}{D_{i-1,j+\frac{1}{2}}^{k-\frac{1}{2}}}\right) \quad （6\text{-}3\text{-}28）$$

$$\frac{\partial}{\partial y}\left(\frac{N^2}{D}\right)=\frac{1}{\Delta y}\left[v_{12}\frac{\left(N_{i,j+\frac{3}{2}}^{k-\frac{1}{2}}\right)^2}{D_{i,j+\frac{3}{2}}^{k-\frac{1}{2}}}+v_{22}\frac{\left(N_{i,j+\frac{1}{2}}^{k-\frac{1}{2}}\right)^2}{D_{i,j+\frac{1}{2}}^{k-\frac{1}{2}}}+v_{32}\frac{\left(N_{i,j-\frac{1}{2}}^{k-\frac{1}{2}}\right)^2}{D_{i,j-\frac{1}{2}}^{k-\frac{1}{2}}}\right] \quad （6\text{-}3\text{-}29）$$

其中，

$$M_{i+\frac{1}{2},j}^{k-\frac{1}{2}}\geqslant 0 ， \lambda_{11}=0 ， \lambda_{21}=1 ， \lambda_{31}=-1$$

$$M_{i+\frac{1}{2},j}^{k-\frac{1}{2}}<0 ， \lambda_{11}=1 ， \lambda_{21}=-1 ， \lambda_{31}=0$$

$$N_{i+\frac{1}{2},j}^{k-\frac{1}{2}}\geqslant 0 ， v_{11}=0 ， v_{21}=1 ， v_{31}=-1$$

$$N_{i+\frac{1}{2},j}^{k-\frac{1}{2}}<0 ， v_{11}=1 ， v_{21}=-1 ， v_{31}=0$$

$$M_{i,j+\frac{1}{2}}^{k-\frac{1}{2}}\geqslant 0 ， \lambda_{12}=0 ， \lambda_{22}=1 ， \lambda_{32}=-1$$

$$M_{i,j+\frac{1}{2}}^{k-\frac{1}{2}}<0 ， \lambda_{12}=1 ， \lambda_{22}=-1 ， \lambda_{32}=0$$

$$N_{i,j+\frac{1}{2}}^{k-\frac{1}{2}}\geqslant 0 ， v_{12}=0 ， v_{22}=1 ， v_{32}=-1$$

$$N^{k-\frac{1}{2}}_{i,j+\frac{1}{2}} < 0 , \quad \nu_{12} = 1 , \quad \nu_{22} = -1 , \quad \nu_{32} = 0$$

4. 动量方程摩擦项的求解

当采用显式差分格式时，摩擦项将会引起计算不稳定，因此本书采用隐式差分格式。

$$\frac{gn^2}{D^{\frac{7}{3}}} M\sqrt{M^2+N^2} = \frac{gn^2}{\left(D^{k-\frac{1}{2}}_{i+\frac{1}{2},j}\right)^{\frac{7}{3}}} \frac{1}{2}\left(M^{k+\frac{1}{2}}_{i+\frac{1}{2},j} + M^{k-\frac{1}{2}}_{i+\frac{1}{2},j}\right)\sqrt{\left(M^{k-\frac{1}{2}}_{i+\frac{1}{2},j}\right)^2 + \left(N^{k-\frac{1}{2}}_{i+\frac{1}{2},j}\right)^2} \quad (6\text{-}3\text{-}30)$$

$$\frac{gn^2}{D^{\frac{7}{3}}} N\sqrt{M^2+N^2} = \frac{gn^2}{\left(D^{k-\frac{1}{2}}_{i,j+\frac{1}{2}}\right)^{\frac{7}{3}}} \frac{1}{2}\left(N^{k+\frac{1}{2}}_{i,j+\frac{1}{2}} + N^{k-\frac{1}{2}}_{i,j+\frac{1}{2}}\right)\sqrt{\left(M^{k-\frac{1}{2}}_{i,j+\frac{1}{2}}\right)^2 + \left(N^{k-\frac{1}{2}}_{i,j+\frac{1}{2}}\right)^2} \quad (6\text{-}3\text{-}31)$$

5. 各项求解后总结

式（6-3-6）～式（6-3-8）各项求解后归纳起来使方程表示为

$$\eta^{k+1}_{i,j} = \eta^k_{i,j} - \frac{\Delta t}{\Delta x}\left(M^{k+\frac{1}{2}}_{i+\frac{1}{2},j} - M^{k+\frac{1}{2}}_{i-\frac{1}{2},j}\right) - \frac{\Delta t}{\Delta y}\left(N^{k+\frac{1}{2}}_{i,j+\frac{1}{2}} - N^{k+\frac{1}{2}}_{i,j-\frac{1}{2}}\right) \quad (6\text{-}3\text{-}32)$$

$$M^{k+\frac{1}{2}}_{i+\frac{1}{2},j} = \frac{1}{1 + {}^x\mu^{k-\frac{1}{2}}_{i+\frac{1}{2},j}}\left\{\left(1 - {}^x\mu^{k-\frac{1}{2}}_{i+\frac{1}{2},j}\right)M^{k-\frac{1}{2}}_{i+\frac{1}{2},j} - \frac{\Delta t}{\Delta x}\left[\lambda_{11}\frac{\left(M^{k-\frac{1}{2}}_{i+\frac{3}{2},j}\right)^2}{D^{k-\frac{1}{2}}_{i+\frac{3}{2},j}} + \lambda_{21}\frac{\left(M^{k-\frac{1}{2}}_{i+\frac{1}{2},j}\right)^2}{D^{k-\frac{1}{2}}_{i+\frac{1}{2},j}}\right.\right.$$

$$+\lambda_{31}\frac{\left(M^{k-\frac{1}{2}}_{i-\frac{1}{2},j}\right)^2}{D^{k-\frac{1}{2}}_{i-\frac{1}{2},j}}\Bigg] - \frac{\Delta t}{\Delta y}\left(\nu_{11}\frac{M^{k-\frac{1}{2}}_{i+\frac{1}{2},j+1}N^{k-\frac{1}{2}}_{i+\frac{1}{2},j+1}}{D^{k-\frac{1}{2}}_{i+\frac{1}{2},j+1}} + \nu_{21}\frac{M^{k-\frac{1}{2}}_{i+\frac{1}{2},j}N^{k-\frac{1}{2}}_{i+\frac{1}{2},j}}{D^{k-\frac{1}{2}}_{i+\frac{1}{2},j}}\right.$$

$$\left.\left. +\nu_{31}\frac{M^{k-\frac{1}{2}}_{i+\frac{1}{2},j-1}N^{k-\frac{1}{2}}_{i+\frac{1}{2},j-1}}{D^{k-\frac{1}{2}}_{i+\frac{1}{2},j-1}}\right) - gD^k_{i+\frac{1}{2},j}\frac{\Delta t}{\Delta x}\left(\eta^k_{i+1,j} - \eta^k_{i,j}\right)\right\} \quad (6\text{-}3\text{-}33)$$

$$N_{i,j+\frac{1}{2}}^{k+\frac{1}{2}} = \frac{1}{1+\,^{y}\mu_{i,j+\frac{1}{2}}^{k-\frac{1}{2}}}\left\{\left(1-\,^{y}\mu_{i,j+\frac{1}{2}}^{k-\frac{1}{2}}\right)N_{i,j+\frac{1}{2}}^{k-\frac{1}{2}} - \frac{\Delta t}{\Delta x}\left(\lambda_{12}\frac{M_{i+1,j+\frac{1}{2}}^{k-\frac{1}{2}}N_{i+1,j+\frac{1}{2}}^{k-\frac{1}{2}}}{D_{i+1,j+\frac{1}{2}}^{k-\frac{1}{2}}} + \lambda_{22}\frac{M_{i,j+\frac{1}{2}}^{k-\frac{1}{2}}N_{i,j+\frac{1}{2}}^{k-\frac{1}{2}}}{D_{i,j+\frac{1}{2}}^{k-\frac{1}{2}}}\right.\right.$$

$$\left. + \lambda_{32}\frac{M_{i-1,j+\frac{1}{2}}^{k-\frac{1}{2}}N_{i-1,j+\frac{1}{2}}^{k-\frac{1}{2}}}{D_{i-1,j+\frac{1}{2}}^{k-\frac{1}{2}}}\right) - \frac{\Delta t}{\Delta y}\left[v_{12}\frac{\left(N_{i,j+\frac{3}{2}}^{k-\frac{1}{2}}\right)^{2}}{D_{i,j+\frac{3}{2}}^{k-\frac{1}{2}}} + v_{22}\frac{\left(N_{i,j+\frac{1}{2}}^{k-\frac{1}{2}}\right)^{2}}{D_{i,j+\frac{1}{2}}^{k-\frac{1}{2}}} + v_{32}\frac{\left(N_{i,j-\frac{1}{2}}^{k-\frac{1}{2}}\right)^{2}}{D_{i,j-\frac{1}{2}}^{k-\frac{1}{2}}}\right]$$

$$\left. -gD_{i,j+\frac{1}{2}}^{k}\frac{\Delta t}{\Delta y}\left(\eta_{i,j+1}^{k}-\eta_{i,j}^{k}\right)\right\} \tag{6-3-34}$$

其中

$$^{x}\mu_{i+\frac{1}{2},j}^{k-\frac{1}{2}} = \frac{1}{2}\frac{gn^{2}}{\left(D_{i+\frac{1}{2},j}^{k-\frac{1}{2}}\right)^{\frac{7}{3}}}\sqrt{\left(M_{i+\frac{1}{2},j}^{k-\frac{1}{2}}\right)^{2}+\left(N_{i+\frac{1}{2},j}^{k-\frac{1}{2}}\right)^{2}} \tag{6-3-35}$$

$$^{y}\mu_{i,j+\frac{1}{2}}^{k-\frac{1}{2}} = \frac{1}{2}\frac{gn^{2}}{\left(D_{i,j+\frac{1}{2}}^{k-\frac{1}{2}}\right)^{\frac{7}{3}}}\sqrt{\left(M_{i,j+\frac{1}{2}}^{k-\frac{1}{2}}\right)^{2}+\left(N_{i,j+\frac{1}{2}}^{k-\frac{1}{2}}\right)^{2}} \tag{6-3-36}$$

$$D_{i+\frac{1}{2},j}^{k} = \frac{1}{2}\left(D_{i+1,j}^{k}+D_{i,j}^{k}\right) = \frac{1}{2}\left(\eta_{i+1,j}^{k}+\eta_{i,j}^{k}\right)+h_{i+\frac{1}{2},j} \tag{6-3-37}$$

$$D_{i+\frac{1}{2},j}^{k-\frac{1}{2}} = \frac{1}{4}\left(D_{i+1,j}^{k}+D_{i+1,j}^{k-1}+D_{i,j}^{k}+D_{i,j}^{k-1}\right)$$

$$= \frac{1}{4}\left(\eta_{i+1,j}^{k}+\eta_{i+1,j}^{k-1}+\eta_{i,j}^{k}+\eta_{i,j}^{k-1}\right)+h_{i+\frac{1}{2},j} \tag{6-3-38}$$

$$D_{i,j+\frac{1}{2}}^{k} = \frac{1}{2}\left(D_{i,j+1}^{k}+D_{i,j}^{k}\right) = \frac{1}{2}\left(\eta_{i,j+1}^{k}+\eta_{i,j}^{k}\right)+h_{i,j+\frac{1}{2}} \tag{6-3-39}$$

$$D_{i,j+\frac{1}{2}}^{k-\frac{1}{2}} = \frac{1}{4}\left(D_{i,j+1}^{k}+D_{i,j+1}^{k-1}+D_{i,j}^{k}+D_{i,j}^{k-1}\right)$$

$$= \frac{1}{4}\left(\eta_{i,j+1}^{k}+\eta_{i,j+1}^{k-1}+\eta_{i,j}^{k}+\eta_{i,j}^{k-1}\right)+h_{i,j+\frac{1}{2}} \tag{6-3-40}$$

λ 和 v 见 6.2.3 第 3 小节动量方程对流项的求解。

6.3.3　条件确定

1. 初始条件

本书中研究的海洋运动仅仅针对海啸波，未包括风浪和潮汐，因此 $k-1/2$ 时刻的动量为零，初始条件的设置也就为

$$\eta_{i,j}^{k-1}, \quad M_{i+\frac{1}{2},j}^{k-\frac{1}{2}}, \quad N_{i,j+\frac{1}{2}}^{k-\frac{1}{2}}=0 \qquad （6\text{-}3\text{-}41）$$

在海岸的爬高计算中，设 η 的初始值 $\eta(i,j,k-1)$ 等于地表高程 $h_{i,j}$ 的相反值，即

$$\eta_{i,j}^{k-1}=-h_{i,j}$$

这里要注意的是，$h_{i,j}$ 的值是负数。

2. 外海开边界上的简谐波列设置

下面，给出外海开边界上行进的正弦波列输入方法。实际上，外海开边界上的海水运动不仅仅是由正弦波引起的，而是向前和向后的正弦波列共同引起的。如果边界上的正弦运动直接给出，那么反射波就不能自由地通过边界，将引起受迫振动。在开边界上，必须允许反射波能自由地通过边界、跳出计算区域。下面将运用特征线法解决这个问题。

首先考虑一维情况，假定水深 h 为常数，线性长波方程可表示为

$$\frac{\partial u}{\partial t}+g\frac{\partial \eta}{\partial x}=0 \qquad （6\text{-}3\text{-}42）$$

$$\frac{\partial \eta}{\partial t}+h\frac{\partial u}{\partial x}=0 \qquad （6\text{-}3\text{-}43）$$

式（6-3-42）可写成

$$\frac{\partial u}{\partial t}+\sqrt{gh}\frac{\partial}{\partial x}\left(\sqrt{\frac{g}{h}}\eta\right)=0 \qquad （6\text{-}3\text{-}44）$$

式（6-3-43）可写成

$$\frac{\partial}{\partial t}\left(\sqrt{\frac{g}{h}}\eta\right)+\sqrt{gh}\frac{\partial u}{\partial x}=0 \qquad （6\text{-}3\text{-}45）$$

将上面两式相加或相减可得到

$$\left\{\frac{\partial}{\partial t}\pm\sqrt{gh}\frac{\partial}{\partial x}\right\}\left(u\pm\sqrt{\frac{g}{h}}\eta\right)=0 \qquad （6\text{-}3\text{-}46）$$

从式（6-3-46）又可以得到

$$在 \frac{dx}{dt} = \pm\sqrt{gh} \text{ 时，有 } u \pm \sqrt{\frac{g}{h}}\eta = \text{const} \quad （6\text{-}3\text{-}47）$$

这样就产生了满足 $dx/dt = \pm\sqrt{gh}$ 关系的两特征线族，下面就利用特征线法求 $(i+1/2, j, k+1/2)$ 点处 M 的值，假设有一简谐波列沿 x 负方向传播，波前在 $x = x_0$、$t = 0$ 处，从图 6.3.3 中可以得到

沿正向特征线 $\quad\quad u_2 + \sqrt{\frac{g}{h}}\eta_2 = u_1 + \sqrt{\frac{g}{h}}\eta_1 \quad （6\text{-}3\text{-}48）$

沿负向特征线 $\quad\quad u_2 - \sqrt{\frac{g}{h}}\eta_2 = u_0 - \sqrt{\frac{g}{h}}\eta_0 \quad （6\text{-}3\text{-}49）$

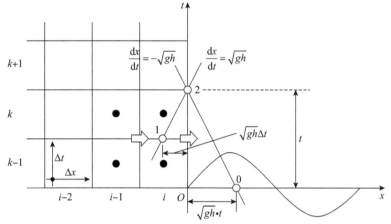

图 6.3.3　简谐波列通过时的开边界及特征线描述

由于波沿 x 负方向传播，0 点处的水平波速 u_0 与水位 η_0 满足关系

$$u_0 = -\sqrt{\frac{g}{h}}\eta_0 \quad （6\text{-}3\text{-}50.1）$$

把式（6-3-50.1）代入式（6-3-49）可得

$$u_2 - \sqrt{\frac{g}{h}}\eta_2 = 2u_0 \quad （6\text{-}3\text{-}50.2）$$

把式（6-3-50.2）代入式（6-3-48）可得

$$u_2 = u_0 + \frac{1}{2}\left(u_1 + \sqrt{\frac{g}{h}}\eta_1\right) \quad （6\text{-}3\text{-}51）$$

假设入射波可以写成

$$\eta_0 = a \cdot \sin[k_0(x - x_0)] \quad （6\text{-}3\text{-}52）$$

式中，k_0 为波数，那么相应的波速为

$$u_0 = -a\sqrt{\frac{g}{h}}\sin[k_0(x-x_0)] = -a\sqrt{\frac{g}{h}}\sin(k_0\sqrt{gh}t) \tag{6-3-53}$$

因此，边界上 u_2 的值由两部分组成，即

$$u_2 = -a\sqrt{\frac{g}{h}}\sin(k_0\sqrt{gh}t) + \frac{1}{2}\left(u_1 + \sqrt{\frac{g}{h}}\eta_1\right) \tag{6-3-54}$$

式中，右边第一项为给定的入射波列，第二项为反射波列，若式（6-3-54）用波的流量来表示，则可得

$$M_{i+\frac{1}{2},j}^{k+\frac{1}{2}} = -a\sqrt{gh}\sin\left[k_0\sqrt{gh}(k+\frac{1}{2})\Delta t\right] + \frac{1}{2}\left(M_1 + \sqrt{gh}\eta_1\right) \tag{6-3-55}$$

其中，M_1 和 η_1 可由下面式子表示

$$M_1 = \frac{1}{\Delta x}\left[\sqrt{gh}\Delta t M_{i-\frac{1}{2},j}^{k-\frac{1}{2}} + (\Delta x - \sqrt{gh}\Delta t) M_{i+\frac{1}{2},j}^{k-\frac{1}{2}}\right]$$

$$\eta_1 = \frac{1}{\Delta x}\left[\frac{1}{2}\left(\sqrt{gh}\Delta t - \frac{\Delta x}{2}\right)(\eta_{i-1,j}^k - \eta_{i-1,j}^{k-1}) + \frac{1}{2}\left(\frac{3}{2}\Delta x - \sqrt{gh}\Delta t\right)(\eta_{i,j}^k - \eta_{i,j}^{k-1})\right]$$

M_1 的值是由 $M_{i-\frac{1}{2},j}^{k-\frac{1}{2}}$ 与 $M_{i+\frac{1}{2},j}^{k-\frac{1}{2}}$ 通过线性插值得到的，η_1 的值是由 $\eta_{i-1,j}^k$、$\eta_{i-1,j}^{k-1}$、$\eta_{i,j}^k$、$\eta_{i,j}^{k-1}$ 通过线性插值得到的。

其次，在二维情况下，特征线就成为特征面。不同于一维情况，二维情况的波的传播方向应谨慎确定。通常情况下，入射波的传播方向是给定不变的，因而负向特征线方向是确定的。此外，对应于反射波的正向特征线方向可能有别于入射波。正向特征曲线的方向由 $M(i,j,k-1/2)$ 和 $N(i,j,k-1/2)$ 的方向确定。如此，正负特征线的计算等同于一维情况，都是要考虑它们的传播方向。

3. 波自由传播时的开边界条件

下面给出使波能自由的通过开边界的方法，跳出计算区域。仍采用上述的特征线法，只是在边界 $x = x_0$ 处有

$$u_0 = h_0 = 0 \text{ 以及 } u_1 = \sqrt{\frac{g}{h}}\eta_1$$

因此

$$u_2 = u_1, \quad M_{i+\frac{1}{2},j}^{k+\frac{1}{2}} = M_1$$

4. 爬高波前的边界条件

波的爬高在线性计算中不予考虑，仅仅在非线性计算中考虑。

根据总水深判断计算单元是水下还是水上的。

（1）当 $D=h+\eta>0$ 时，单元是水下的（submerged）。

（2）当 $D=h+\eta\leqslant0$ 时，单元是水上的（dry）。

当波前位于水下和水上单元之间时，只有当水上单元的地面高度低于水下单元的水位时，越过边界的流量才需要计算，否则流量设为零。

5. 波越过结构时的边界条件

当波越过计算区域内的防波堤和海堤时，越过结构的流量表达式为

$$Q = \mu h_1\sqrt{2gh_1} \qquad\qquad 当 h_2\leqslant\frac{2}{3}h_1 时$$

$$Q = \mu' h_1\sqrt{2g(h_1-h_2)} \qquad\qquad 当 h_2>\frac{2}{3}h_1 时$$

式中，h_1 和 h_2 分别为越过结构的前后相对水深（相对于结构顶部的水深）；μ 和 μ' 是经验参数，$\mu=0.35$，$\mu'=2.6\mu$。

6.3.4　计算区域的连续性

1. 数值计算中区域连续的必要性

在诸如风暴潮和海啸的长波数值计算中，建议在容易和精确给出边界条件的深海设置开放的边界。另外，为了提高计算机 CPU 的运行效率，节省计算时间：一方面，建议恰当地运用线性和非线性理论，需要根据非线性现象的程度来判断；另一方面，在深海采用粗栅格，近海岸区域采用细栅格。这就需要满足不同栅格长度区域边界上的计算连续性。

海啸模拟涉及的数值方程属于波动方程，故为了数值计算的稳定性，应该满足库兰特－弗里德里奇－莱维(Courant-Friedrichs-Lewy)条件，简称 CFL 条件，即

$$\frac{\Delta x}{\Delta t}\geqslant\sqrt{2gh_{max}} \qquad\qquad（6-3-56）$$

式中，Δt 和 Δx 分别为时间和空间的栅格长度；h_{max} 为计算区域内的最大静水深度，越接近海岸，h_{max} 变得越小，那么当保持 Δt 为常数时满足 CFL 条件的 Δx 就更小。

如果数值模拟中不包括爬高阶段的计算，确定空间和时间的栅格长度会很容易；但如果考虑爬高计算，仅仅通过改变空间栅格长度是非常难以满足 CFL 条件的。在这种情况下，不同的计算区域不仅 Δx 需要变化而且 Δt 也要变化。

下面，为了计算的连续性，给出满足不同时间和空间栅格长度的水位与流量连续的方法。

2. Δx 变化时的区域连续性

空间问题通常需考虑三个变量，即 x、y、t。本书将分别从一维情况和二维

情况下 Δt 固定而 Δx 变化时的区域连续性进行分析。

1）一维情况下 Δt 固定而 Δx 变化时的区域连续性

图 6.3.4 显示 x-t 体系中一维情况的计算区域的连续性，实线箭头表示流量计算路径，虚线箭头表示水位计算路径。实心圆表示流量的计算点，空心圆表示水位的计算点。双圆圈表示计算的初始条件或边界条件。

图 6.3.4(a) 是当整个计算区域 Δx 不变化时的网格图；图 6.3.4(b) 是 Δx 变化时的网格图，在 S 区域（小栅格区域）也就是 b-b' 线左边，空间栅格长度为 Δx；在 L 区域（大栅格区域），空间栅格长度相对较大，等于 $k\Delta x$（$k>1$）。每个区域的计算过程及计算方法在 6.3.2 节中已给出。

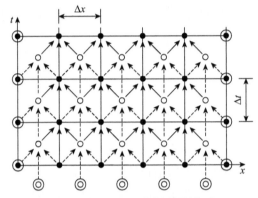

(a) 一维情况下 Δx 不变化时的网格图

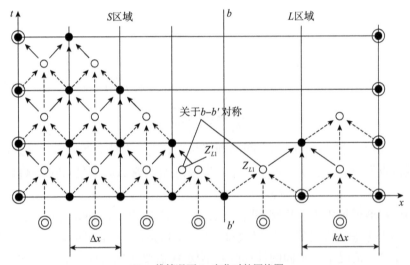

(b) 一维情况下 Δx 变化时的网格图

图 6.3.4　x-t 坐标下一维情况的计算区域连续性

边界 b-b' 上的流量计算，可以在 S 区域也可以在 L 区域计算，现在假设在 L 区域计算。如果要求解 $t=1$ 时刻边界 b-b' 上的流量，首先应该知道水位 Z_{L1}，

以及对应于 Z_{L1} 的关于 $b-b'$ 对称的 S 区域内的水位 $Z_{L1'}$，在计算 $Z_{L1'}$ 时可能会采用插值法。为了避免插值，可以设定 k 为奇数，这样 $Z_{L1'}$ 在 S 区域内可以直接求得。

下面做如下假设。

（1）系数 $k=3$。

（2）为保证计算的连续性，跨过边界 $b-b'$，在 S 区域内额外需要一个 L 区域内的单元。

（3）同样跨过边界 $b-b'$，在 L 区域内额外需要一个 S 区域内的单元。

按以上所述过程，一维情况下 Δt 固定而 Δx 变化时的区域连续性的计算过程如下所述。

（1）先假定 $(k-1)\,\Delta t$ 时刻的水位和 $(k-1/2)\,\Delta t$ 时刻的流量已知，如图 6.3.5 所示，$b-b'$ 为大小网格间的界限，现在要求解 $k\Delta t$ 时刻的水位和 $(k+1/2)\,\Delta t$ 时刻的流量。

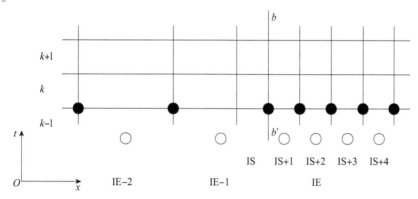

（空心圆表示水位计算点，实心圆表示流量计算点）

图 6.3.5 $k=3$ 且 Δt 固定时一维情况下的网格设置

（2）在各区域分别运用连续方程求得 $k\,\Delta t$ 时刻的水位，如图 6.3.6 所示。

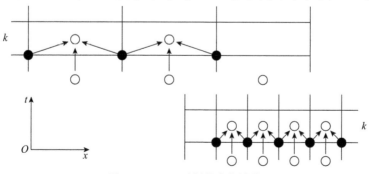

图 6.3.6 $k\,\Delta t$ 时刻的水位计算

（3）把 $Z(\text{IS}+2, k)$ 的值赋给 $Z(\text{IE}, k)$，如图 6.3.7 所示。

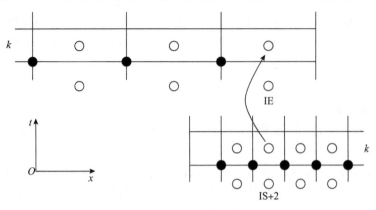

图 6.3.7 $Z(IS+2, k)$ 的值赋给 $Z(IE, k)$

（4）在各区域分别运用动量方程求得 $(k+1/2)$ Δt 时刻的流量，如图 6.3.8 所示。

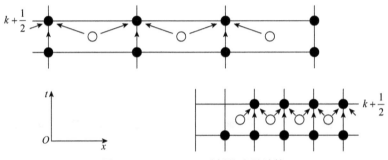

图 6.3.8 $(k+1/2)$ Δt 时刻的流量计算

（5）把 $M(IE-1/2, k+1/2)$ 的值赋给 $M(IS+1/2, k+1/2)$，如图 6.3.9 所示。这样就完成了一个时间步长内的水位与流量计算。

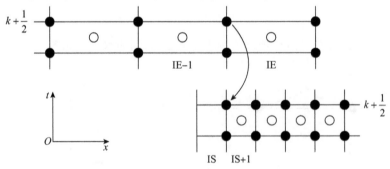

图 6.3.9 $M(IE-1/2, k+1/2)$ 的值赋给 $M(IS+1/2, k+1/2)$

2）二维情况下 Δt 固定而 Δx 变化时的区域连续性

二维情况采用与一维情况类似的方法，即 S 区域内靠近 $b-b'$ 的计算点的水位值赋给 L 区域内相同位置的计算点；L 区域内靠近 $b-b'$ 的计算点的流量值赋给

S 区域内相同位置的计算点。图 6.3.10 描述了二维情况下的这一过程，单圆圈表示小网格区域的水位计算点，双圆圈表示大网格区域的水位计算点，小箭头表示小网格区域的流量计算点，大箭头表示大网格区域的流量计算点。取 $k=3$，L 区域的计算单元延伸入 S 区域，同样 S 区域的计算单元延伸入 L 区域。

按上述方法，确定 $Z(\text{IL},\text{JL})=Z(\text{IS}+2,\text{JS}+2)$ 或者可取 9 个小单元的平均值，即

$$Z(\text{IL},\text{JL})=\frac{1}{9}\sum_{i=1}^{3}\sum_{j=1}^{3}Z(\text{IS}+i,\text{JS}+j)$$

流量的连接采用插值的方法，分外插和内插两种情况。

（1）外插，如计算点 $(\text{IS}, \text{JS}+1/2)$、$(\text{IS}+1, \text{JS}+1/2)$

$M(\text{IS},\text{JS}+1/2)=[5.0\times M(\text{IL},\text{JL}-1/2)-2.0\times M(\text{IL}+1,\text{JL}-1/2)]/3.0$

（2）内插，如计算点 $(\text{IS}+2, \text{JS}+1/2)\sim(\text{IS}+10, \text{JS}+1/2)$，如果不存在 $(\text{IL}+3)$ 即 $(\text{IL}+2)$ 已到达 L 区域边界，那么 $(\text{IS}+9, \text{JS}+1/2)$、$(\text{IS}+10, \text{JS}+1/2)$ 就必须采用外插法了。

$M(\text{IS}+3,\text{JS}+1/2)=[2.0\times M(\text{IL},\text{JL}-1/2)+1.0\times M(\text{IL}+1,\text{JL}-1/2)]/3.0$

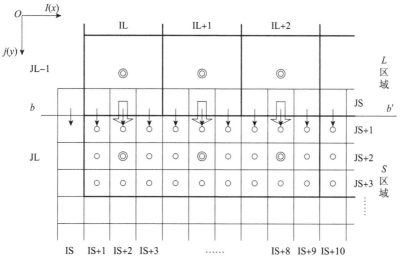

图 6.3.10　$k=3$ 且 Δt 固定时二维情况下的区域连续性

3. Δt 变化时的区域连续性

先考虑一维情况，考虑两种状态，Δt 变化时 Δx 固定，Δt 变化时 Δx 也变化。为了计算稳定、方便，还是选取 $k=3$，即时间步长从 $3\Delta t$ 变化到 Δt。

1）一维情况下 Δt 变化 Δx 固定时的区域连续性

一维情况下 Δt 变化 Δx 固定时的区域连续性计算过程如下所述。

（1）在 $3\Delta t$ 时间步长时，按照连续方程，运用 $k\,\Delta t$ 时刻的水位值和 $(k+3/2)\Delta t$ 时刻的流量值计算 $(k+3)\Delta t$ 时刻的水位值，如图 6.3.11 所示。

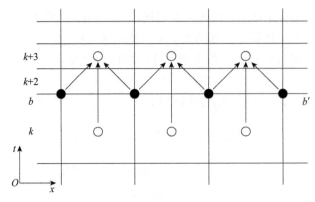

图 6.3.11　3Δt 时间步长时计算 $(k+3)\Delta t$ 时刻的水位值

（2）采用线性插值，内插 $(k+3)$ Δt 时刻和 k Δt 时刻的水位值，得到 $(k+2)$ Δt 时刻的水位值，如图 6.3.12 所示。说明一下，$(k+2)$ Δt 时刻的水位值也可以通过线性外插 $(k-3)$ Δt 时刻和 k Δt 时刻的水位值得到，但为了计算的准确性，减少误差，采用了线性内插。

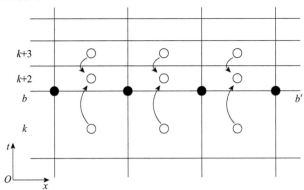

图 6.3.12　采用内插法求 $(k+2)$ Δt 时刻的水位值

（3）在 Δt 时间步长时，按照动量方程，计算 $(k+5/2)$ Δt 时刻的流量值，如图 6.3.13 所示。

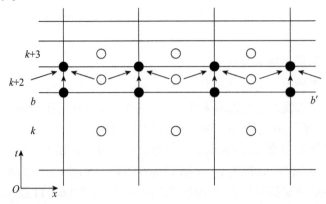

图 6.3.13　Δt 时间步长时计算 $(k+5/2)$ Δt 时刻的流量值

（4）在 Δt 时间步长时，分别按照连续方程和动量方程，计算 $(k+3)$ Δt 时刻以后的水位值和流量值，如图 6.3.14 所示。

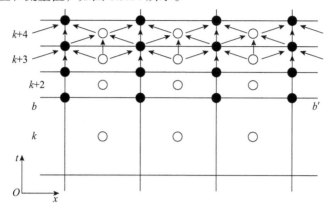

图 6.3.14　Δt 时间步长时计算 $(k+3)$ Δt 时刻以后的水位值和流量值

2）一维情况下 Δt 变化 Δx 也变化时的区域连续性

Δt 变化 Δx 也变化时的区域连续性计算过程其实与 Δt 变化 Δx 固定时是相同的。只是需要说明的是，在空间步长 3 Δx 区域与 Δx 区域的交界上的流量计算方法，也就是 $b-b'$ 线上的流量计算，见图 6.3.15（M_1、M_2、M_3 即为所需求解的值）。一个循环（ 3Δt 时间段内）的计算过程如下所述。

（1）L 区域内，按照连续方程计算 $(k+2)$ Δt 时刻的水位值，$(k-1)$ Δt 时刻的水位值及 $(k+1/2)$ Δt 时刻的流量值假定已知，可以通过上一时间步长的值计算得到；S 区域内，按照连续方程计算 $(k+1)$ Δt 时刻的水位值，见图 6.3.15。k Δt 时刻的水位值及 $(k+1/2)$ Δt 时刻的流量值假定已知，可以通过"1）一维情况下 Δt 变化 Δx 固定时的区域连续性"中的方法求得。

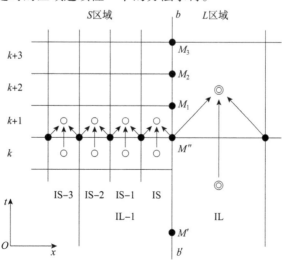

图 6.3.15　Δt 变化 Δx 也变化时的区域连续性计算网格设置以及初始值和所求值标示

（2）S 区域内，按照动量方程计算 $(k+3/2)$ Δt 时刻的流量值，M_1 的值通过 M' 和 M'' 作线性外插得到，如图 6.3.16 所示。

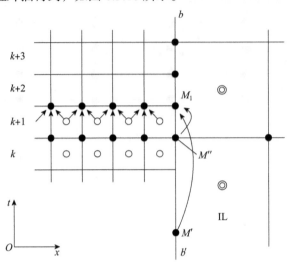

图 6.3.16　Δt 变化 Δx 也变化时的 $(k+3/2)$ Δt 时刻的流量值计算以及 M_1 值插值计算

（3）S 区域内，按照连续方程计算 $(k+2)$ Δt 时刻的水位值，如图 6.3.17 所示。

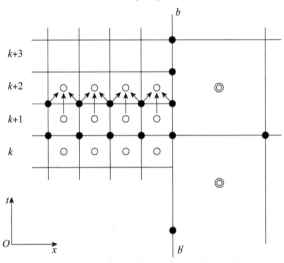

图 6.3.17　Δt 变化 Δx 也变化时的 $(k+2)$ Δt 时刻的水位值计算

（4）S 区域内，按照动量方程计算 $(k+5/2)$ Δt 时刻的流量值，但 $M(IS+1/2, k+5/2)$ 无法通过动量方程计算得到；L 区域内，将 $Z(IS-1, k+2)$ 的值赋给 $Z(IL-1, k+2)$ 后，按照动量方程计算得到 M_3，如图 6.3.18 所示。

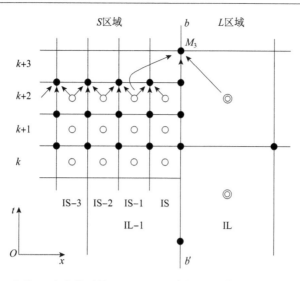

图 6.3.18　Δt 变化 Δx 也变化时的 $(k+5/2)$ Δt 时刻的流量值计算以及 M_3 值插值计算

（5）通过线性内插 M_3 和 M'' 得到 M_2，如图 6.3.19 所示。M_2 的计算过程不同于 M_1，采用线性内插而非线性外插，原因是为了减少计算误差，保持稳定性。

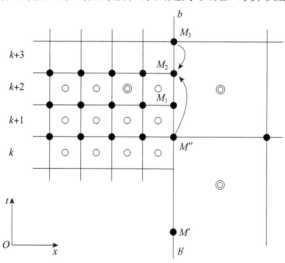

图 6.3.19　线性内插得到 M_2 值

（6）按照连续方程和动量方程计算 $(k+2)$ Δt 时刻以后的水位值和流量值，完成一个循环（3 Δt 时间段内）的最后计算过程，如图 6.3.20 所示。

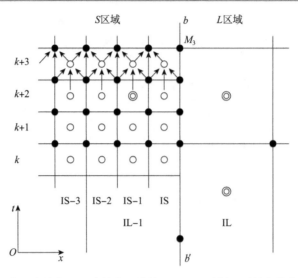

图 6.3.20　按照连续方程和动量方程计算 $(k+2)$ Δt 时刻以后的水位值和流量值

6.4　地震海啸数值模拟算例

根据本章的计算方法和条件确定，分别选取 2004 年印度洋海啸和 2006 年台湾南部海域海啸作为越洋海啸和近场海啸数值模拟的算例，验证计算方法的可行性及计算结果的准确性。

6.4.1　越洋海啸数值模拟算例——2004 年印度洋海啸

2004 年 12 月 26 日在苏门答腊岛北部海域爆发的海底地震（震中位于 3.3°N，96°E，矩震级 9 级）引发巨大海啸。下面对此次海啸的生成与传播机制进行数值模拟。由于缺乏实际的海啸观测资料，故而只有通过比较其他学者对这两个例子所做的数值模拟工作，验证该计算方法的可行性及计算结果的准确性。

首先进行初始垂直位移场的数值计算。在确定断层参数时，直接采用 NOAA 建议的，由 Stein 和 Okla（2005）给出的断层破裂面几何参数，见表 6.4.1。采用 6.1.2 节介绍的 Okada（1985）给出的弹性位错模型计算初始位移场，得到计算结果见图 6.4.1 和图 6.4.2。

表 6.4.1　2004 年印度洋海啸的断层破裂面几何参数

序 号	断层长度 L/km	断层宽度 W/km	滑移量 u/m	倾角 δ /(°)	滑移角 λ /(°)	断层走向 $/$ θ (°)	断层顶部深度 d/km
断层 1	200	150	15	13	90	300	5
断层 2	670	150	15	13	90	345	5
断层 3	300	150	15	13	90	5	5

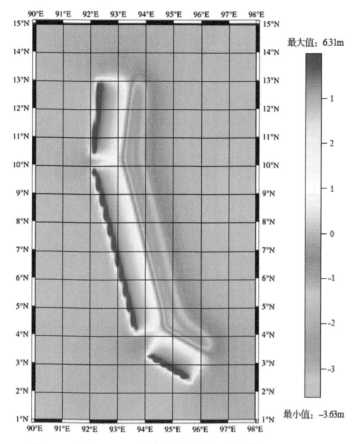

图 6.4.1　模拟的 2004 年印度洋海啸初始位移场二维影像图

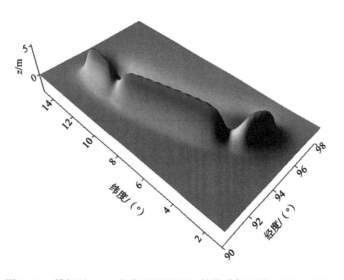

图 6.4.2　模拟的 2004 年印度洋海啸初始位移场三维立体效果图

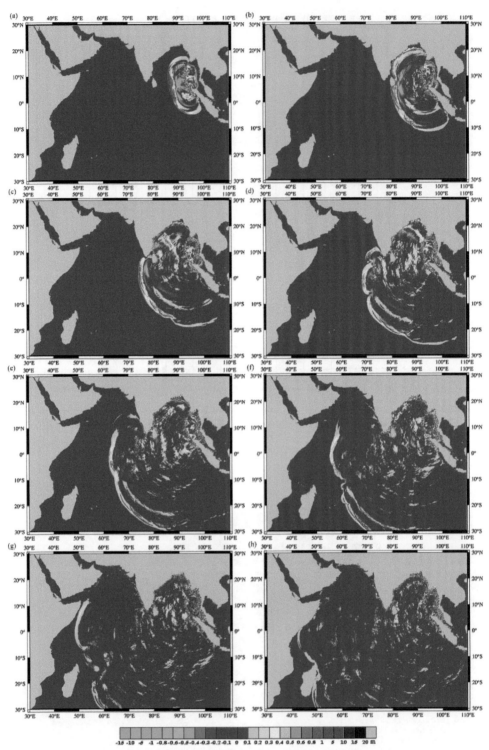

图 6.4.3 2004 年印度洋海啸传播 1 ~ 8h 后的静水面水位分布模拟结果

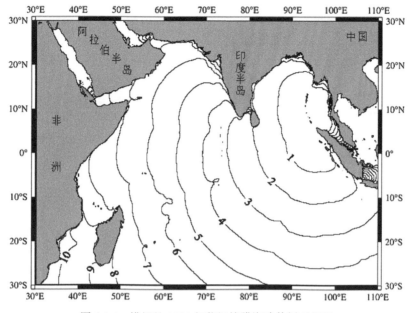

图 6.4.4　模拟的 2004 年苏门答腊海啸传播时间图

　　然后将初始垂直位移计算值输入越洋海啸数值传播模式，确立好边界条件；选取空间步长为 2′，时间步长为 5s，满足 CFL 条件 [即式（6-3-56）]；计算区域为：30°S～30°N，30°E～110°E，栅格数量为 2401×1801。计算结果见图 6.4.3～图 6.4.7。

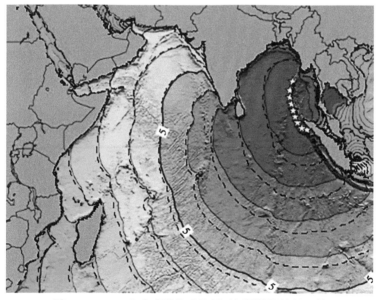

图 6.4.5　2004 年印度洋海啸传播时间图模拟结果比较

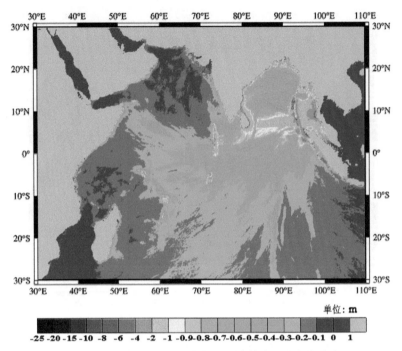

图 6.4.6 模拟的 2004 年印度洋海啸静水面减水位分布

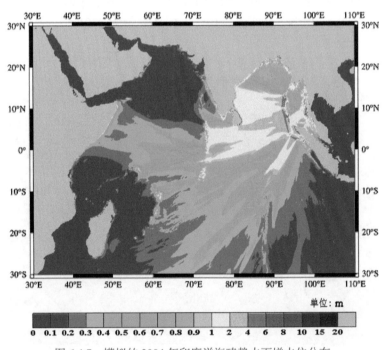

图 6.4.7 模拟的 2004 年印度洋海啸静水面增水位分布

　　选取美国国家地球物理数据中心（NGDC）提供的海啸传播时间图，与本章的计算结果做比较，如图 6.4.5。图中虚线表示本章计算得到的海啸传播时间图的等时线，实线表示 NGDC 的计算结果，两者比较不难看出，虚线和实线在上部吻合非常好，而在下部显示有所差别，本章的计算结果要快一些，大约是 20min 左右，但这个差别没有出现累积效应，从第一个小时起大约始终保持一个值，这是由起始计算区域的不同造成的，本章选取的初始计算区域在下部要大于 NGDC 选取的计算区域。

　　另外，本算例还选取 NOAA 模拟 2004 年印度洋海啸得到的静水面增水位分布（图 6.4.8），与本章的计算结果做比较，并且选用同样的地震断层参数。比较图 6.4.7 和图 6.4.8，由于无法得到计算数据，不能进行数值比较，只能通过图形形状做比较，比较结果非常相似，暂且认为本章的数值模拟结果是可靠的。

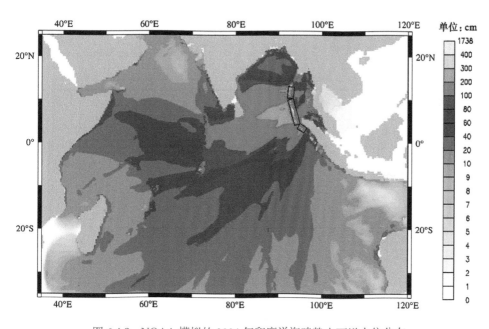

图 6.4.8　NOAA 模拟的 2004 年印度洋海啸静水面增水位分布

6.4.2　近场海啸数值模拟算例——2006 年台湾南部海域海啸

　　2006 年 12 月 26 日在台湾南部海域发生里氏 7.2 级地震，震中位于 120.6°E、21.9°N，另外中国地震局还提供了断层顶部深度 H=15m，地震引发了海啸。此次海啸由于等级小未对我国沿海地区造成影响，但国家海洋局还是监测到了海啸波，为便于计算值与监测值做比较，故而选用此海啸作为近场海啸数值模拟算例。

　　首先计算其初始位移场，由于缺乏此次地震的断层面几何参数资料，故根

据经验公式确定断层参数，本算例中采用日本气象厅给出的经验公式，见式（6-1-19）～式（6-1-21），结果为

$$L=50\text{km}，W=25\text{km}，u=1.58\text{m}$$

其他参数取值为

$$\delta = 90°, \theta = 340°, \lambda = 90°$$

式中，δ 和 λ 在未知的情况下都取 90°，参加 6.1.1 节所述；θ 取值与震中附近的海岸线走向相同，如图 6.4.9 所示。采用 Okada（1985）的弹性位错模型计算初始位移场，得到计算结果见图 6.4.10。

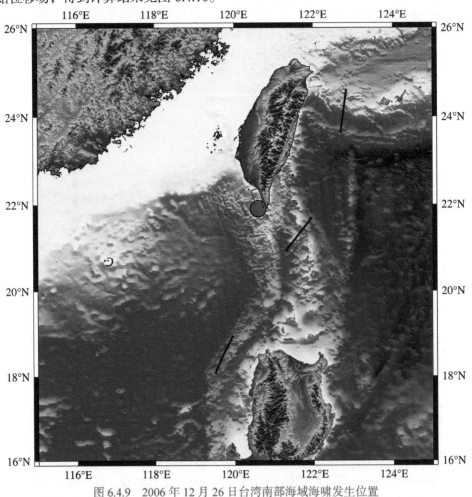

图 6.4.9　2006 年 12 月 26 日台湾南部海域海啸发生位置

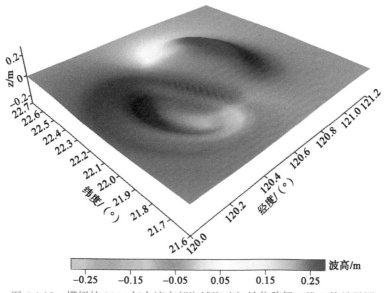

图 6.4.10　模拟的 2006 年台湾南部海域海啸初始位移场三维立体效果图

　　然后将初始垂直位移计算值输入近场海啸数值传播模式，确立好边界条件；选取空间步长为 2′，为满足 CFL 条件 [即式（6-3-56）]，计算得到时间步长为 8.55s；计算区域选择：15°N ～ 45°N，105°E ～ 135°E。栅格数量为 901×901。计算结果见图 6.4.11。

　　由于篇幅原因本章仅给出了 1h、2h、3h、5h、10h 和 15h 的静水面水位分布模拟结果（图 6.4.11）。为验证计算结果的准确性，另外采用了国家海洋环境预报中心在海啸发生后发布的通报，通报中包含了福建东山验潮站和广东南澳验潮站监测到的海啸实时高度（图 6.4.12 和图 6.4.13），图 6.4.14 和图 6.4.15 是本书作者通过模拟得到的海啸实时高度值，比较监测值与计算值，结果见表 6.4.2。需要注意的是图 6.4.12 和图 6.4.13 是从 22 点开始计时的，而模拟结果图 6.4.14 和图 6.4.15 是从海啸发生时刻开始计时的，即从 20 点 26 分开始计时。

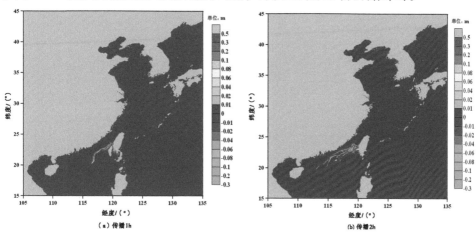

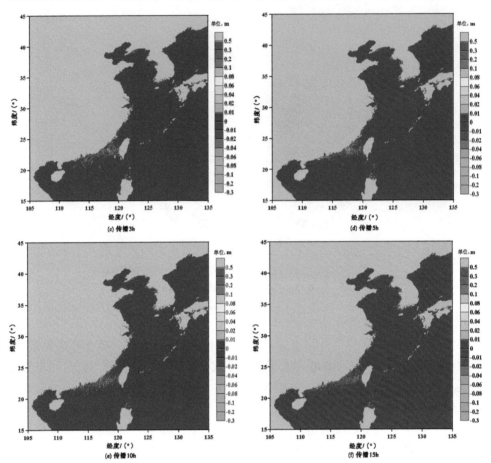

图 6.4.11   2006 年台湾南部海啸传播 1h、2h、3h、5h、10h 和 15h 后的静水面水位
分布模拟结果

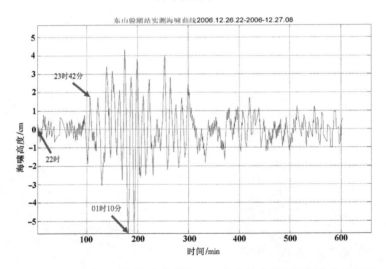

图 6.4.12   福建东山验潮站监测到的 2006 年台湾南部海域海啸实时高度

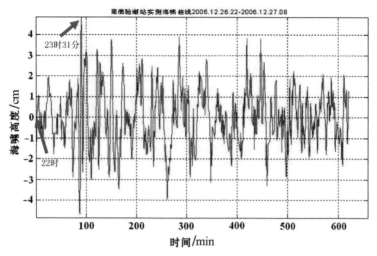

图 6.4.13　广东南澳验潮站监测到的 2006 年台湾南部海域海啸实时高度

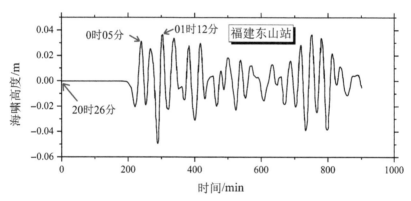

图 6.4.14　福建东山验潮站通过模拟得到的 2006 年台湾南部海域海啸实时高度

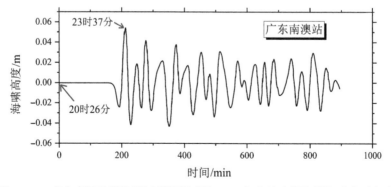

图 6.4.15　广东南澳验潮站通过模拟得到的 2006 年台湾南部海域海啸实时高度

表 6.4.2　2006 年台湾南部海域海啸监测值与模拟值比较

验潮站	类　别	首波到达时间	首波高度 /cm	最大波高时间	最大波高高度 /cm
福建东山验潮站 （N23°44'，E117°32'）	监测值	23 点 42 分	1.9+1.9=3.8	次日 01 点 10 分	5.0+3.9=8.9
	模拟值	次日 0 点 05 分	2.0+3.2=5.2	次日 01 点 12 分	4.1+5.2=9.3
广东南澳验潮站 （N23°24'，E117°06'）	监测值	23 点 31 分	4.7+4.8=9.5	23 点 31 分	4.7+4.8=9.5
	模拟值	23 点 37 分	2.5+5.7=8.2	23 点 37 分	2.5+5.7=8.2

　　注：（1）波高指一个周期内波峰与波谷的绝对值之和。
　　　　（2）监测值是通过对图形的估计得到。

　　分析比较结果，福建东山验潮站的首波到达时间模拟值要比监测值晚 23min，而首波高度模拟值也比监测值大了 1.4cm，偏差相对都比较大。原因有很多：模型本身简化带来的物理误差；差分代替微分引入的数学误差；仪器监测产生的误差；验潮站地理坐标产生的误差；海底地形数据不精确产生的误差；初始条件数值模拟产生的误差等等。这里产生偏差的原因还有待进一步探究。对于福建东山验潮站的最大波高产生的时间和高度，模拟值与监测值比较吻合，偏差很小。广东南澳验潮站首波到达时间和最大波高产生时间相同，模拟和监测结果都是如此，首波到达时间和高度的模拟值和监测值相比也较吻合。在海啸数值模拟中，首波很难控制，产生偏差也在所难免，但从南澳验潮站的比较结果及东山验潮站最大波高产生时间和高度的比较结果可以看出，本章所介绍的近场海啸数值传播模式有一定的可用性，进行数值模拟所得到的结果也有一定的准确性。

参 考 文 献

邓起东，于贵华，叶文华，1992. 地震地表破裂参数与震级关系的研究 [M]// 国家地震局地质研究所 . 活动断裂研究 2. 北京：地震出版社 .

龙锋，闻学泽，徐锡伟，2006. 华北地区地震活断层的震级 – 破裂长度、破裂面积的经验关系 [J]. 地震地质，28(4): 511-535.

裴顺平，许忠淮，汪素云，2004. 中国大陆及邻近地区上地幔顶部 Sn 波速度层析成像 [J]. 地球物理学报，47(2): 250-256.

王培涛，于福江，原野，等，2016. 海底地震有限断层破裂模型对近场海啸数值预报的影响 [J]. 地球物理学报，59(3): 270-285.

Aki K, 1966. Generation and propagation of G waves from the Niigata earthquake of June 14, 1964. Part 2, Estimation of earthquake moment, released energy and stress strain drop from G wave spectrum[J]. Bulletin of the Earthquake Research Institute, 44: 73-88.

Chinnery M A, 1961. The deformation of the ground around surface faults[J]. Bulletin of the Seismological Society of America, 51(3): 355-372.

Chinnery M A, 1963. The stress changes that accompany strike-slip faulting[J]. Bulletin of the Seismological Society of America, 53(5): 921-932.

Dao M H, TKALICH P, 2007. Tsunami propagation modelling-A sensitivity study[J]. Natural Hazards and Earth System Science, 7(6): 741-754.

Hammack J L, Segur H, 1978. Modelling criteria for long water waves[J]. Journal of Fluid Mechanics, 84(2): 359-373.

Hanks T C, Kanamori H, 1979. A moment magnitude scale[J]. Journal of Geophysical Research, 84(B5): 2348-2350.

Heinrich P, Schindele F, Guiborg S, 1998. Modeling of the February 1996 Peruvian tsunami[J]. Geophysical Research Letters, 25(14): 2687-2690.

Houston J R, 1978. Interaction of tsunamis with the Hawaiian Islands calculated by a finite-element numerical model[J]. Journal of Physical Oceanography, 8(1): 93-102.

Houston J R, Butler H L, 1984. Numerical simulations of the 1964 Alaskan Tsunami[C]. Proceedings of the 19th International Conference on Coastal Engineering. Houston: 815-830.

Ichinose G A, Anderson J G, Satake K, et al., 2000. The potential hazard from tsunami and Seiche waves generated by large earthquakes within Lake Tahoe, California-Nevada[J]. Geophysical Research Letters, 27(8): 1203-1206.

Imamura F, Goto C, 1988. Truncation error in numerical tsunami simulation by the finite difference method[J]. Coastal Engineering in Japan, 31(2): 245-263.

Imamura F, Shuto N, GOTO C, 1990. Study on numerical simulation of the transoceanic propagation of tsunamis—Part 2-Characteristics of tsunami propagating over the Pacific Ocean[J]. Zisin, 43(3): 389-402.

Intergovernmental Oceanographic Commission.1997. IUGG/IOC Time Project: Numerical Method of Tsunami Simulation with the Leap-frog Scheme[R]. Intergovernmental Oceanographic Commission manuals and guides.

Iwasaki T, Sato R, 1979. Strain field in a semi-infinite medium due to an inclined rectangular fault[J]. Journal of Physics of the Earth, 27(4): 285-314.

Kowalik Z, 1993. Solution of the linear shallow water equations by the fourth-order leapfrog scheme[J]. Journal of Geophysical Research, 98(C6): 10205-10209.

Liu P L, Cho Y S, Yoon S B, et al., 1995. Numerical Simulations of the 1960 Chilean Tsunami Propagation and Inundation at Hilo, Hawaii[M]//TSUCHIYA Y, SHUTO N. Tsunami: Progress in prediction, disaster prevention and warning. Netherlands: Kluwer Academic Publishers, 99-115.

Liu Y C, Santos A, Wang S M, et al., 2007. Tsunami hazards along Chinese coast from potential earthquakes in South China Sea[J]. Physics of the Earth and Planetary Interiors, 163(1-4): 233-244.

Lorito S, Tiberti M M, Basili R, et al., 2008. Earthquake-generated tsunamis in the Mediterranean Sea: scenarios of potential threats to southern Italy[J]. Journal of Geophysical Research: Solid Earth, 113(B1): B01301.

Løvholt F, Bungum H, Harbitz C B, et al., 2006. Earthquake related tsunami hazard along the western coast of Thailand[J]. Natural Hazards and Earth System Science, 6(6): 979-997.

Mansinha L, Smylie D, 1971. The displacement field of inclined faults[J]. Bulletin of the Seismological Society of America, 61(5): 1433-1440.

Maruyama T, 1964. Statical elastic dislocations in an infinite and semi-infinite medium[J]. Bulletin of the Earthquake Prevention Research Institute of the University of Tokyo, 42: 289-368.

Okada Y, 1985. Surface deformation due to shear and tensile faults in a half-space[J]. Bulletin of the Seismological Society of America, 75(4): 1135-1154.

Okada Y, 1992. Internal deformation due to shear and tensile faults in a half-space[J]. Bulletin of the seismological society of America, 82(2): 1018-1040.

Ortiz M, Gómez-reyes E, Vélez-muñoz H S, 2000. A fast preliminary estimation model for transoceanic tsunami propagation[J]. Geofísica Internacional, 39(3): 207-220.

Papazachos B C, Scordilis E M, Panagiotopoulos D G, et al., 2004. Global relations between seismic fault parameters and moment magnitude of earthquakes[J]. Bulletin of the Geological Society of Greece, 36: 1482-1489.

Press F, 1965. Displacements, strains, and tilts at teleseismic distances[J]. Journal of geophysical research, 70(10): 2395-2412.

Ruangrassamee A, Saelem N, 2009. Effect of tsunamis generated in the Manila Trench on the Gulf of Thailand[J]. Journal of Asian Earth Sciences, 36(1): 56-66.

Sato R, Matsuura M, 1974. Strains and tilts on the surface of a semi-infinite medium[J]. Journal of Physics of the Earth, 22(2): 213-221.

Stein S, Okla E A, 2005. Speed and size of the Sumatra earthquake[J]. Nature, 31(434): 581-582.

Steketee J A, 1958. On Volterra's dislocations in a semi-infinite elastic medium[J]. Canadian Journal of Physics, 36(2): 192-205.

Suppasri A, Imamura F, Koshimura S, 2012. Probabilistic tsunami hazard analysis and risk to coastal populations in Thailand[J]. Journal of Earthquake and Tsunami, 6(2): 1250011.

Tatehata H, 1998. The new tsunami warning system of the Japan Meterological Agency[J]. Science of Tsunami Hazards, 16(1): 39-49.

Ten Brink U S, Lee H J, Geist E L, et al., 2009. Assessment of tsunami hazard to the US East Coast using relationships between submarine landslides and earthquakes[J]. Marine Geology, 264(1): 65-73.

Wells D L, Coppersmith K J, 1994. New empirical relationships among magnitude, rupture length, rupture width, rupture area, and surface displacement[J]. Bulletin of the Seismological Society of America, 84(4): 974-1002.

Yanagisawa H, Shunichi K, Yagi Y, et al., 2011. The tsunami vulnerability assessment in Peru using the index of potential tsunami exposure[C]//Proceedings of the 8th International Conference on Urban Earthquake Engineering. Tokyo: [s.n.]: 1591-1595.

第7章 地震海啸危险性的确定分析

自古以来，海啸就如悬在世界沿海地区头上的达摩克利斯之剑，在古代海啸就已经被人们观察和记录下来，特别是在日本和地中海区域。据悉，最早的海啸记录发生在公元前 2000 年，叙利亚海湾附近。2004 年的印度洋海啸和 2011 年的日本海啸造成了巨大的人员伤亡和财产损失，后者还同时引发了核泄漏事故，造成的生态破坏将延续数十年甚至上百年。此前由于人类对海啸危险性的认识还不够充分，导致这两次破坏性海啸造成的损失远超研究人员的预期。痛定思痛，这两次事件极大促进了沿海国家对海啸危险性工作的重视。

日本、美国在 20 世纪 80 年代就开始开展地震海啸危险性分析的研究工作，从最初历史数据统计方法到后来的基于数值模拟的方法，再逐渐引入逻辑树、蒙特卡罗等技术，方法已趋于成熟，并取得了一些很有价值的研究成果。我国在这方面研究起步较晚，历史资料匮乏，亟须加强这方面的工作投入。

我国沿海地区经济发达，在长江三角洲地区形成了以上海、南京和杭州为代表的城市群、在珠江三角洲地区形成了以深圳、香港为代表的城市群。这些城市群的形成使东南沿海地区成为我国经济最为发达的地区。除此之外，沿海地区还分布着大量重要的基础设施和重大工程，如跨海大桥、核电站、海上钻井平台等。这些设施、工程以及沿岸城镇、村落有随时面临海啸袭击的风险，因此有必要对我国沿海地区的地震海啸危险性开展分析评估。

第 5 章已对我国沿海发生地震海啸的可能性进行了剖析，也划分了影响我国的局地和区域潜在海啸源，本章针对这些潜源通过确定性的方法对我国沿海进行海啸危险性分析，同时还采用一种归一化的方法定性评价沿海不同地区的海啸危险性差异。

7.1 地震海啸危险性分析中的模型和参数

地震型海啸的危险性分析，不仅涉及地震震源参数，也包括计算时所用的海啸模型、海底地形数据，涉及参数较广，这些参数和模型在海啸危险性分析中的作用很关键。本节对现有海啸危险性分析中涉及的参数和环节进行总结。

1）海啸传播数值模型

由于海啸的传播比地震波的传播较为复杂，不能采用等同于地震动衰减关系的方式对海啸波高进行预测，在危险性分析工作中往往通过数值模拟的方法估计沿海波高值。目前，国际上应用较为广泛的海啸传播数值模型有：日本东北大学开发的 TUNAMI 模型、美国康奈尔大学开发的 COMCOT（Cornell Multigrid Coupled Tsunami model）模型，美国国家海洋和大气管理局开发的 MOST（Method of Splitting Tsunami）模型。其他还有 TsunamiCLAW、NAMI DANCE、TsunAWI 等模型，都具有各自的优势。模型之间的差异在于对海啸波传播控制方程、边界条件、数值计算方法等方面的选取有所不同。不过这些模型、方法都经过了实例的检验，都可用于海啸波传播的数值模拟计算，给出可靠的结果。关于海啸波传播数值模拟的基本原理第 6 章中已有详细介绍。

2）海底变形

海底变形是诱发海啸的直接原因。目前，常用的海啸数值模拟算法都是将海面的水体抬升等同于海底变形来模拟海啸的产生，海底变形对海啸初始波高有直接的影响。在数值模拟中，海底变形是由地表面弹性位错公式给出，常用的有 Mansinha 和 Smylie（1971）以及 Okada（1985）基于弹性错移理论给出的模型，后者在第 6 章中已进行了详细阐述。

3）海啸潜源年发生率

在地震海啸危险性分析中，潜源的地震活动性参数最为关键，即海啸地震的年发生率。通常利用地震目录采用 G–R 分布或修正后的 G–R 分布（Cosentino et al.，1977；Kagan，1997）进行回归分析。G–R 分布为人们所熟知，对于中小规模的地震符合较好；但对于大地震，通常认为发生频率要远低于中小地震，采用修正的 G–R 分布更为合适。但大震级地震，由于其复发频率较低，现有地震目录实际上无法满足统计学意义上的数据完备性，很难建立合理的震级 – 频度关系。因此，在进行海啸危险性分析时，G–R 分布或修正后的 G–R 分布都有被采用。

例如，Geist 和 Parsons（2006）以及 Li 等（2017）采用的是修正的 G–R 分布开展海啸危险性的概率分析，相比传统 G–R 分布得到相对低的大地震发生频率。本书第 5 章确定马尼拉海沟海啸源的地震动活动性参数时采用的是传统的 G–R 分布，主要考虑该区域的历史地震目录缺乏足够的大震记录，很难建立合理的震级 – 频度关系。在 Liu 等（2007）以及 Zhang 和 Niu（2020）的工作中也是采用了传统的 G–R 分布。事实上，从安全角度考虑，采用传统的 G–R 分布将得到更为安全保守的危险性分析结果。

另外，需要说明的是在进行地震活动性回归统计时，一些研究根据潜源构造的不同，把一条断裂带划分为若干统计区域。例如，Liu 等（2007）在研究马尼拉海沟地区的海啸潜源地震活动性时，将其划分为两段分别进行 G–R 分布统计分析。Power 等（2012）也采用了分段的方式分析了新西兰沿海地震海啸潜源的地震活动性并开展了危险性评价工作。不过，本书第 5 章在对马尼拉海沟海啸源进行地震动活动性分析时，鉴于该地区完整记载的历史地震目录并不十分充足，未考虑分段的方式。

4）震源滑动模型

大部分研究对于海啸生成数值模拟采用的是一致的震源滑动模型，即假设震源破裂面上的滑移量、倾角和滑移角都一致。但是，根据历史地震的震源反演结果来看，每次大地震的破裂模型都存在很大的不确定性，由于采用的观测数据（近场强震、远场测震、GPS、InSAR、海啸潮位）不同，不同学者给出的反演结果有所差异。因此，近年来许多研究人员关注震源滑动模型对海啸数值模拟结果的影响。王培涛等（2016）针对日本 3.11 地震反演得到的 6 种震源破裂模型开展海啸传播数值模拟工作，发现采用不同的震源模型得到的海啸波高差异明显。Baranova 等（2015）也对日本 3.11 地震海啸进行了数值模拟，对比了采用两个震源破裂模型的模拟结果，发现离海啸源较近的场点，海啸波高对震源滑动模型较为敏感。尽管研究已表明海啸波高对震源滑动模型较为敏感，但每次大地震的破裂模型反演结果都有所差异，因此在海啸危险性分析工作中对于震源滑动模型的确定至关重要但也很难做出正确估计，这也是危险性分析结果不确定性的来源之一。

为考虑震源滑动模型的不确定性，有的学者给出了震源破裂滑动分布的随机生成方法，并用于海啸危险性的概率分析工作中，例如，Goda 等（2015；2017）。鉴于震源破裂模型的复杂性以及不可预估性，也考虑计算效率的问题，本书第 8 章在开展地震海啸危险性的概率分析时仍旧采用传统的一致模型。

5）震中位置

在概率海啸危险性分析中，震中位置一般认为在潜源区范围随机分布，震中位置将决定震源破裂面的位置。关于震中位置是否对海啸传播产生影响，Okal 和 Synolakis（2008）在对 2004 年印度洋海啸进行数值模拟时将破裂面向东西南北分别移动 1°～2°，比较远场波高分布，发现这种有限的变化并不能对远场海啸波高产生较大影响。然而，Ren 等（2017）研究发现，近场海啸波高对局地潜源的位置较为敏感。

根据潜源的形式有线源和面源，一般假设震中均匀分布于潜源上（或内），在空间分布上进行离散网格或随机取样处理。例如，Sørensen 等（2012）采用的是面源方式，杨智博（2015）采用的是线源方式，二人都对震中位置的确定采用了随机采样的方式处理。本书第 5 章确定的我国沿海局地和区域潜在海啸源也是采用的线源方式，第 8 章对我国沿海进行地震海啸危险性的概率分析时也是通过随机采样的方式确定震中位置。

6）震源深度

Okal 和 Synolakis（2008）发现在其他地震参数一致的情况下，震源深度在 30～90km，海啸波高随着深度的增加而减小，而在 10～20km 范围内，海啸波高随着深度增加而增加，但是变化并不大。

由于海啸波高对于震源深度的敏感度较小，在概率海啸危险性分析中，一般不作重点考虑，通常依据断裂带的历史地震确定震源深度。Sørensen 等（2012）统计了地中海历史地震的震源深度分布情况，在进行海啸危险性的概率分析时通过随机采样的方式确定样本地震的震源深度。本书第 8 章对我国沿海进行地震海啸危险性的概率分析和第 9 章对危险性分析结果的不确定性进行研究时，对于震源深度未做考虑。

7）破裂面规模及滑移量

破裂面规模决定了海底变形区域的大小，包括破裂面的长度、宽度。Gica等（2007）对破裂面不同长宽组合的地震进行了海啸数值模拟，对比发现即使是远场地震，更大规模的破裂面引发的海啸波高更大，而且对破裂面长度相对敏感。Satake（1994）对 1992 年尼加拉瓜海啸设置不同的长度、宽度和滑移量工况进行数值模拟，发现不同的取值对海啸高度和海啸传播时间都有影响。

关于破裂规模，已有学者通过统计历史地震给出了一些经验公式（6.1 节），并应用于全球不同地区的海啸危险性分析中。这里需要注意的是，经验公式具有一定的区域适用性。杨智博（2015）依据我国南海地区历史地震，对几个常用经验公式进行了适用性检验，发现 Papazachos 等（2004）给出的经验公式较适用于马尼拉潜源地区。Ren 等（2017）在评估近海局地潜源的海啸危险性时，发现Well 和 Coppersmith（1994）给出的全球地壳地震的滑移量经验公式并不适用。因此，要尽可能选取依据研究区域历史地震数据统计给出的经验公式。

8）震级上下限

根据历史上诱发海啸的地震记录，在概率海啸危险性分析中，一般将 7.0 确定为能够诱发海啸地震的震级下限。Lin 和 Tung（1982）研究表明海啸波高对震级上限较为敏感，尤其在波高较高的区间影响较大，并且敏感性随着场址距离的增加而增加。

如何确定研究区域的震级上限，许多学者做了大量研究工作。例如，Kijko（2004）给出了可根据历史地震活动性确定震级上限的方法；Sørensen 等（2012）在对地中海的海啸危险性进行评估时，直接将该区域历史上最大地震的震级上调0.5 作为震级上限；Ren 等（2017）在评价我国沿海地震海啸危险性时，则根据地震区划图给出的各地震潜源的震级上限进行确定。

9）倾角和滑移角

倾角和滑移角是震源机制中两个比较重要的参数，Okal 和 Synolakis（2008）以及 Titov 等（2001）通过改变地震破裂面的倾角和滑移角观测海啸波高的变化，发现其并不会对远场海啸波高带来显著的变化。Goda 等（2014）发现当滑移角为 90° 时，相应的海啸波高最大；当倾角在适量的范围内变化时，并不会对远处观测点的海啸波高产生较大影响。但是值得注意的是，Geist 和 Yoshioka（1996）在对美国 Cascadia 俯冲区的潜在海啸进行数值模拟分析时，发现在震源参数中滑移角和滑移量对近场海啸的影响最大。

在海啸危险性的概率分析中，倾角和滑移角的确定方法不同学者有所差别。Sørensen 等（2012）通过统计历史地震的倾角、滑移角的均值和方差，给出了危险性分析中可考虑的几种取值情况；有的研究则采用断裂带的优势倾角作为潜在海啸源地震破裂的倾角，保守的做法可取滑移角为 90°。总之，由于俯冲带复杂的地质构造背景以及地震的随机性，倾角和滑移角的变化是海啸危险性分析中的主要不确定性来源。

10）海啸波高概率分布

在海啸危险性的概率分析中，需要对目标场点可能的最大波高进行概率密度函数拟合。Choi 等（2002）对历史海啸波高数据进行分析，发现最大波高符合对数正态分布。不过，翟金金和黄胜（2016）基于美国克雷森特（Crescent）地区的历史海啸数据，对比了 Gumbel、Weibull、Pearson Ⅲ 型、对数正态和广义极值 5 种分布函数的拟合优度，发现广义极值分布函数的拟合结果更优。

11）断裂走向

断裂走向对于海啸波高分布产生一定影响，Ren 等（2017）研究发现局地潜源与目标场地的相对方位对沿海海啸危险性分析的结果有显著影响，平行于潜源走向的海岸危险性相对较高。在实际操作中，可采用潜源区内历史地震的断裂走向作为样本地震的走向（Sørensen et al.，2012）；或者对于位于俯冲带上的海啸潜源，地震破裂的走向取平行于俯冲带海沟的方向。

12）地震破裂速度

海啸是由海底变形引发的，地震的破裂是一个动态过程，破裂从开始到结束，持续一段时间，动态过程主要由破裂速度控制。现有的概率海啸危险性分析中，对于海底变形都是假设在一瞬间内完成抬升或是沉降，不考虑动态破裂过程。Suppasri 等（2010）以 2004 年印度洋海啸为例，假设几个不同的地震破裂速度，对海啸的产生及传播进行了模拟，对比发现破裂速度对海啸有一定的影响，较快的破裂速度能够引发更大的海啸波高。因为每次地震的破裂速度都是不可预知的，所以在地震海啸危险性的概率分析中，一般不考虑破裂的动态过程，这样既保证了安全冗余也提供了计算效率。

7.2　局地地震海啸潜源危险性的确定分析

目前海啸危险性分析有两类方法，第一类方法是较为保守的确定性分析，这种方法通常基于最大可能的海啸事件或是最可能发生的海啸事件，对单一事件进行危险性研究。第二类方法是概率地震海啸危险性分析（Probabilistic tsunami hazard analysis，PTHA），这类方法的思路和概念源于概率地震危险性分析（probabilistic seismic hazard analysis，PSHA）。因为基于确定场景的确定性分析方法中海啸的生成、传播过程只针对单一的场景，所以这种方法的计算量很小，结果通常被用于确定海啸影响范围和制定海啸疏散计划等将人的生命安全作为首要考虑目标的工作中。下文将对第 5 章所确定的局地地震海啸潜源进行海啸危险性的确定分析。

对中国东南沿海的 8 个局地地震海啸潜源通过确定场景的数值模拟进行海

啸危险性分析，也就是图 5.2.15 中第 8 ～第 15 号局地潜源。分别设定 8 ～ 11 号潜源地震震级为 M_w7.0 和 M_w8.0（其震级上限为 M_w8.0）；12 ～ 15 号潜源地震震级为 M_w7.0 和 M_w7.5（其震级上限为 M_w7.5）。断层破裂的长度 L 及宽度 W 根据Wells 等（1994）的经验公式确定［见式（6-1-16 和式 6-1-17）］；平均滑移量则根据式（6-1-26）确定；倾角、走向、滑移角等参数见表 5.2.10 ～表 5.2.15。震源参数确定后，对设定地震产生海啸和传播进行数值模拟（原理和方法见第 6章相关描述），观测沿岸最大波高分布，见图 7.2.1 ～图 7.2.8。取沿海岸线水深10m 等深线作为观测点绘制最大波高分布。

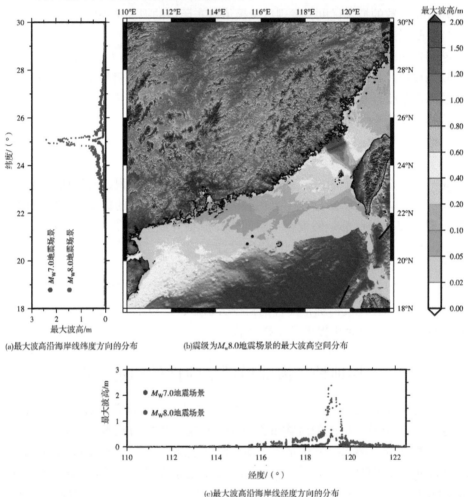

(a)最大波高沿海岸线纬度方向的分布　　　　(b)震级为M_w8.0地震场景的最大波高空间分布

(c)最大波高沿海岸线经度方向的分布

图 7.2.1　第 8 号局地潜源震级分别为 M_w7.0、M_w8.0 的设定地震海啸波高分布

从图 7.2.1 可以看出，第 8 号潜源引发的海啸波其最大波高分布在 25°N、119°E 附近，在 10m 等深线位置最大波高达到 2.4m 左右、近岸最大波高达

到 6m 左右。从图 7.2.1 中可以确定第 8 号潜源的影响范围为 22°N ~ 28N°、115°E ~ 122°E。因为该潜源平行于海岸线，且距离陆地较近，海啸能量大部分集中于与其相近的海岸线，所以影响范围较小，但形成的波高却较高。

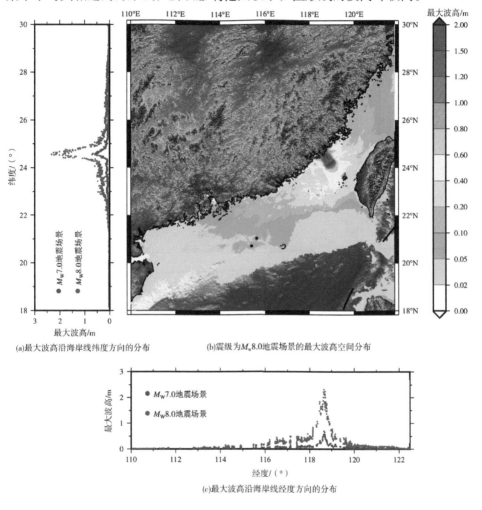

(a)最大波高沿海岸线纬度方向的分布　　　　　(b)震级为 M_w8.0地震场景的最大波高空间分布

(c)最大波高沿海岸线经度方向的分布

图 7.2.2　第 9 号局地潜源震级分别为 M_w7.0、M_w8.0 的设定地震海啸波高分布

　　从图 7.2.2 可以看出，第 9 号潜源引发的海啸波其最大波高分布在 24.5°N、118.5°E 附近，与第 8 号潜源的结果相近，在 10m 等深线位置最大波高达到 2.4m 左右、近岸最大波高达到 6m 左右。从图 7.2.2 中可以确定第 9 号潜源的影响范围为 22°N ~ 27N°、114°E ~ 121°E。与第 8 号潜源相似，第 9 号潜源的海啸能量也集中于与其相近的海岸线，主要影响台湾海峡地区。

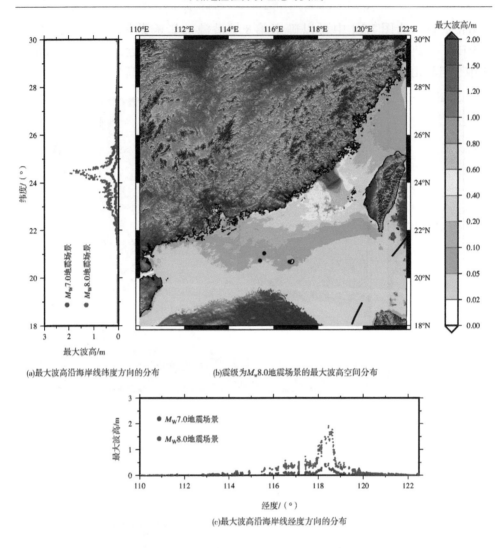

(a)最大波高沿海岸线纬度方向的分布　　　　(b)震级为M_w8.0地震场景的最大波高空间分布

(c)最大波高沿海岸线经度方向的分布

图 7.2.3　第 10 号局地潜源震级分别为 M_w7.0、M_w8.0 的设定地震海啸波高分布

从图 7.2.3 可以看出，第 10 号潜源引发的海啸波其最大波高分布在 24.5°N、118.5°E 附近，在 10m 等深线位置最大波高达到 2.0m 左右、近岸最大波高达到 5m 左右。从图 7.2.3 中可以确定第 10 号潜源的影响范围为 22°N ～ 27N°、114°E ～ 121°E，对此范围外几乎没有影响。

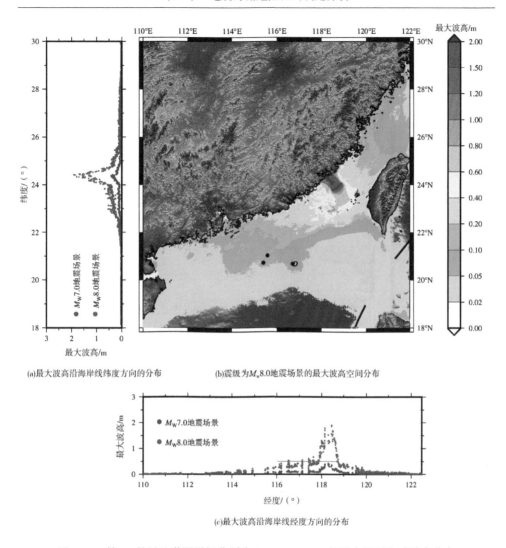

(a)最大波高沿海岸线纬度方向的分布　　　(b)震级为M_w8.0地震场景的最大波高空间分布

(c)最大波高沿海岸线经度方向的分布

图 7.2.4　第 11 号局地潜源震级分别为 M_w7.0、M_w8.0 的设定地震海啸波高分布

从图 7.2.4 可以看出，第 11 号潜源引发的海啸波其最大波高分布在 24.5°N、118.5°E 附近，在 10m 等深线位置最大波高达到 1.9m 左右、近岸最大波高达到 3.5m 左右。从图 7.2.4 中可以确定第 11 号潜源的影响范围为 22°N ～ 27N°、113°E ～ 121°E。因为第 9、10、11 号潜源位置相近，震级上限相同，所以它们的影响范围相近。

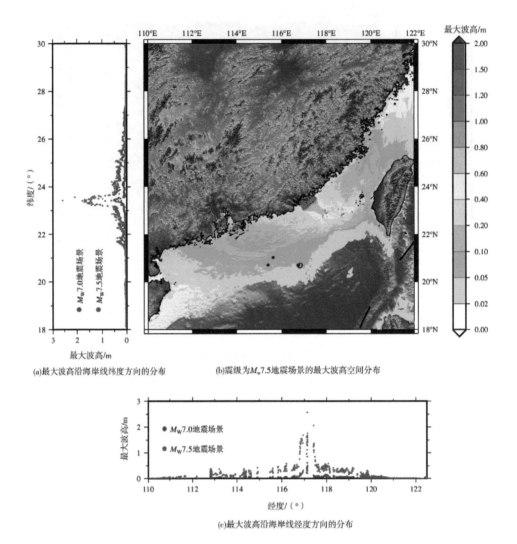

(a)最大波高沿海岸线纬度方向的分布　　　(b)震级为M_w7.5地震场景的最大波高空间分布

(c)最大波高沿海岸线经度方向的分布

图 7.2.5　第 12 号局地潜源震级分别为 M_w7.0、M_w7.5 的设定地震海啸波高分布

　　从图 7.2.5 可以看出，第 12 号潜源引发的海啸波其最大波高分布在 23.5°N、117°E 附近，最大波高为 1.6m 左右。从图 7.2.5 中可以确定第 12 号潜源的影响范围为 21°N ～ 27N°、112°E ～ 119°E。

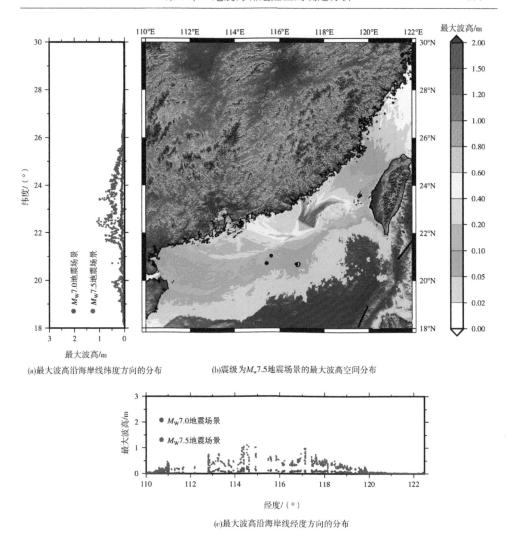

(a)最大波高沿海岸线纬度方向的分布　　　(b)震级为 $M_{\mathrm{w}}7.5$ 地震场景的最大波高空间分布

(c)最大波高沿海岸线经度方向的分布

图 7.2.6　第 13 号局地潜源震级分别为 $M_{\mathrm{w}}7.0$、$M_{\mathrm{w}}7.5$ 的设定地震海啸波高分布

　　从图 7.2.6 可以看出，第 13 号潜源引发的海啸波其最大波高分布在 22.5°N、114.5°E 附近，最大波高为 1.2m 左右。从图 7.2.6 中可以确定第 13 号潜源的影响范围为 19°N ～ 25N°、111°E ～ 118°E。可以发现，第 13 号潜源的海啸波高分布与第 8 ～第 12 号潜源不同，原因是第 13 号潜源走向并不平行于海岸线，海啸波容易四周传播，海啸能量分布较为分散、影响范围较广，但也由于其能量分布不集中且震级上限较低，引发的海啸波高相对较低。由此可见，对于近海潜源，其断裂走向与海岸线的相对位置对于海啸波高分布有较大影响。

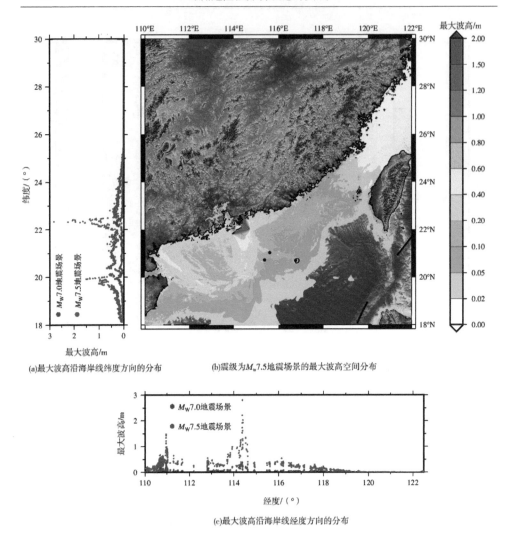

(a)最大波高沿海岸线纬度方向的分布　　　(b)震级为M_w7.5地震场景的最大波高空间分布

(c)最大波高沿海岸线经度方向的分布

图7.2.7　第14号局地潜源震级分别为M_w7.0、M_w7.5的设定地震海啸波高分布

从图7.2.7可以看出，第14号潜源引发的海啸波其最大波高分布在22.5°N、114.5°E附近，在10m等深线位置最大波高达到2m左右、近岸最大波高达到3m左右。从图7.2.7中可以确定第14号潜源的影响范围为19°N～24N°、110°E～116°E。可以发现，不同于前述第8～第13号潜源，第14号潜源对于海南岛沿岸也会产生显著影响。

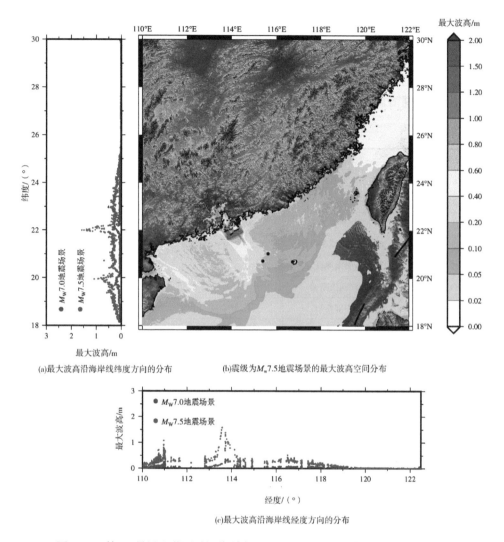

(a)最大波高沿海岸线纬度方向的分布　　(b)震级为 $M_{\rm w}$7.5 地震场景的最大波高空间分布

(c)最大波高沿海岸线经度方向的分布

图 7.2.8　第 15 号局地潜源震级分别为 $M_{\rm w}$7.0、$M_{\rm w}$7.5 的设定地震海啸波高分布

从图 7.2.8 可以看出，第 15 号潜源引发的海啸波其最大波高分布在 22°N、113.5°E 附近，最大波高为 1.6m 左右。从图 7.2.8 中可以确定第 15 号潜源的影响范围为 19°N ～ 24N°、110°E ～ 115°E。由于第 15 号潜源直面香港、澳门等大城市，其威胁性不容忽视。

比较以上几个地震场景的数值模拟结果，我们发现第 8 号～ 11 号潜源引发的海啸波高相比第 12 号～ 15 号潜源引发的海啸波高要大，原因是前者的震级上限为 $M_{\rm w}$8.0，大于后者的 $M_{\rm w}$7.5。这些局地潜源引起的海啸影响范围普遍较小，大部分影响区域的波高小于 0.5m，波高大于 1.0m 的区域非常小。主要原因还是潜源的震级上限较小，引发的地震破裂尺度不会太大，仅能影响到有限的区域；并且因为距离海岸线较近，限制了海啸波扩散传播。不过需要引起注意的是，这些潜源尽管影响范围不大但释放的能量分布较为集中，尤其是距离大城市较近的潜源其威胁性不容忽视。

　　最终，根据对局地潜源的震级上限地震场景引发的海啸进行数值模拟，我们确定了东南沿海 8 个局地潜源的海啸影响范围（表 7.2.1），明确了沿海各地区有威胁的局地海啸潜源。

表 7.2.1　　中国东南沿海局地潜源影响范围

潜源编号	潜源名称	影响海岸的纬度	影响海岸的经度
8	泉州海外断裂	22.1°N ～ 29.5°N	115°E ～ 122°E
9	厦门海外断裂 1 号	21.9°N ～ 28.7°N	114°E ～ 121°E
10	厦门海外断裂 2 号	21.7°N ～ 28.3°N	114°E ～ 121°E
11	厦门海外断裂 3 号	21.7°N ～ 28.3°N	113°E ～ 121°E
12	滨海断裂南澳段	21.5°N ～ 26.2°N	112°E ～ 119°E
13	台湾浅滩西南断裂	19°N–25.8°N	111°E ～ 118°E
14	珠 - 坳中部断裂	18.2°N ～ 24.1°N	110°E ～ 116°E
15	担杆列岛海外段	18.2°N ～ 24.2°N	110°E ～ 115°E

7.3　区域地震海啸潜源危险性的确定分析

　　第 5.2 节已划分了对我国有影响的两个区域潜在海啸源，分别是琉球海沟和马尼拉海沟海啸潜源。马尼拉海沟海啸潜源位于中国东南沿海的南部，北起台湾南部，南至菲律宾东部，全长 1500km 左右，共分为 6 段，见图 5.2.12；每段的地震构造参数见表 5.2.2。由于马尼拉海啸潜源长度较长，每一段地震构造参数又不同，当地震发生位置不同时，海啸的影响范围也是不同的。

　　因此，我们对马尼拉区域海啸潜源进行设定场景地震海啸的数值模拟，震级设定 $M_W9.0$ 和 $M_W8.0$ 两个等级；震中位置分别设定为每一段的中点，破裂长度 L、宽度 W 根据 Papazachos 等（2004）的经验公式确定［即式（6-1-7）和式（6-1-8）］，平均滑移量 D 根据式（6-1-26）确定。当使用 Papazachos 等（2004）经验公式计算得到的破裂长度 L、宽度 W 超过潜源分段的断层长度 L_i 和宽度 W_i（i 为潜源的分段编号）时采用如下方式处理。

　　第一步：当 $W>W_i$ 时，缩小 W，使 $W=W_i$，并增大 L，保持破裂面积 A 不变。

　　第二步：若 $L>L_i$ 时，采取多段联合破裂的方式，超出分段长度的部分平均分配给相邻的分段，即 $i+1$ 段和 $i-1$ 段，并检查破裂宽度是否超过 $i+1$ 段和 $i-1$ 段的断层宽度，若超过则采用第一步的方法进行处理。若震中位置位于潜源的第一段或最后一段，则破裂只向一个方向延伸。处理流程如图 7.3.1 所示，图 7.3.2 给出了震中位于 RM2 分段时，破裂宽度超过潜源宽度、破裂长度向 RM1、RM3 分段延伸的示例。

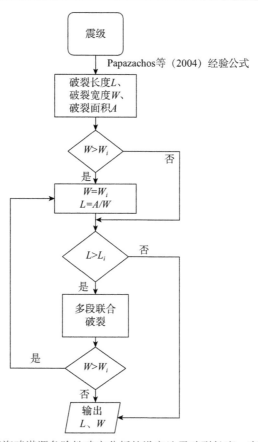

图 7.3.1　区域海啸潜源危险性确定分析的设定地震破裂长度、宽度处理流程图

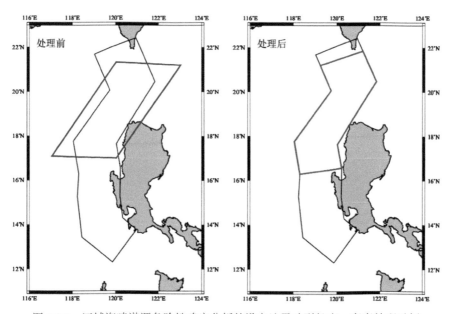

图 7.3.2　区域海啸潜源危险性确定分析的设定地震破裂长度、宽度处理示例

7.3.1　M_w8.0 地震场景的海啸危险性分析

对每一潜源分段设定一个地震场景，并对产生的海啸进行数值模拟。震级设定为 M_w8.0，震源深度都取 20km，根据式（6-1-26）确定平均滑移量为 3.13m；震中位置、破裂长度和宽度根据上文给出的方式确定，结果见表 7.3.1。水深采用 ETOPO 提供的精度为 1min 的数据，网格大小设置为 0.5min，时间步长为 1.5s。模拟结果见图 7.3.3～图 7.3.8。

表 7.3.1　马尼拉区域海啸潜源设定地震 M_w8.0 时相关参数

震级 M_w	震源位置	破裂段	震中经度 /（°）	震中纬度 /（°）	破裂长度 /km	破裂宽度 /km	滑移角 /（°）	走向 /（°）	倾角 /（°）
8.0	RM1	RM1	120.10E	21.03N	162	70	110	350	14
	RM2	RM2	119.64E	18.88N	162	70	110	29	20
	RM3	RM2	118.97E	17.74N	17	70	110	29	20
		RM3	119.04E	17.04N	135	66	90	3	20
		RM4	119.14E	16.32N	18	66	90	351	20
	RM4	RM3	119.13E	16.47N	16	66	90	3	20
		RM4	119.11E	15.80N	140	66	90	351	20
		RM5	119.09E	15.13N	15	70	50	353	30
	RM5	RM5	119.17E	14.46N	162	70	50	353	30
	RM6	RM5	119.16E	13.81N	28	70	50	353	30
		RM6	119.77E	13.32N	142	66	50	308	30

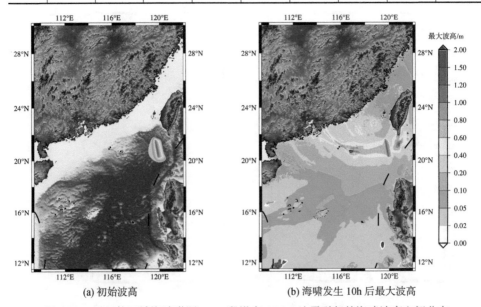

(a) 初始波高　　　　　　　　　　(b) 海啸发生 10h 后最大波高

图 7.3.3　马尼拉区域海啸潜源 RM1 段设定 M_w8.0 地震引起的海啸波高空间分布

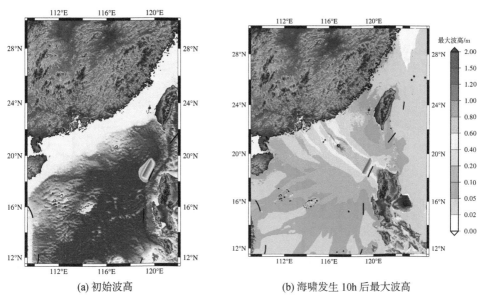

(a) 初始波高　　　　　　　　　　　(b) 海啸发生 10h 后最大波高

图 7.3.4　马尼拉区域海啸潜源 RM2 段设定 $M_w8.0$ 地震引起的海啸波高空间分布

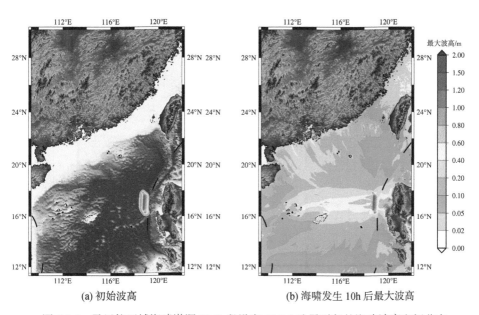

(a) 初始波高　　　　　　　　　　　(b) 海啸发生 10h 后最大波高

图 7.3.5　马尼拉区域海啸潜源 RM3 段设定 $M_w8.0$ 地震引起的海啸波高空间分布

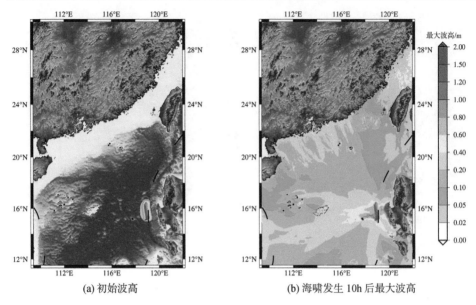

(a) 初始波高　　　　　　　　　　　(b) 海啸发生 10h 后最大波高

图 7.3.6　马尼拉区域海啸潜源 RM4 段设定 $M_w8.0$ 地震引起的海啸波高空间分布

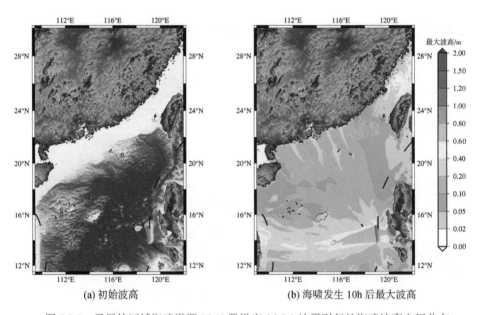

(a) 初始波高　　　　　　　　　　　(b) 海啸发生 10h 后最大波高

图 7.3.7　马尼拉区域海啸潜源 RM5 段设定 $M_w8.0$ 地震引起的海啸波高空间分布

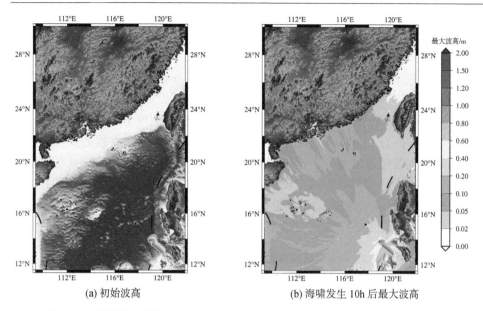

(a) 初始波高　　　　　　　　　　(b) 海啸发生 10h 后最大波高

图 7.3.8　马尼拉区域海啸潜源 RM6 段设定 M_w8.0 地震引起的海啸波高空间分布

从图 7.3.3～图 7.3.8 可以看出，当震级为 8.0 时，马尼拉区域潜源产生的海啸影响范围为 20°N～25°N、110°E～120°E，对应广东省沿海地区、福建省南部、海南省东部沿海地区。海啸波主要向垂直于断层走向的方向传播，震中位于不同位置时，产生海啸的传播方向不同，波高空间分布也不同。

当震中位于马尼拉区域海啸潜源 RM1 分段时，海啸波向西传播，在 21°N、117°E 位置附近时发生了折射，使海啸波主要能量向中国东南沿海地区传播，在 22°N、114°E 附近产生接近 2m 的最大波高；向东传播时，台湾南部位于海啸波主要能量的传播路径上，并且位置潜源距离较近，能量耗散少，因此，海啸波对台湾南部产生较大影响。

当震中位于马尼拉区域海啸潜源 RM2 分段时，断层走向直接面向中国东南沿海地区，海啸波主要能量直接传播至东南沿海地区，并在 23°N、116°E 附近区域产生最大波高，相比于震中位于 RM1 分段的结果，最大波高更高、影响范围更广。当震中位于马尼拉区域海啸潜源 RM3～RM5 分段时，由于这三个分段的断层走向都基本垂直于东南沿海海岸线，海啸波主要能量的传播方向平行于海岸线，只有部分散射的能量传播至我国沿海，因此其影响较小。当震中位于马尼拉区域海啸潜源 RM6 分段时，海啸波主要能量传播方向背离我国东南沿海，因此其对我国沿海地区产生的影响可以忽略不计。

值得注意的是，当震中位于 RM1 和 RM2 分段时，海啸波能量传播至 21°N、117°E 附近时，由于该区域存在东沙群岛，其复杂的水深地形环境使海啸波能量产生了明显的耗散并且改变了传播方向。

7.3.2　M_w9.0 地震场景的海啸危险性分析

已有研究表明马尼拉海沟地区具有发生 M_w9.0 级地震的可能，因此本节将分析马尼拉区域海啸潜源发生 M_w9.0 级地震时引发海啸造成的影响。根据 Papazachos 等（2004）经验公式确定破裂长度 L 和破裂宽度 W，根据式（6-1-26）确定平均滑移量为 13.67m，震源深度统一设置为 20km，相关参数见表 7.3.2。破裂长度和宽度若超过潜源分段的长度和宽度，则依据图 7.3.1 的流程处理。由于破裂长度 L 接近马尼拉海沟的全长，故采用 RM1 ~ RM6 六段联合破裂的方式，并分为两种情景：一、破裂始于马尼拉区域海啸潜源的南端；二、破裂始于马尼拉区域海啸潜源的北端，如图 7.3.9 所示。

表 7.3.2　马尼拉区域海啸潜源设定地震 M_w9.0 时相关参数

震级 M_w	破裂情景	破裂段	震中经度/（°）	震中纬度/（°）	破裂长度/km	破裂宽度/km	滑移角/（°）	走向/（°）	倾角/（°）
9.0	一	RM1	120.21E	20.61N	67	82	110	350	14
		RM2	119.64E	18.88N	310	109	110	29	20
		RM3	119.04E	17.03N	135	66	90	3	20
		RM4	119.12E	15.80N	140	66	90	351	20
		RM5	119.17E	14.47N	166	71	50	353	30
		RM6	119.78E	13.32N	142	66	50	308	30
	二	RM1	120.10E	21.03N	210	82	110	350	14
		RM2	119.64E	18.88N	310	109	110	29	20
		RM3	119.04E	17.03N	135	66	90	3	20
		RM4	119.12E	15.80N	140	66	90	351	20
		RM5	119.17E	14.47N	166	71	50	353	30
		RM6	119.36E	13.65N	12	66	50	308	30

对设定海啸进行数值模拟，水深数据采用 ETOPO 提供的精度为 1min 的水深数据，网格大小设置为 0.5min，时间步长 1.5s，模拟结果见图 7.3.10 和图 7.3.11。

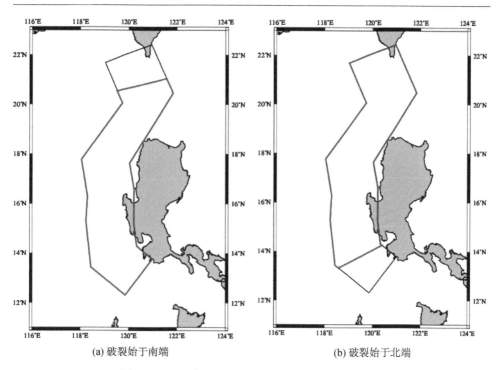

(a) 破裂始于南端　　　　　　　　　　　(b) 破裂始于北端

图 7.3.9　马尼拉区域海啸潜源 M_w9.0 两种破裂情况

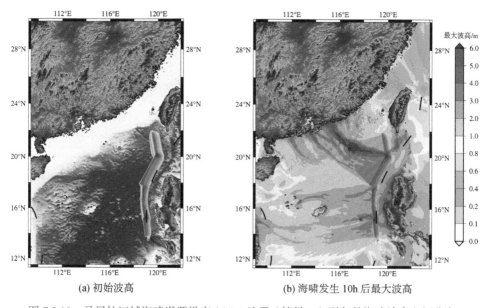

(a) 初始波高　　　　　　　　　　　(b) 海啸发生 10h 后最大波高

图 7.3.10　马尼拉区域海啸潜源设定 M_w9.0 地震（情景一）引起的海啸波高空间分布

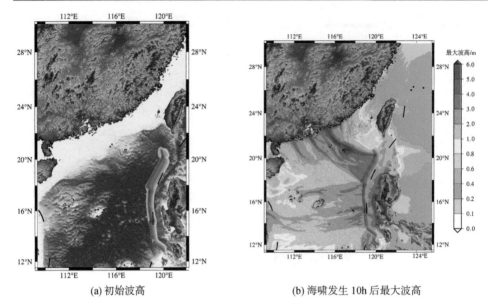

(a) 初始波高　　　　　　　　　　　　(b) 海啸发生 10h 后最大波高

图 7.3.11　马尼拉区域海啸潜源设定 $M_w 9.0$ 地震（情景二）引起的海啸波高空间分布

从图 7.3.10 和图 7.3.11 可以看到，海啸波主要能量向垂直于断层走向方向传播。当马尼拉区域海啸潜源发生 $M_w 9.0$ 地震时，较高的海啸危险性覆盖我国东南沿海所有区域（18°N ~ 25°N、110°E ~ 120°E），海啸波高不低于 2m；在 22°N 和 116°E 附近（深圳大亚湾、汕尾红海湾、陆丰碣石湾）危险性最高，最高波高超过 6m。在台湾海峡以北区域受海啸影响较小，海啸波高不超过 1m。情景一与情景二产生的海啸主要差异在于影响范围，情景二破裂位置距东南沿海更近，对台湾省南部沿海和浙江省沿海产生了更大的影响。

比较以上 $M_w 8.0$ 和 $M_w 9.0$ 的几个地震海啸情景的模拟结果，发现 $M_w 9.0$ 地震海啸产生海啸波高以及影响范围远比 $M_w 8.0$ 地震海啸大，对东南沿海产生的危险性更高，说明震级是影响海啸危险性的首要因素。在 $M_w 8.0$ 的六个地震海啸情景中，当地震发生在走向面向东南沿海海岸线的潜源 RM1 和 RM2 分段时，引起的海啸对东南沿海产生的影响较大；当地震发生在走向近乎垂直于东南沿海海岸线的潜源 RM1、RM2、RM3 和 RM4 分段时，对东南沿海产生的影响较小，说明对于规模较大的区域潜源来说，地震发生位置是影响海啸危险性的主要因素之一。从 $M_w 9.0$ 的两个地震海啸情景中可以看出，马尼拉区域海啸源对我国东南沿海的威胁性非常大。尽管 $M_w 9.0$ 级地震发生的概率非常小，但一旦发生将对中国东南沿海造成巨大危害，产生难以估量的损失，不可轻视。

7.4　基于归一化方法的地震海啸危险性分析

7.2 节和 7.3 节针对我国沿海局地和区域潜源的海啸危险性确定分析，是对设定地震情景的海啸生成和传播进行数值模拟，需要预设地震破裂长度、宽度、断裂走向、倾角等震源构造参数。这些参数的预估存在很大的不确定性，无法确保与未来可能发生的地震保持一致。因此，本节采用一种归一化的方法开展我国沿海的地震海啸危险性分析，避免对未知参数的预估过程，可给出定性的危险性评价结果。

7.4.1   归一化方法介绍

在划分好的潜在海啸源区内（这里针对区域海啸源），采用点源形式设置海啸源，见图 7.4.1，半径为 50km 的点源一共 47 个。点源的初始位移场按圆锥形设置，最大高度处取 5m，如图 7.4.2 所示。一个点源就是一个海啸情景，对其传播过程分别进行数值模拟。

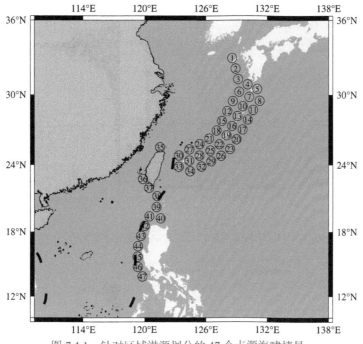

图 7.4.1   针对区域潜源划分的 47 个点源海啸情景

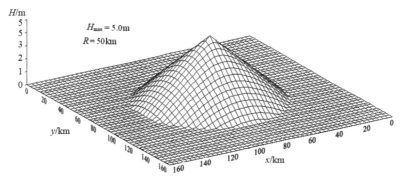

图 7.4.2   点源海啸情景的初始位移场

确定好初始位移场后，采用第6章描述的近场海啸数值传播模式，对每个海啸情景的传播过程进行数值模拟。图7.4.3为对第18号海啸点源情景进行数值模拟后得到的我国沿海的波高分布，在接近北纬30°的地区出现最大波高值为2.67m。这并不能说明该区域的海啸危险性偏高，因为该地区距离第18号海啸点源较近，只有对所有数值模拟结果进行综合分析后才能做出合理判断。图7.4.4为对所有47个海啸点源情景进行数值模拟后得到的我国沿海的波高分布。

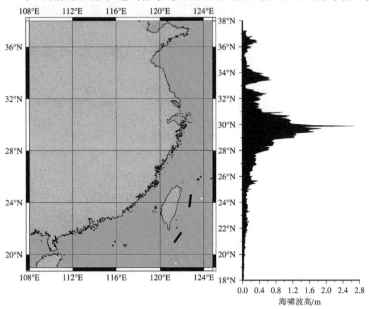

图 7.4.3　对第 18 号海啸点源情景进行数值模拟后我国沿海的波高分布

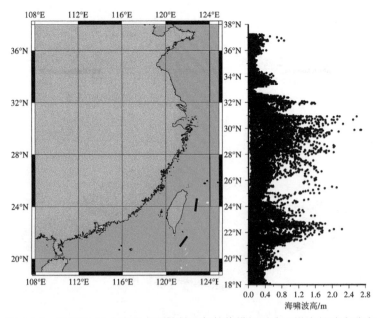

图 7.4.4　对所有 47 个海啸点源情景进行数值模拟后我国沿海的波高分布

7.4.2　危险性分析结果

对所有海啸波高值进行归一化处理，即每一数值模拟过程产生的沿岸各点波高值除以其中的最大值，得到一系列小于 1 的比值。那么每个沿岸场点将产生 47 个归一化值，如图 7.4.5 所示。

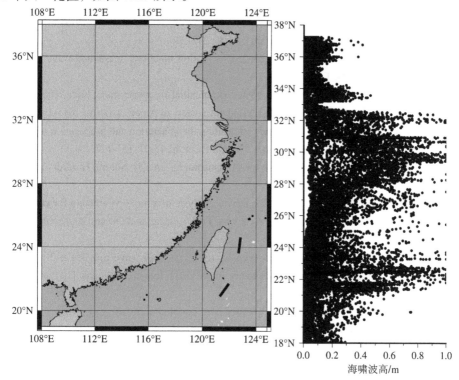

图 7.4.5　海啸波高的归一化值分布

我们知道海啸波高与地震震级大小、断层类型、断层走向、传播距离、沿岸海底地形、海岸线形状等因素有关。这里采用相同的圆锥形海啸源，回避了由地震震级大小、断层类型、断层走向带来的影响；然后将模拟结果进行归一化处理，回避了传播距离带来的影响。因此，这里得到的我国沿海各地区海啸危险性差异主要由沿岸海底地形、海岸线形状引起的，所得结论可作为地震海啸危险性分析结果的一项参考。

我们可以根据归一化值接近 1 的密集程度判断，从黄海沿岸到海南岛最南端、长江入海口、钱塘江入海口以及珠江入海口附近海岸相对其他地方的海啸危险性最高；东海海域沿线海啸危险性相对较高，南海其次，黄海较低。

参 考 文 献

王培涛, 于福江, 原野, 等, 2016. 海底地震有限断层破裂模型对近场海啸数值预报的影响 [J]. 地球物理学报, 59(3): 270-285.

杨智博, 2015. 中国地震海啸危险性分析 [D]. 哈尔滨: 中国地震局工程力学研究所.

翟金金, 董胜, 2016. 海啸波高重现值的统计推算 [J]. 自然灾害学报, 25(4):40-47.

Baranova N A, Kurkin A A, Mazova R, et al., 2015. Comparative numerical simulation of the tohoku 2011 tsunami[J]. Science of Tsunami Hazards, 34(4): 212-230.

Choi B H, Pelinovsky E, Ryaboy I, et al., 2002. Distribution functions of tsunami wave heights[J]. Natural Hazards, 25(1): 1-21.

Cosentino P, Ficarra V, Luzio D, 1977. Truncated exponential frequency-magnitude relationship in earthquake statistics[J]. Bulletin of the Seismological Society of America, 67(6): 1615-1623.

Geist E, Yoshioka S, 1996. Source parameters controlling the generation and propagation of potential local tsunamis along the Cascadia margin[J]. Natural Hazards, 13(2): 151-177.

Geist E L , Parsons T, 2006. Probabilistic analysis of tsunami hazards[J]. Natural Hazards, 37(3): 277-314.

Gica E, Teng M H, Liu L F, et al., 2007. Sensitivity analysis of source parameters for earthquake-generated distant tsunamis[J]. Journal of Waterway, Port, Coastal, and Ocean Engineering, 133(6): 429-441.

Goda K, Mai P M, Yasuda T, et al., 2014. Sensitivity of tsunami wave profiles and inundation simulations to earthquake slip and fault geometry for the 2011 Tohoku earthquake[J]. Earth, Planets and Space, 66(1): 105.

Goda K, Petrone C, Risi R D, et al., 2017. Stochastic coupled simulation of strong motion and tsunami for the 2011 Tohoku, Japan earthquake[J]. Stochastic Environmental Research and Risk Assessment, 31: 2337-2355.

Goda K, Yasuda T, Mori N, et al., 2015. Variability of tsunami inundation footprints considering stochastic scenarios based on a single rupture model: application to the 2011 Tohoku earthquake[J]. Journal of Geophysical Research: Oceans, 120: 4552-4575.

Kagan Y Y, 1997. Seismic moment-frequency relation for shallow earthquakes: regional comparison[J]. Journal of Geophysical Research: Solid Earth, 102(B2): 2835-2852.

Kijko A, 2004. Estimation of the maximum earthquake magnitude, m_{max}[J]. Pure and Applied Geophysics, 161(8): 1655-1681.

Li H W, Yuan Y, Xu Z G, et al., 2017. The dependency of probabilistic tsunami hazard assessment on magnitude limits of seismic sources in the South China Sea and Adjoining Basins[J]. Pure and Applied Geophysics, 174(6): 2351-2370.

Lin I C, Tung C C, 1982. A preliminary investigation of tsunami hazard[J]. Bulletin of the Seismological Society of America, 72(6): 2323-2337.

Liu Y C, Santos A, Wang S M, et al., 2007. Tsunami hazards along Chinese coast from potential earthquakes in South China Sea[J]. Physics of the Earth and Planetary Interiors, 163(1-4): 233-244.

Mansinha L, Smylie D, 1971. The displacement field of inclined faults[J]. Bulletin of the Seismological Society of America, 61(5): 1433-1440.

Okada Y, 1985. Surface deformation due to shear and tensile faults in a half-space[J]. Bulletin of the Seismological Society of America, 75(4): 1135-1154.

Okal E A, Synolakis C E, 2008. Far-field tsunami hazard from mega-thrust earthquakes in the Indian Ocean[J]. Geophysical Journal International, 172(3): 995-1015.

Papazachos B C, SCORDILIS E M, PANAGIOTOPOULOS D G, et al., 2004. Global relations between seismic fault parameters and moment magnitude of earthquakes[J]. Bulletin of the Geological Society of Greece, 36: 1482-1489.

Power W, Wallace L, Wang X M, et al., 2012. Tsunami hazard posed to New Zealand by the Kermadec and Southern New Hebrides subduction margins: an assessment based on plate boundary kinematics, interseismic coupling, and historical seismicity[J]. Pure and Applied Geophysics, 169(1): 1-36.

Ren Y F, Wen R Z, Zhang P, et al., 2017. Implications of local sources to probabilistic tsunami hazard analysis in South Chinese coastal area[J]. Journal of Earthquake & Tsunami, 1740001.

Satake K, 1994. Mechanism of the 1992 Nicaragua tsunami earthquake[J]. Geophysical Research Letters, 21(23): 2519-2522.

Sørensen M B, Spada M, Babeyko A, et al., 2012. Probabilistic tsunami hazard in the Mediterranean Sea[J]. Journal of Geophysical Research: Solid Earth, 117(B1): B01305.

Suppasri A, Imamura F, Koshimura S, 2010. Effects of the rupture velocity of fault motion, ocean current and initial sea level on the transoceanic propagation of tsunami[J]. Coastal Engineering Journal, 52(2): 107-132.

Titov V V, Mofjeld H O, Gonzalez F I, et al., 2001. Offshore forecasting of Alaskan Tsunamis in Hawaii[M]//Ei-SABH M I, CARRARA A, CUZZETTIF, Advances in Natural and Technological Hazards Research. Netherlands: Springer, 75-90.

Wells D L , Coppersmith K J, 1994. New empirical relationships among magnitude, rupture length, rupture width, rupture area, and surface displacement[J]. Bulletin of the Seismological Society of America, 84(4): 974-1002.

Zhang X , Niu X, 2020. Probabilistic tsunami hazard assessment and its application to southeast coast of Hainan Island from Manila Trench[J]. Coastal Engineering, 155: 103596.

第8章 地震海啸危险性的概率分析

第7章针对我国沿海局地地震和区域地震海啸潜源开展了危险性的确定分析，给出了各潜源对沿海影响的范围，从定性角度明确了沿海不同地区危险性程度的高低。正如前文所说，海啸危险性分析方法有两类：确定性方法和概率性方法。由于确定性方法往往只针对最大可能的海啸事件或是最有可能发生的海啸事件进行危险性分析，单一的事件场景无法体现潜源所包含的所有属性，其结果是偏于保守的，通常被应用于将人类生命安全作为首要目标的较为严格的工作中，如编制沿岸海啸淹没图。

普通建筑物和构筑物的设计使用年限仅为 50 年，特别重要建筑也仅为 100 年。而确定性方法中考虑的海啸情景，其发生概率非常低，复发周期往往几百年甚至上千年。若依据确定性方法的分析结果，显然过于保守且不经济实用。此时概率性方法将发挥作用，它考虑了潜源内所有可能发生位置和震级的地震情景，给出了不同概率水准的危险性分析结果，并且考虑了所有对目标场址有威胁性的潜源贡献。

本章在回顾国内外概率地震海啸危险性分析（PTHA）研究进展的基础上，借鉴概率地震危险性分析（PSHA）方法，发展适用于我国沿海的 PTHA 方法，对传统方法进行有效改进，编制我国东南沿海不同概率水准的地震海啸危险性图，为沿海建筑物抗海啸设计和海啸风险区划提供科学依据。

8.1 地震海啸危险性的概率分析方法回顾

最初的海啸危险性分析是从历史数据中经验总结而得来的，在日本、美国夏威夷等这些水文记录比较丰富的地区，学者们研究发现在足够长的时间范围内，海啸波高服从于一定的规律，因此可以统计总结出当地海啸波高的频率分布（Loomis，1976；Houston 等，1977）。Papadopoulos 等（2007）根据海啸的历史记录，给出了地中海未来可能达到的海啸强度；Leonard 等（2014）统计了加拿大托菲诺（Tofino）验潮站的波高记录，给出了波高的累积发生频率拟合曲线。

这种经验方法的关键在于水文记录的完整性和准确性，原因是在早期甚至是近代，不是所有地区都有水位和潮涌观测站，并且早期的海水波高记录主要依赖于历史文献，不能保证其客观准确性，很容易造成大型海啸和小型海啸记录的缺失。因为对水文记录的依赖性，导致经验方法对于水文记录较少的地方并不适用，所以很难被推广开来。历史上，我国沿海有水文记录的地区并不多，而且在历史文献和史志中始终没有把海啸与风暴潮区别出来，因此经验方法在我国并不适用。

随着海啸传播数值模型的发展与推广（详见 7.1 节），利用数值模拟技术的 PTHA 方法变得较为流行，借鉴 PSHA 方法，传统的 PTHA 方法将潜源可能发生地震的震级范围进行分档，在潜源内划分栅格均匀分布震中位置，计算出每一档地震情况下的波高超越概率，主要步骤及流程如图 8.1.1 所示。

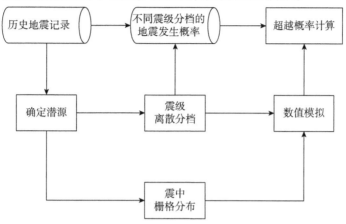

图 8.1.1　传统 PTHA 方法主要步骤及流程

Lin 和 Tung（1982）首次借鉴 PSHA 方法提出 PTHA 方法之后，被很多学者应用于全球各地区的海啸危险性分析研究中，图 8.1.2 给出了全球已经进行了 PTHA 工作的区域。下面将分别针对印度洋、大西洋、地中海和太平洋区域的工作进展进行简要回顾。

1. 印度洋区域

Heidarzadeh 等（2008）对伊朗西北部以及巴基斯坦沿海区域，首先采用确定性方法，对莫克兰断层区域可能引起的最大震级地震进行海啸危险性评估。沿着 1000km 长的莫克兰破裂带模拟六次 M_S8.3 级地震，观察对莫克兰海岸的影响。他们得出最大波高可能在伊朗南部沿岸出现，达到 9.6m，波高普遍为 4～9.6m，阿曼北部沿岸 3～7m，南部 1～5m，莫克兰东部 1～4.4m。同时他们也采用概率分析方法，得出伊朗巴基斯坦沿岸海啸波高 5m 的 50 年超越概率为 17.5%，其南部以及阿曼波高在 1～2m 的 50 年超越概率为 45%（Heidarzadeh and Kijko，2011）。Løvholt 等（2012）对印尼东部以及菲律宾南部的主要海洋断裂带进行最坏情况模拟，结果表明大部分海岸线会遭到 2～4m 海啸波的袭击，伊利亚纳湾会达到 3～5m 水位，摩洛湾水位低于 2m。同时也计算了苏门答腊－安达曼地震破裂区对泰国西海岸的影响，认为在未来 50～100 年低于 8.5 级的地震不会产生高于 3m 的海啸（Løvholt 等，2006）。为了构建印度尼西亚的海啸预警系统，Strunz 等（2011）利用 PTHA 方法给出的海啸波高概率结合人口密度，给出了不同的风险等级以支持决策系统。

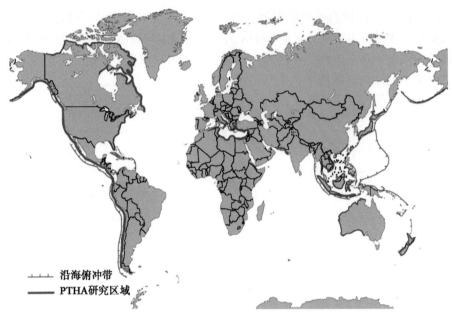

图 8.1.2　全球已开展 PTHA 工作的区域（截至 2017 年）

2. 大西洋区域

Geist 和 Parsons（2009）考虑加勒比、巴拿马、委内瑞拉断裂带及近海滑坡对美国东海岸进行海啸危险性分析，得出超越 8.0 级地震所引发的海啸波波高的重现期为 285 年，而 8.5 级的重现期为 800 ～ 1000 年，局地地震海啸的重现期为 600 ～ 3000 年。Leonard 等（2014）对加拿大东海岸进行海啸危险性分析，发现海啸波超过 1.5m 的年发生概率为 1% ～ 15%，范围遍布加拿大东海岸，重现期为 300 ～ 1700 年；超越 3m 的海啸波仅会影响到纽芬兰岛及布雷顿角岛，年发生概率为 1% ～ 5%，重现期为 650 ～ 4000 年。Zahibo 和 Pelinovsky（2001）针对加勒比海的小安的列斯群岛进行海啸危险性的初步分析，基于历史数据给出了巴巴多斯和安提瓜地区的海啸波高年发生率。Grilli 等（2009）评估了美国东海岸由海底滑坡引起的海啸危险性，指出对于百年一遇的海底滑坡，海啸危险性较低，沿海地区的海啸爬高都低于 1m，而对于 500 年一遇的滑坡，危险性显著升高，纽约长岛出现 3m 爬高，新泽西沿海出现 4m 爬高。

3. 地中海区域

Fokaefs 和 Papadopoulos（2007）对塞浦路斯沿岸进行海啸危险性分析，发现相对于地中海其他地区，塞浦路斯遭受海啸的影响是相对较低的，中等、较强、强烈海啸的平均重现期估计为 30 年、125 年、375 年；50 年中等、较强、强烈海啸出现一次的概率为 0.81、0.34、0.13。Papadopoulos（2003）认为在科林斯湾大部分海啸是由大于 5.5 级的近海地震引起的，希腊沿岸 50 年至少发生一次海啸烈度大于 2、3、4 的概率分别为 0.851、0.747 和 0.606，重现期分别为 16 年、40 年和 103 年。Sørensen 等（2012）对地中海沿岸，包括意大利、希腊、土耳其、阿尔及利亚、叙利亚等进行海啸波高的概率估计，发现希腊西南部以及埃及北部相比于地中海其他地区，遭受到海啸的危险性更大，100 年内遭遇 5m 波高的超越概率接近 10%，30 年内遭遇 1m 波高的超越概率约为 15% ～ 20%。Anita 等（2012）采用基于贝叶斯理论的 PTHA 方法评估意大利墨西拿海峡的海啸危险性，给出了多个场地海啸爬高大于 0.5m 的年发生率。

4. 太平洋区域

Geist 和 Parsons（2006）系统总结了地震海啸危险性分析方法的原理，并在实例分析中，分别采用历史地震海啸记录及蒙特卡罗方法，评估了墨西哥阿卡普尔科和美国太平洋西北沿岸卡斯卡底古陆地区的地震海啸危险性。Power（2005）总结了环太平洋俯冲带可能引发地震海啸的地震潜源，并对新西兰进行海啸危险性分析，发现包括新西兰、智利、秘鲁、美国加利福尼亚州等地的断裂带均会对新西兰有较大影响；给出了沿海主要城市和地区的海啸灾害曲线，即不同海啸波高的复发周期曲线；还给出了沿海 100 年、500 年、2500 年一遇的海啸波高分布。Annaka 等（2007）采用基于逻辑树的 PTHA 方法，考虑环绕日本的局地潜在海啸源和分布在美国、智利等沿岸的越洋海啸源，给出了日本沿海不同海啸波高的年发生率。Thio 等（2007）对东南亚地区进行海啸危险性评价工作，给出了菲律宾、印度尼西亚、越南、新加坡、马来西亚等地的危险性图。Liu 等（2007）对中国南部进行了概率海啸危险性分析，认为中国南部包括香港、澳门等沿海区域受到马尼拉断裂带的威胁，香港、澳门等地 100 年内遭受 2m 海啸波袭击的概率为 10%。Leonard 等（2014）评估加拿大西岸的海啸危险性，发现相比于东岸，西岸遭受到海啸袭击的危险性要明显强于东岸；海啸波超过 1.5m 的年发生概率为 40% ～ 80%，重现期仅为 30 ～ 100 年；超越 3m 的海啸波仅会影响到纽芬兰岛及布雷顿角岛，年发生概率为 10% ～ 30%，重现期为 150 ～ 560 年。González 等（2013）对美国加利福尼亚沿岸结合概率模型进行了详细的海啸危险性分析工作，给出了克雷森特市 100 年、500 年一遇的海啸淹没图。Thio 等（2010）对美国西海岸进行海啸危险性分析，发现阿拉斯加沿岸遭受到海啸袭击的危险性要大于加利福尼亚等西部沿海。Wong 等（2005）考虑近海和远海潜在海啸源，对美国俄勒冈州进行了海啸危险性分析，基于 GIS 技术给出了 100 年和 500 年一遇的洪水淹没图。Orfanogiannaki 和 Papadopullos（2007）基于历史数据，采用条件概率方法，给出了南美洲西海岸、千岛群岛 – 堪察加半岛及日本沿海的海啸烈度发生概率。

2004 年印度洋海啸发生后，我国面临的地震海啸风险逐渐引起了人们的关注，许多学者开始研究 PTHA 方法并在我国沿海开展应用实践。本书作者也在这方面开展了大量工作，提出了改进 PTHA 方法，利用蒙特卡罗技术对震级和震中位置进行随机取样，主要步骤及流程见图 8.1.3，详细的过程见 8.3 节。

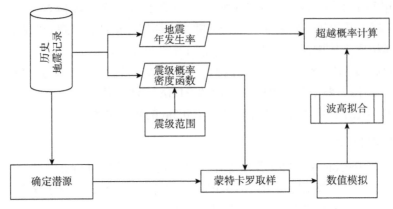

图 8.1.3　改进后的 PTHA 方法主要步骤及流程

8.2　概率地震海啸危险性分析的传统方法

如上文所述，PTHA 方法的概念源于 PSHA 方法，PSHA 关注地震作用强度，通常采用地震动参数表示，如地震动峰值加速度；PTHA 则关注海岸附近场点的海啸波高。两种方法对地震模型的统计方法是一致的，不同的是 PTHA 不关心在陆地上发生的地震。PSHA 与 PTHA 主要区别在于，PSHA 使用衰减关系估计目标场址的地震动参数，即给定震级的地震中目标场址的地震动参数与传播距离的函数关系；PTHA 则通常采用数值模拟的方式估计目标场址的海啸波高，原因是海啸波高与传播距离无法建立合理的函数关系。PTHA 基本步骤为（Downes and Stirling，2001）：①划分地震带和潜在地震海啸源区；②统计地震活动性参数；③数值模拟地震海啸样本并计算沿岸波高，或统计历史地震海啸波高记录；④计算地震海啸波高年发生率和超越概率，PSHA 和 PTHA 主要步骤比较如图 8.2.1 所示。

进行概率海啸危险性评估的挑战在于，我们需要预测未来发生的海啸事件的地震震源参数（如位置、震级、滑移分布等），以及预测海啸的生成过程与传播过程。尤其是海啸的生成阶段受复杂的地震作用控制，传播阶段受复杂的水深变化影响。传统的 PTHA 方法有基于历史记录统计的 PTHA 方法和基于数值模拟的震级分档的 PTHA 方法，下文将分别介绍这两种方法。

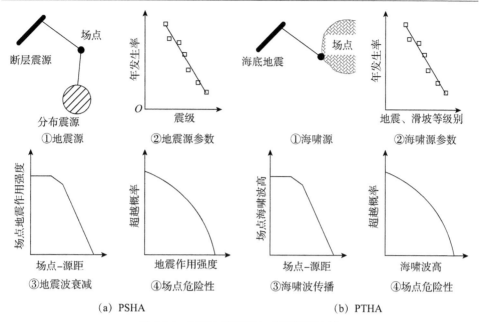

图 8.2.1　PSHA 和 PTHA 主要步骤比较

8.2.1　基于历史记录统计的 PTHA 方法

如果某一场点有足够的历史海啸观测记录，则可以十分方便地统计出该场点的历史海啸波高年发生率，但实际上许多地区很难获得翔实的历史资料。虽然我国有着丰富的历史地震记录，但关于海啸地震的记录却不是很多、也并不完备。墨西哥的阿卡普尔科地区从 1732 年到 1985 年记录到的海啸事件共 29 次，Geist 和 Parsons（2006）采用回归统计的方法建立了该地区海啸波高的年发生概率经验公式为

$$v(h \geqslant H) = C\left(h^{-\alpha} - h_{\mathrm{u}}^{-\alpha}\right)　　　　　　　（8-2-1）$$

式中，$v(h \geqslant H)$ 为波高 h 超越 H 的年发生率；C 和 α 为统计常数；h_{u} 为发生率接近零值的波高值。波高超越 H 的海啸事件重现期为

$$R(h \geqslant H) = \frac{1}{v(h \geqslant H)}　　　　　　　（8-2-2）$$

假设海啸的发生在时间上服从泊松分布，可计算得到在时间 T 内发生海啸事件时的波高超越 H 的概率为

$$P(h \geqslant H, t = T) = 1 - \exp[-v(h \geqslant H) \cdot T]　　　　　　　（8-2-3）$$

这里根据美国 NGDC 数据库（详见 3.1.2 节）搜集到的我国珠江三角洲地区的海啸历史记录，见表 8.2.1，其中 1767 年和 1917 年的爬高值为推测值。基于此数据，计算了海啸爬高，珠江三角州地震海啸的危险性见图 8.2.2。采用式（8-2-1）进行回归拟合，给出了我国珠江三角洲地区的海啸发生概率，回归参数见表 8.2.2。

表 8.2.1 美国 NGDC 数据库中我国珠江三角洲地区的海啸历史记录

时间			地点	纬度 / (°)	经度 / (°)	爬高 /m
年	月	日				
1765	5		广州	23.13	113.33	9
1767	11	22	澳门	22.17	113.55	大于 2
1917	1	25	厦门	24.47	118.08	大于 1
1952	11	4	香港	22.25	114.17	0.1
1960	5	22	香港	22.25	114.17	0.5
1960	5	22	香港	22.25	114.17	0.6
1985	3	3	香港	22.25	114.17	0.1
1988	6	24	香港	22.29	114.22	0.65
1988	6	24	香港	22.24	114.18	1.03
1992	1	5	三亚	18.23	109.51	0.8

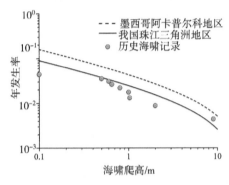

图 8.2.2　珠江三角洲地震海啸的危险性

表 8.2.2 海啸发生概率经验公式统计回归参数

地　　点	回归参数		
	C	α	h_u
墨西哥阿卡普尔科	0.056	0.52	20
珠江三角洲	0.033	0.49	15

　　采用式（8-2-2）和式（8-2-3）可计算得到我国珠江三角洲地区的海啸爬高在 1 年、10 年、50 年、100 年内超越 0.5m、1m、2m、5m、10m 的概率，以及爬高超越 0.5m、1m、2m、5m、10m 的重现期，见表 8.2.3。

表 8.2.3 根据历史数据计算得到的我国珠江三角洲地区海啸爬高超越概率及重现期

爬高 /m	超越概率 /%				重现期 / 年
	发生年限				
	1 年	10 年	50 年	100 年	
0.5	3.8	31.8	85.2	97.8	26.1

爬高 /m	超越概率 /%				重现期 / 年
	发生年限				
	1 年	10 年	50 年	100 年	
1	2.5	22.1	71.2	91.7	40.1
2	1.5	14.3	53.6	78.6	64.8
5	0.69	6.7	29.3	50.0	144.4
10	0.26	2.6	12.2	22.9	383.5

从图 8.2.2 可见，对于较低水准的爬高拟合的曲线偏高，这可能是由于我国缺少有效的监测手段而疏漏了海啸波高较小的事件；而对于中等水准的爬高，即 1m 左右，拟合曲线能够较好反映观测数据；对于较高水准的爬高，曲线下降趋势较快。相比墨西哥的阿卡普尔科地区，我国珠江三角洲地区的地震海啸的危险性要相对较小。

需要说明的是由于我国历史海啸数据的匮乏以及海啸事件的发生率本身较低，在我国通过历史记录统计的方法进行海啸地震危险性分析具有很大的局限性。这里给出的珠江三角洲地区的算例仅仅是为了更好地叙述该方法，其分析结果不能体现该地区海啸危险性的真实水平。

8.2.2　基于数值模拟震级分档的 PTHA 方法

当目标场址的历史海啸数据不足时，可以通过数值模拟的技术加以弥补。借鉴 PSHA 的思路，传统的 PTHA 方法是将震级在一定范围内进行分档处理，具体过程如下所述。

第一步，划分对目标场址有影响的潜在海啸源，并确定各潜源的地震构造参数和对应的地震带的地震活动性参数。针对我国沿海的局地和区域地震海啸潜源，该步骤第 5 章已进行详细描述，这里不再赘述。

第二步，对各潜源进行震级分档并确定各档震级的概率分布。例如，对于第 l 个潜源，将 $M_{\min}$ 到 $M_{\max}$ 的区间离散成以 ΔM 为步长的 N_M 个震级档。根据式（5-3-5）得到的潜在地震海啸源的震级分布概率密度函数，可计算若地震带内发生 1 次地震，震级为 $M_j \pm \frac{1}{2}\Delta M$ 的概率为

$$
\begin{aligned}
P(M_j) &= \int_{M_j-\frac{1}{2}\Delta M}^{M_j+\frac{1}{2}\Delta M} \frac{\beta\exp[-\beta(M-M_0)]}{1-\exp[-\beta(M_{uz}-M_0)]}\mathrm{d}M \\
&= \frac{2\exp[-\beta(M_j-M_0)]\sinh\left(\frac{1}{2}\beta\Delta M\right)}{1-\exp[-\beta(M_{uz}-M_0)]}
\end{aligned}
\tag{8-2-4}
$$

式中，ΔM 为震级分档步长，一般为 0.1；M_j 为从潜在海啸源区 $M_{\min}$ 到 $M_{\max}$ 的若干个震级档中第 j 档的中心震级；β 为地震活动性参数，根据地震带内的历史地震目录统计确定 $\beta=b \times \ln10$［b 为式（5-3-1）中 G–R 公式中的系数］；M_0 表示地震带进行活动性分析的震级下限，一般取 4.0；M_{uz} 为地震带的震级上限。

第三步，以潜在地震海啸源为统计单元，确定其地震活动的空间分布函数。地震带内分布着若干潜在地震海啸源，每个海啸潜源的地震空间分布函数是一个与震级有关的函数，记作 $\gamma_l(M_j)$，表示地震带内若发生 1 次震级为 M_j 的地震，其发生位置在第 l 个潜在海啸源内的概率，针对局地潜源的计算方法见式（5-4-2）。

值得注意的是，在一个地震带内每个震级档的所有潜在海啸源区的 $\gamma_l(M_j)$ 的求和其实不等于 1，因为地震带内还存在一些不引起海啸的地震潜源。只有将所有引起海啸（即海啸潜源）和不引起海啸的地震潜源的空间分布函数求和，结果才等于 1，即满足式（5-4-3）。

第四步，计算每个设定地震的年平均发生率。第 l 个海啸潜源内震级为 M_j 的地震年平均发生率为

$$v_{l,M_j} = v_i \cdot P(M_j) \cdot \gamma_l(M_j) \qquad (8\text{-}2\text{-}5)$$

式中，v_i 为该潜在海啸源所属地震带的地震年平均发生率。由于地震在潜源内发生的位置也是随机的，这里将潜源在空间上进行栅格化，假设地震发生在每一个栅格中的概率都是一致的，则第 l 个潜在海啸源内发生在第 k 个栅格位置震级为 M_j 的地震的年平均发生率为

$$v_{l,k,M_j} = v_i \cdot P(M_j) \cdot \gamma_l(M_j) / N_{\mathrm{E}} \qquad (8\text{-}2\text{-}6)$$

式中，N_{E} 为第 l 个潜源内划分的震中位置的空间栅格数量。

第五步，对各震级分档、空间栅格位置的设定地震进行海啸情景的数值模拟，获得近海沿岸目标场址的海啸波高。相关输入参数的确定和模型选取过程详见 7.1 节。针对第 l 个潜在海啸源的震级为 M_j 的海啸情景 E，如果目标场址的海啸波高大于给定值 H，则认为第 l 个潜在海啸源内发生在第 k 个栅格位置震级为 M_j 的地震时，目标场址海啸波高超过 H 的概率为

$$P_{l,k,M_j}(h \geq H|E) = 1 \qquad (8\text{-}2\text{-}7)$$

否则，

$$P_{l,k,M_j}(h \geq H|E) = 0 \qquad (8\text{-}2\text{-}8)$$

第六步，计算第 i 个地震带内发生地震时，所生成的海啸在目标场址引起的波高超过 H 的年平均发生率为

$$v_i(h \geq H) = \sum_{l=1}^{N_{\mathrm{S}}} \sum_{k=1}^{N_{\mathrm{E}}} \sum_{j=1}^{N_{\mathrm{M}}} v_{l,k,M_j} \cdot P_{l,k,M_j}(h \geq H|E) \qquad (8\text{-}2\text{-}9)$$

式中，N_{S} 为第 i 个地震带内的海啸潜源数量；N_{M} 为第 l 个潜源的震级分档数量。

第七步，针对所有地震带引发海啸时目标场址的波高超过 H 的年平均发生率。若存在 N_B 个地震带形成的海啸对目标场址产生影响，则该场址的海啸波高超过 H 的总年平均发生率为

$$v(h \geqslant H) = 1 - \prod_{i=1}^{N_B} \{1 - v_i(h \geqslant H)\} \tag{8-2-10}$$

第八步，计算 T 年内目标场址海啸波高大于 H 的超越概率以及海啸波高 H 的重现期，根据式（8-2-2）和式（8-2-3）计算。

8.3　改进的概率地震海啸危险性分析方法

传统震级分档的 PTHA 中通过空间栅格的方法给出了确定的地震发生位置，通过离散分档的方式给出了确定的震级。实际上对于未来发生的地震其位置和震级大小都是不可预知且存在很大不确定性的。本节尝试发展基于蒙特卡罗技术的 PTHA 方法，相比传统方法可以更好地考虑其中的不确定性。

8.3.1　基于蒙特卡罗技术的 PTHA 方法

蒙特卡罗方法（Monte Carlo method），也称统计模拟方法，是 20 世纪 40 年代中期由于科学技术的发展和电子计算机的发明而被提出的一种以概率统计理论为指导的一类非常重要的数值计算方法，是指使用随机数（或更常见的伪随机数）来解决很多计算问题的方法。其可以粗略地分成两类：一类是所求解的问题本身具有内在的随机性，借助计算机的运算能力可以直接模拟这种随机的过程；另一类是所求解问题可以转化为某种随机分布的特征数，比如随机事件出现的概率，或者随机变量的期望值。通过随机抽样的方法，以随机事件出现的频率估计其概率，或者以抽样的数字特征估算随机变量的数字特征，并将其作为问题的解。这种方法当面对有多种影响因素的问题时显得尤为适用。

基于蒙特卡罗技术改进的 PTHA 方法具体过程如下所述。

第一步，与传统方法一致，也就是划分对目标场址有影响的潜在海啸源，并确定各潜源的地震构造参数和对应的地震带的地震活动性参数。

第二步，确定各海啸潜源能够诱发海啸的地震年平均发生率，$v_i(M_1^i \leqslant M \leqslant M_2^i)$，其中 M_1^i、M_2^i 分别为第 i 个潜源能否诱发海啸的地震震级上、下限。针对区域潜在海啸源可参照第 5 章分析马尼拉潜源的地震活动性的过程进行，其结果为 $P_{pf} = 0.01054$；第 5 章还给出了我国东南沿海 8 个局地海啸潜源的 $v_i(M_1^i \leqslant M \leqslant M_2^i)$，见表 5.4.1。后文为叙述方便，无论区域潜源还是局地潜源统一用 $v_i(M_1^i \leqslant M \leqslant M_2^i)$ 表示。在此过程中，还可以确定每个海啸潜源的震级累积分布函数，也就是式（5-3-4）。

第三步，使用蒙特卡罗技术对各海啸潜源制定设定地震样本集。假设第 i 个

地震海啸潜源随机发生 N_i 次地震，使用蒙特卡罗技术对 N_i 次地震的震级进行随机采样，确保满足第二步确定的累积分布函数；对 N_i 次地震的震中位置进行随机采样，满足在潜源内均匀分布。关于地震破裂长度、宽度、滑移量等参数的确定详见 7.1 节。

第四步，对各海啸潜源的每一个设定地震进行海啸情景的数值模拟。对于第 i 个海啸潜源，记录目标场址的 N_i 个波高最大值。

第五步，建立目标场址的海啸波高概率密度函数。Choi 等（2002）发现海啸波高满足对数正态分布，其概率密度函数表达式为

$$f_i(h) = \frac{1}{\sqrt{2\pi}h\sigma} \exp\left\{-\frac{[\ln h - \mu]^2}{2\sigma^2}\right\} \tag{8-3-1}$$

式中，h 为海啸波高；μ 为 $\ln h$ 的平均值；σ 为 $\ln h$ 的标准差。以第 i 个海啸潜源为例，对其产生的 N_i 个波高最大值进行回归分析，按式（8-3-1）建立目标场址关于第 i 个海啸潜源产生波高的概率密度函数。

第六步，计算目标场址的海啸波高年平均发生率。对于第 i 个海啸潜源，其形成的海啸波在目标场址波高大于 H 的概率为

$$F_i(h \geqslant H) = \int_H^\infty f_i(h)\mathrm{d}h = \frac{1}{\sqrt{2\pi}\sigma} \int_H^\infty \exp\left\{-\frac{[\ln h - \mu]^2}{2\sigma^2}\right\}\frac{\mathrm{d}h}{h} \tag{8-3-2}$$

由第二步我们知道，第 i 个海啸潜源能够诱发海啸的地震年平均发生率为 $v_i(M_1^i \leqslant M \leqslant M_2^i)$，则可求得目标场址由第 i 个海啸潜源引起的海啸波高超越 H 的年平均发生率为

$$v_i(h \geqslant H) = F_i(h \geqslant H) \cdot v_i(M_1^i \leqslant M \leqslant M_2^i) \tag{8-3-3}$$

当目标场址受 N_T 个海啸潜源影响时（N_T 可根据第 7 章采用确定性的方法确定），其遭遇海啸波高超越 H 的总年平均发生率为

$$v(h \geqslant H) = 1 - \prod_{i=1}^{N_T}[1 - v_i(h \geqslant H)] \tag{8-3-4}$$

第七步，计算 T 年内目标场址海啸波高大于 H 的超越概率以及海啸波高 H 的重现期，根据式（8-2-2）和式（8-2-3）计算。

根据下式可计算每个潜源对总年平均发生率的贡献率 $\psi_i(h \geqslant H)$ 为

$$\psi_i(h \geqslant H) = \frac{v_i(h \geqslant H)\sum\limits_{J=0}^{N_T-1}\left[\sum\limits_{l=1}^{C(N_T-1,J)}\frac{1}{J+1}\prod\limits_{j=1}^{J}v_{j,l}\prod\limits_{k=1}^{N_T-J-1}(1-v_{k,l})\right]}{v(h \geqslant H)} \tag{8-3-5}$$

式中，$C_i(N_T-1, J)$ 为在除第 i 个以外的 N_T-1 个潜在海啸源中任意取 J 个潜在海啸源的取样数量，并且每次取样的结果不同，$J = 0, 1, 2, \cdots, N_T-1$；$v_{j,l}$ 为第 l 次取样得到的数量 J 中第 j 个海啸潜源计算的年发生率；$v_{k,l}$ 为除 j 和 i 以外的其他海

啸潜源计算的年发生率。$\psi_i(h \geq H)$ 满足下式：

$$\sum_{i=1}^{N_T} \psi_i(h \geq H) = 1 \tag{8-3-6}$$

由于通常情况下 $\nu_i(h \geq H)$ 远小于 1，因而 $J=0,1$ 即可近似求得 $\psi_i(h \geq H)$。

8.3.2　算例演示

本小节将通过算例演示基于蒙特卡罗技术的 PTHA 方法，分析我国东南沿海的地震海啸危险性。在第 5 章中我们已经确定了对东南沿海地区产生影响的地震海啸潜源：8 个局地地震海啸潜源和 1 个区域地震海啸潜源（图 5.2.15），并给出了每个潜源的震级概率密度函数以及能够诱发海啸的地震年发生率，同时确定了每个潜源的地震构造参数和活动性参数（见表 5.2.2、表 5.2.10 ～表 5.2.15、表 5.4.1），相当于完成了方法的第一步和第二步。下面将在这些工作的基础上开展蒙特卡罗技术的 PTHA 计算。

1. 使用蒙特卡罗技术制定设定地震样本集

按照方法的第三步，首先确定地震样本容量，对于区域地震海啸潜源，空间展布较长、震级范围较大，确定样本容量为 600 个；而对于局地地震海啸潜源，这两项因素相对较小，确定样本容量为 100 个。依据每个潜源的震级概率密度函数 [式（5-3-5）]，采用蒙特卡罗方法对震级进行随机采样，使地震样本集的 600 个地震（或 100 个地震）的震级服从各潜源的概率密度函数。图 8.3.1 和图 8.3.2 给出了泉州海外断裂局地潜源、马尼拉海沟区域潜源的震级采样结果作为示例，其他潜源的采样结果这里不再罗列赘述。

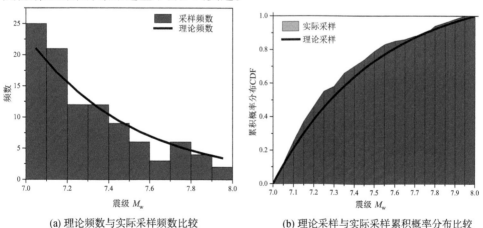

(a) 理论频数与实际采样频数比较　　　　(b) 理论采样与实际采样累积概率分布比较

图 8.3.1　泉州海外断裂局地潜源的震级采样结果

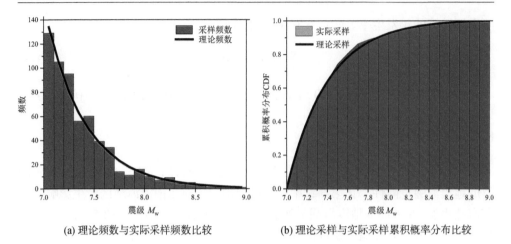

(a) 理论频数与实际采样频数比较　　　　　　　(b) 理论采样与实际采样累积概率分布比较

图 8.3.2　马尼拉海沟区域潜源的震级采样结果

从图 8.3.1 和图 8.3.2 可以看到蒙特卡罗方法采样给出的震级分布情况与理论分布情况较为符合。地震样本容量为 600 个的马尼拉海沟区域海啸潜源相较样本容量仅 100 个的泉州海外断裂局地潜源，采样与理论的累积概率分布吻合程度相对更好。事实上，样本容量越大，采样的震级频数与理论震级频数吻合程度越高，但由于计算能力有限，采样次数不能无限制的增加，为了权衡计算效率与计算精度，规模较小的局地潜源取样本容量为 100。8.5 节关于样本容量的合理确定有较为详细的研究。

接下来确定样本地震的震中位置。采用蒙特卡罗方法对区域潜源的 600 个设定地震、各局地潜源的 100 个设定地震的震中位置进行随机采样，使其均匀分布在整个潜源上。这里仍以泉州海外断裂局地潜源、马尼拉海沟区域潜源为例展示采样结果，如图 8.3.3 和图 8.3.4 所示，结果较为理想。

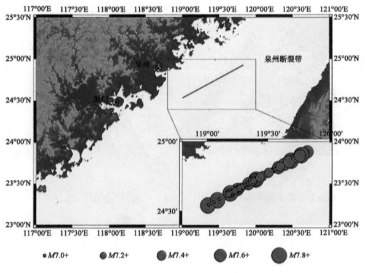

图 8.3.3　泉州海外断裂局地潜源的震中位置采样结果

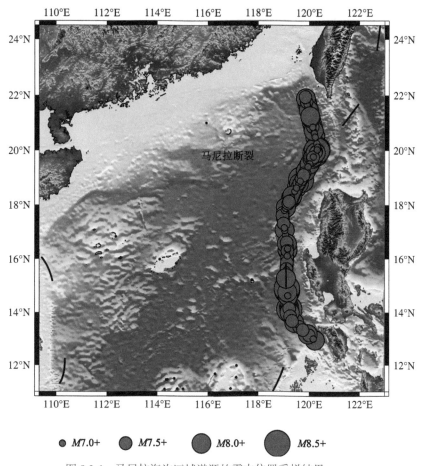

图 8.3.4　马尼拉海沟区域潜源的震中位置采样结果

针对每个设定地震的破裂长度、宽度、平均滑移量，根据其震级进行估计，方法描述详见 7.1 节，过程可参考第 7 章中开展局地和区域地震海啸潜源危险性的确定分析工作（7.2 节和 7.3 节）。

2. 设定地震海啸情景的数值模拟及 PTHA 计算

按照改进 PTHA 方法的第四步，分别对 8 个局地潜源和 1 个区域潜源的 800 个设定地震海啸和 600 个设定地震海啸情景进行生成、传播过程的数值模拟。记录沿岸目标场点在海啸模拟过程中的最大波高值，我们在中国东南沿海水深为 10m 处选取了 1038 个场点作为海啸波高的监测点（图 8.3.5），以香港地区附近的第 367 号、361 号、353 号、342 号监测点作为进行 PTHA 计算的示例场址，如图 8.3.6 所示。

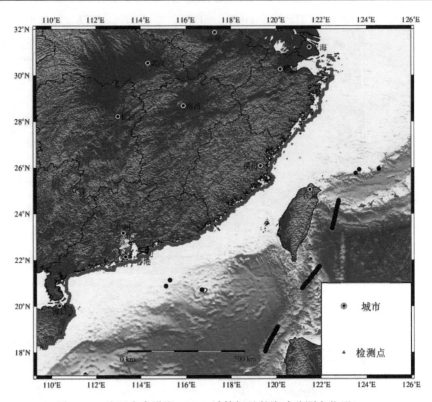

图 8.3.5　我国东南沿海 PTHA 计算场址的海啸监测点位置

图 8.3.6　PTHA 计算的示例场址位置

算例的场址地理位置信息见表 8.3.1；海啸波高监测点共 1038 个。图 8.3.6 中可见，4 个示例场址均匀分布在香港地区沿海，它们的 PTHA 计算结果一定程度上可以体现香港地区的海啸危险性水平。

表 8.3.1　示例场址的地理位置信息

监测点	经　度	纬　度
#342	114.00°E	22.17°E
#353	114.24°E	22.15°E
#361	114.37°E	22.27°E
#367	114.41°E	22.41°E

接下来是改进 PTHA 方法的第五步，针对每个海啸潜源在这 4 个示例场址记录到的最大波高值，根据式（8-3-1）进行对数正态分布拟合，得到海啸波高概率密度函数。图 8.3.7 和图 8.3.8 仍以泉州海外断裂局地潜源、马尼拉海沟区域潜源为例展示拟合结果。其他潜源产生的海啸波高拟合结果仅以表格的形式提供回归得到的对数均值 μ 和标准差 σ，见表 8.3.2 和表 8.3.3。

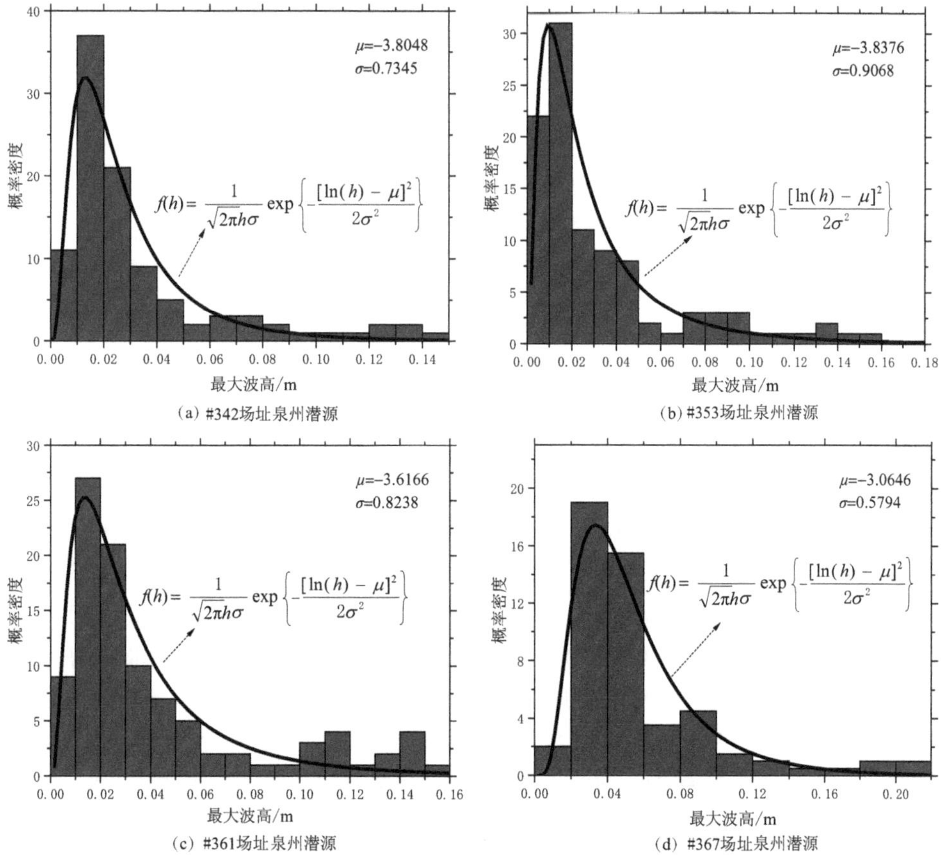

(a) #342场址泉州潜源

(b) #353场址泉州潜源

(c) #361场址泉州潜源

(d) #367场址泉州潜源

图 8.3.7　泉州海外断裂局地潜源在 #342、#353、#361、#367 场址引起的海啸最大波高的概率密度函数拟合结果

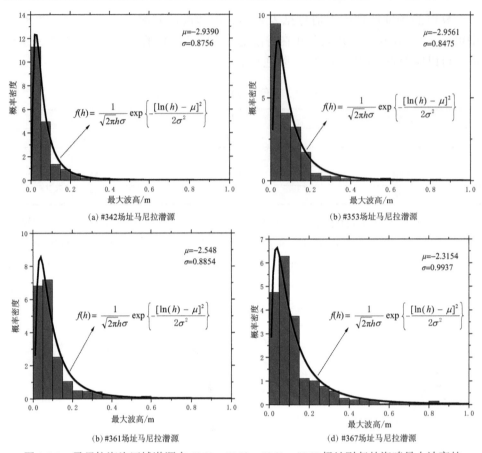

图 8.3.8　马尼拉海沟区域潜源在 #342、#353、#361、#367 场址引起的海啸最大波高的
概率密度函数拟合结果

　　图 8.3.7 和图 8.3.8 中灰色柱形状为记录到的最大波高的概率密度分布，黑色曲线为拟合函数。从图 8.3.7 和图 8.3.8 中可以看出拟合函数与实际分布吻合程度较好。需要说明的是，图 8.3.8 为保证显示效果将最大波高截断至 1.0m 以内，而实际模拟结果显示在 #342 场址波高最大值达到了 1.7m，在 #353 场址达到了 1.85m，在 #361 场址达到了 3.75m，在 #367 场址达到了 3.95m。从图 8.3.7 和图 8.3.8 中的最大波高分布可以看出，#367 场址和 #361 场址海啸波高主要集中于 0.05 ~ 0.1m，#342 场址和 #353 场址海啸波高集中于 0.0 ~ 0.05m。这种差异的主要原因是，马尼拉海沟区域潜源位于香港东南方向，从图 8.3.6 可以发现，#342 场址和 #353 场址南面存在一条岛链，海啸波传播至此受到岛链阻隔耗散，能量快速衰减，导致 #342 场址和 #353 场址最大海啸波高整体上较 #361 场址和 #367 场址要小。

表 8.3.2　各潜源在示例场址形成的最大海啸波高概率密度函数拟合的对数均值

潜源编号	潜源名称	示例场址			
		#342	#353	#361	#367
8	泉州海外断裂	−3.805	−3.838	−3.617	−3.065
9	厦门海外断裂 1 号	−3.103	−3.286	−3.286	−2.688
10	厦门海外断裂 2 号	−2.929	−3.201	−3.000	−2.435
11	厦门海外断裂 3 号	−2.881	−3.045	−2.804	−2.400
12	滨海断裂南澳段	−2.724	−2.831	−2.495	−2.019
13	台湾浅滩西南断裂	−2.565	−2.691	−2.218	−1.907
14	珠 - 坳中部断裂	−1.628	−1.526	−0.761	−0.508
15	担杆列岛海外段	−1.270	−1.561	−2.076	−1.983
R1	马尼拉海沟	−2.939	−2.956	−2.548	−2.315

表 8.3.3　各潜源在示例场址形成的最大海啸波高概率密度函数拟合的标准差

潜源编号	潜源名称	示例场址			
		#342	#353	#361	#367
8	泉州海外断裂	0.735	0.907	0.824	0.579
9	厦门海外断裂 1 号	0.536	0.660	0.660	0.522
10	厦门海外断裂 2 号	0.651	0.714	0.770	0.681
11	厦门海外断裂 3 号	0.586	0.820	0.784	0.608
12	滨海断裂南澳段	0.432	0.376	0.485	0.343
13	台湾浅滩西南断裂	0.369	0.442	0.406	0.406
14	珠 - 坳中部断裂	0.257	0.276	0.327	0.537
15	担杆列岛海外段	0.488	0.517	0.747	0.572
R1	马尼拉海沟	0.876	0.848	0.885	0.994

下面是改进 PTHA 方法的第六步，首先根据式（8-3-3）计算每个潜源在示例场址引起海啸波高的年平均发生率，再根据式（8-3-4）求得总的年平均发生率，结果如图 8.3.9 所示。最后根据式（8-3-5）计算每个海啸潜源对示例场址波高年平均发生率的贡献率。

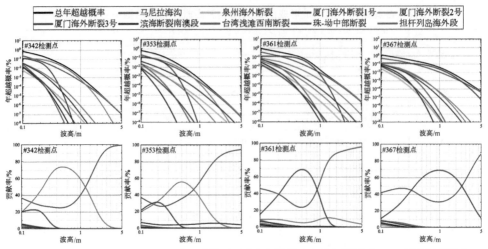

图 8.3.9　#342、#353、#361、#367 场址的海啸波高年超越概率以及各潜源对 PTHA 计算的贡献率

　　由图 8.3.9 可知 #342 场址和 #353 场址的海啸波高年平均发生率受珠 – 坳中部断裂、担杆列岛海外段、马尼拉海沟 3 个潜源的影响较大；#361 场址和 #367 场址受珠 – 坳中部断裂、马尼拉海沟 2 个潜源影响较大。其余局地潜源对这 4 个场址的海啸危险性贡献非常小。

　　由于马尼拉海沟区域潜源的地震（指能够诱发海啸的地震）年平均发生率远高于局地潜源，由第 5 章可知大致为 3 ～ 10 倍，其对于低波高值（0.1m）年发生率的贡献大于各局地潜源，且贡献率随波高增大呈现先减小后增大的趋势，与之相反的是局地海啸潜源的贡献率随波高增大呈现先增大后减小的趋势。主要原因是局地潜源的震级上限低、地震规模小，在示例场址产生的海啸波高集中于 0.1 ～ 1m 的范围内；马尼拉海沟潜源的震级上限高、地震规模大，在示例场址产生的波高分布范围相对较广，在 0.1 ～ 1m 范围内不如局地潜源集中，导致其在此波高范围内年平均发生率的贡献要小于局地潜源。由于局地潜源受震级上限的限制，很难产生大于 1m 的海啸波高，导致在 1 ～ 5m 范围内，局地潜源的贡献率逐渐减小直至趋于零，而马尼拉海沟潜源的贡献率却逐渐增大。

　　根据式（8-2-3）计算得到 100 年内 4 个示例场址海啸波高的超越概率，如图 8.3.10 所示。#342、#353、#361 和 #367 场址在 100 年内遭遇波高超过 0.5m 的海啸事件的概率分别为 2%、1.1%、8% 和 13.7%，表明香港地区存在较高的海啸危险性水平。#367 场址附近水域开阔（图 8.3.6），与马尼拉海沟潜源走向近乎垂直，其对 #367 场址的影响贡献整体上大于其他 3 个场址（图 8.3.9）；马尼拉海沟潜源的地震年平均发生率要远大于局地潜源，也就导致 #367 场址的海啸危险性要大于其他 3 个场址。值得注意的是，这里选取的 4 个示例场址位于沿岸水深 10m 处，当海啸波向陆地进一步传播，水深变浅而波高将显著增大并向陆地爬高，其海啸危险性水平将进一步提高，因此该地区的海啸灾害防御应引起足够重视。

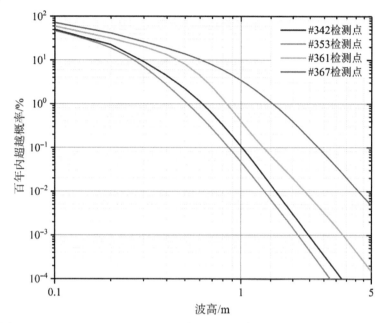

图 8.3.10 #342、#353、#361、#367 场址的 100 年内海啸波高超越概率曲线

8.4 我国东南沿海的概率海啸危险性分析

8.4.1 重要城市的海啸危险性

采用 8.3 节给出的改进 PTHA 方法计算了中国东南沿海重要城市香港、澳门、厦门、泉州的海啸危险性。图 8.4.1 给出了它们 100 年内的海啸波高超越概率和重现期曲线。为了考虑最危险情况，使用目标城市附近危险性最高的场点代表该城市的危险性水平。图 8.4.1 中可见，厦门、泉州、香港和澳门在未来 100 年内遭遇波高超过 1m 的海啸事件的概率为 29.9%、16.9%、4%、3.3%；泉州、厦门遭受波高超过 1m 的海啸袭击重现期分别为 539 年和 281 年，香港、澳门重现期均超过 1000 年，见表 8.4.1。可见厦门、泉州沿海的海啸危险性高于香港和澳门。

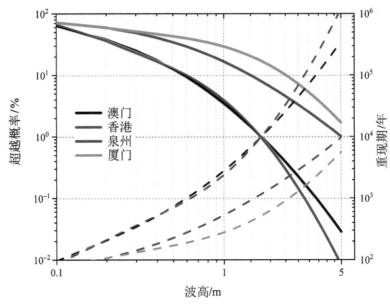

图 8.4.1　东南沿海 4 个重要城市的 100 年内海啸波高超越概率（实线）及重现期（虚线）

表 8.4.1　东南沿海 4 个重要城市的 100 年内海啸波高超越 0.5m 和 1.0m 的概率及重现期

城市	超越概率 $P(h \geqslant H)$/%		重现期 $R(h \geqslant H)$/ 年	
	H=0.5m	H=1m	H=0.5m	H=1m
香港	13.7	4	768	2442
澳门	12	3.3	713	2913
厦门	44.8	29.9	168	281
泉州	35.2	16.9	230	539

依据式（8-3-5）给出了计算海啸波高超过 1m 的年平均发生率时各海啸潜源的贡献率，如图 8.4.2 所示。澳门主要受担杆列岛海外段、马尼拉海沟潜源的影响；香港主要受珠 - 坳中部断裂、马尼拉海沟潜源的影响。局地海啸潜源对香港、澳门的影响大于马尼拉海沟潜源。产生这种现象的原因是：马尼拉海沟潜源尽管空间规模大、震级上限高，但由于地震构造分为 6 段（图 5.2.12），当地震发生在南段时（RM5 和 RM6 分段）将在我国沿海引起较小的海啸波（图 7.3.7和图 7.3.8）。而珠 - 坳中部断裂和担杆列岛海外段潜源距离香港、澳门很近，其走向大致平行于海岸线，产生的海啸波直接面向香港、澳门传播，因而对 PTHA计算时的贡献率相对较高。

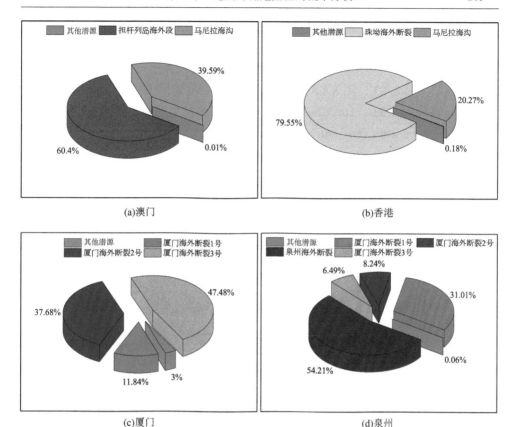

图 8.4.2 东南沿海 4 个重要城市的海啸波高超过 1m 的年平均发生率计算时各潜源的贡献率

厦门主要受厦门海外断裂 3 号、厦门海外断裂 2 号、厦门海外断裂 1 号潜源的影响；泉州除受这 3 个潜源的影响外，更多的是受泉州海外断裂的影响。由于厦门、泉州距离马尼拉海沟潜源较远，且他们的位置不在马尼拉海沟潜源产生的海啸能量传播方向上（图 7.3.3 ～图 7.3.8、图 7.3.10 和图 7.3.11），导致他们几乎不受马尼拉海沟潜源影响。与香港、澳门类似，这 4 个局地潜源产生的海啸波直接面对它们的海岸线传播。这里也说明了海啸潜源与目标场址的空间相对位置是影响 PTHA 结果的重要因素之一。

8.4.2 东南沿海地区的海啸危险性

随着 PTHA 技术的成熟，怎样把海啸危险性分析与沿海城市规划、工程建设结合起来，真正发挥其经济和社会效益逐渐成为学者关注的重点。我国东南沿海地区分布着大量的如跨海大桥、核电站、海上钻井平台、人工岛礁等重要基础设施和重大工程。这些设施、工程以及沿岸城镇、村落有面临海啸袭击的风险，因此有必要对我国东南沿海地区开展 PTHA 工作，绘制海啸危险性图，为沿海重大工程选址、城市发展规划提供科学依据，促进东南沿海地区的可持续发展。采用改进的 PTHA 方法对中国东南沿海的 1038 个场点（位置如图 8.3.5 所示）进行 PTHA 计算，得到每个场点的海啸危险性曲线，并绘制中国东南沿海的海啸危险性图。图 8.4.3 ～图 8.4.8 给出了中国东南沿海地区 50 年、100 年、500 年内海啸波高超过 0.5m、1m、2m、3m、4m、5m 的发生概率；图 8.4.9 给出了海啸波高超过 1m、2m、3m、4m、5m 的重现期。

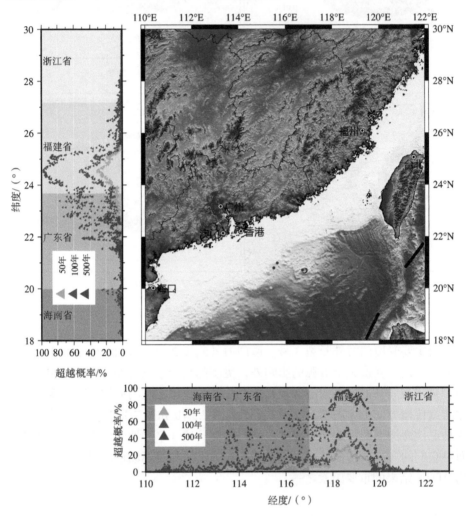

图 8.4.3　中国东南沿海地区 50 年、100 年和 500 年内遭遇海啸波高超越 0.5m 的概率分布图

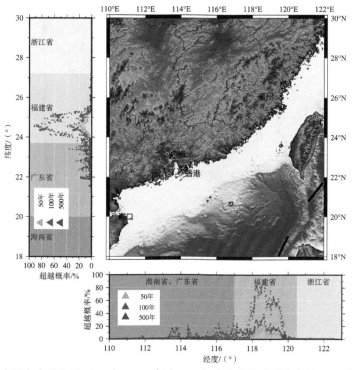

图 8.4.4　中国东南沿海地区 50 年、100 年和 500 年内遭遇海啸波高超越 1.0m 的概率分布图

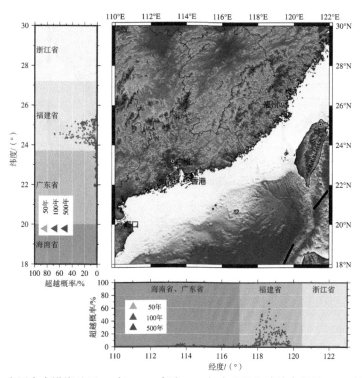

图 8.4.5　中国东南沿海地区 50 年、100 年和 500 年内遭遇海啸波高超越 2.0m 的概率分布图

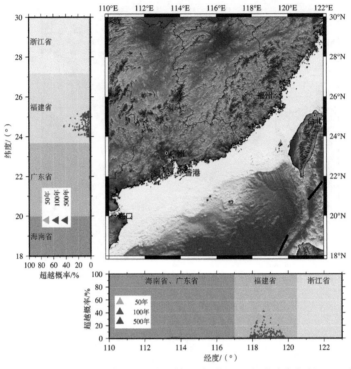

图 8.4.6　中国东南沿海地区 50 年、100 年和 500 年内遭遇海啸波高超越 3.0m 的概率分布图

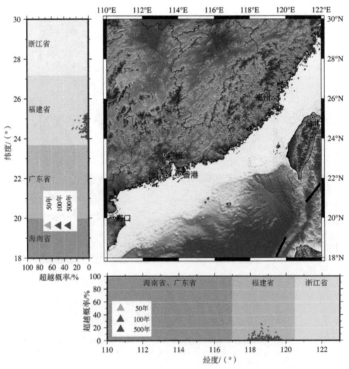

图 8.4.7　中国东南沿海地区 50 年、100 年和 500 年内遭遇海啸波高超越 4.0m 的概率分布图

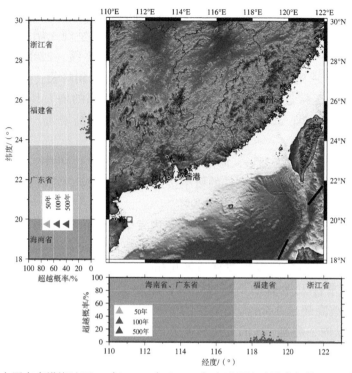

图 8.4.8　中国东南沿海地区 50 年、100 年和 500 年内遭遇海啸波高超越 5.0m 的概率分布图

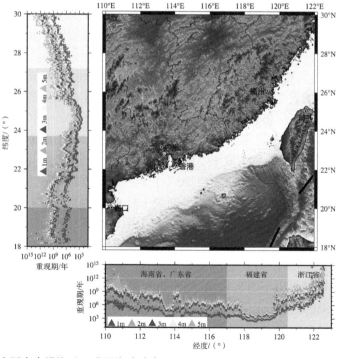

图 8.4.9　中国东南沿海地区遭遇海啸波高 1m、2m、3m、4m、5m 的重现期分布图

通过图 8.4.3～图 8.4.9 可以发现，沿海不同场址的海啸危险性差异显著，区域依赖性明显。若以地理纬度为参考，海啸危险性呈现先增大后减小的趋势，纬度 18°N～22°N 范围内海啸波高超越概率变化平缓，22°N～24.5°N 范围内海啸波高超越概率逐渐增大，并在 24.5°N 附近达到峰值，24.5°N 以北超越概率逐渐减小至接近于零。同一场址处随着海啸波高的增大其超越概率逐渐降低，50 年、100 年、500 年内同一波高的超越概率逐渐增大，这是符合理论以及现实情况的。

若以东南沿海省份为参考，海南省和浙江省的海啸危险性较低。在 50、100 年内发生波高超越 0.5m 海啸事件的概率接近于零；500 年内波高超越 0.5m 的概率在 25% 以内、超越 1m 的概率几乎为零。

广东省海啸危险性水平较高，在 50 年内发生波高超越 0.5m 海啸事件的概率在 15% 以内，超越 1m 的海啸事件发生概率不超过 5%，超越 2m 的发生概率几乎为零；在 100 年内发生波高超越 0.5m 海啸事件的概率在 25% 以内，超越 1m 的海啸事件发生概率不超过 10%，超越 2m 的发生概率几乎为零；在 500 年内发生波高超越 0.5m 海啸事件的概率最大处大于 70%，超越 1m 的发生概率在 30% 以内，超越 2m 的发生概率在 5% 以内，超越 3m 的发生概率几乎为零。

福建省海啸危险性水平最高，在 50 年内发生波高超越 0.5m 海啸事件的概率在 30% 以内，超越 1m 的海啸事件发生概率在 20% 以内，超越 2m 的发生概率不超过 10%，超越 3m 的发生概率不超过 5%，超越 4m 的发生概率不超过 3%，超越 5m 的发生概率接近于零；在 100 年内发生波高超越 0.5m 海啸事件的概率在 2%～50%，超越 1m 的海啸事件发生概率在 1%～40%，超越 2m 的发生概率在 20% 以内，超越 3m 的发生概率在 5% 以内，超越 4m 的发生概率不超过 3%，超过 5m 的发生概率接近于零；在 500 年内发生波高超越 0.5m 海啸事件的概率在 5%～95%，超越 1m 的海啸事件发生概率在 1%～80%，超越 2m 的发生概率在 60% 以内，超越 3m 的发生概率在 40% 以内，超越 4m 的发生概率不超过 25%，超过 5m 的发生概率不超过 15%。

造成这种区域性差异的主要原因在于：福建省沿海受 4 个局地潜源的影响，分别是泉州海外断裂、厦门海外断裂 1 号、厦门海外断裂 2 号、厦门海外断裂 3 号潜源，它们距离沿岸较近，且震级上限较高（M_w8.0，其他局地潜源均为 M_w7.5）；广东省沿海受马尼拉海沟区域潜源和担杆列岛海外段、珠–坳中部断裂 2 个局地潜源的影响，这可由前文关于澳门、香港、厦门、泉州 PTHA 计算的潜源贡献率分析可看出（图 8.4.2）；浙江省和海南省沿海距离海啸潜源都有一定距离，受各潜源的影响较小。

根据式（8-2-3）我们计算了所有场址对应超越概率 50 年 10%、50 年 5% 和 50 年 2% 的波高值，对应重现期为 475 年、975 年、2500 年的海啸波高分布，见图 8.4.10 ～图 8.4.12。我们知道 50 年 10%、50 年 2% 是我们国家建筑抗震三水准设计中对应的中震（多遇）、大震（罕遇）的设计水准，因此图 8.4.10 ～图 8.4.12 对于沿海建（构）筑物的抗海啸设计具有一定的科学参考作用。

为体现不同区域的海啸危险性等级，在此我们参考今村－饭田海啸大小等级表（表 1.4.1）将海啸波高划分为 4 个危险性等级，如表 8.4.2 所示，在图 8.4.10 ～图 8.4.12 中使用不同颜色代表目标场址的不同危险性等级。

表 8.4.2　海啸危险性等级划分

等　级	波高 H/m	影响程度
I	$0 \sim 0.5$m	无影响
II	$>0.5 \sim 1.0$m	近海岸危险
III	$>1.0 \sim 2.0$m	沿海淹没危险
IV	>2.0m	沿海严重淹没危险

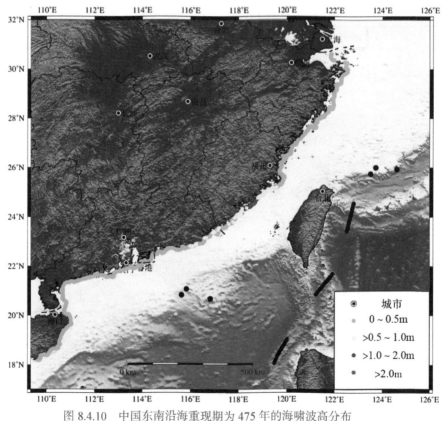

图 8.4.10　中国东南沿海重现期为 475 年的海啸波高分布

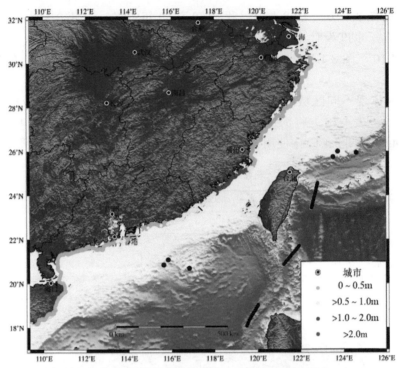

图 8.4.11　中国东南沿海重现期为 975 年的海啸波高分布

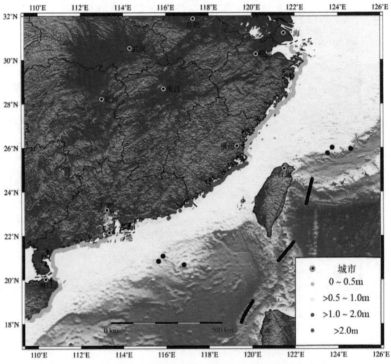

图 8.4.12　中国东南沿海重现期为 2500 年的海啸波高分布

当发生重现期为 475 年的海啸时，海南省、广东省中南部、福建省北部、浙江省的危险性等级为 I 级，福建省中南部、广东省北部部分地区危险程度为 II 级、福建省南部少部分地区危险性等级达到了 III 级和 IV 级；当发生重现期为 975 年的海啸时，广东省中部部分地区危险性等级上升为 II 级，福建省中南部更多的地区危险性等级达到 III 级和 IV 级；当发生重现期为 2500 年的海啸时，福建中南部地区危险性等级达到 IV 级，广东省中北部危险性等级全部达到 II 级、部分地区达到 III 级。

8.5　PTHA 中地震样本容量的合理确定

由 8.3 节和 8.4 节可见，针对一定数量的地震样本进行海啸生成、传播过程的数值模拟是 PTHA 中重要的环节之一。随着计算机能力的快速提升，地震样本的容量也在不断提升。Geist 和 Parsons（2006）对印度洋进行 PTHA 计算时采用蒙特卡罗方法仅随机生成了 200 个地震样本；Annaka 等（2007）用逻辑树的方法对日本进行 PTHA 计算时，模拟了 615 次地震海啸情景；Strunz 等（2011）开展印度洋海啸危险性分析研究时，采用了震级区间为 7.5 到 9.0 的 2000 次地震海啸情景；Li 等（2016）在马尼拉断层上采用了震级区间为 7.0 到 9.0 的 30000 次地震海啸情景，对我国南海进行了海啸危险性分析。国内外已开展的 PTHA 工作中样本容量的确定都较为随意。如果地震样本过少，将导致震级分布的局限性和片面性，得到不可靠的 PTHA 计算结果；地震样本过多，则会耗费大量的计算成本和研究精力。因此，有必要科学合理地确定最佳的样本容量以节约时间和成本，提高工作效率。本节从空间分布完备性和震级分布完备性两个角度，通过试算法建立最佳地震样本容量的经验模型。

8.5.1　考虑空间分布完备性

8.3.1 节介绍了基于蒙特卡罗技术的 PTHA 方法，其中第三步是针对地震样本集的震中位置和震级利用蒙特卡罗方法进行采样，使地震均匀发生于海啸潜源内（或潜源上，我们采用的是线源，见图 5.2.15）。这里先考虑地震样本集的震中空间分布的完备性，给出满足空间均匀分布情况下的最佳采样次数。

为更好理解原理，我们先举例说明，假设将 0 ~ 1 这个区间平均分成 10 等份，形成 10 个步长为 0.1 的小区间，在 0 ~ 1 随机取一个数，该随机数一定在 10 个区间中的某一个小区间内，定义随机数所在的小区间为成功区间；若随机生成多个数，则会产生多个成功区间，定义成功区间与小区间总数的比值为成功率。成功率越高，即可说明随机数分布越均匀。例如：在 0 ~ 1 内随机取 10 个数，分别为 0.8147、0.9057、0.1269、0.9133、0.6323、0.0975、0.2784、0.5468、0.9575、0.9648，则这 10 个随机数在 10 个小区间内的分布情况如图 8.5.1 所示。

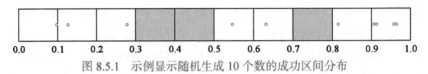

图 8.5.1　示例显示随机生成 10 个数的成功区间分布

其中，非阴影区间为成功区间，有 7 个，则该次随机取样的成功率为 70%。

按照上述原理，将整个潜源长度归一化为 1，在 0 ~ 1 范围内利用蒙特卡罗方法生成随机数来模拟震中在潜源上的位置，合理的随机数数量也就是基于蒙特卡罗技术的 PTHA 方法中第三步的生成地震样本集的样本容量。将潜源长度平均分成 10 等份，采样随机数的数量取 10、15、20、……、500，得到每组采样的成功率，图 8.5.2 为随机生成 20 个数的成功区间分布。

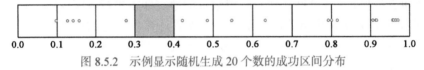

图 8.5.2　示例显示随机生成 20 个数的成功区间分布

可知，此时非成功区间只有 0.3 ~ 0.4 这一个，成功率达到了 90%，但是仅仅这一次的计算结果具有偶然性，不具有普遍性，故针对同一样本容量重复采样过程 100 次，计算采样成功率的平均值；再将潜源长度平均分成 20、30、40、……、100 等份，分别重复以上步骤，得到不同等份数下采样数量（样本容量）与成功率的关系，如图 8.5.3 所示。

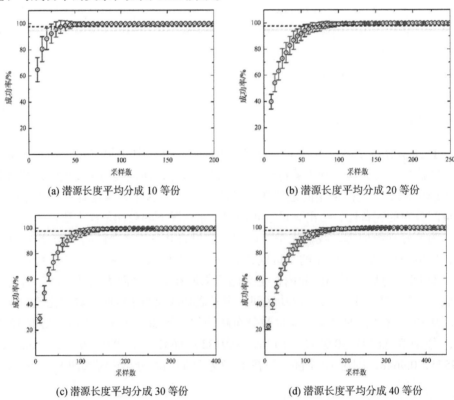

(a) 潜源长度平均分成 10 等份　　　　　　(b) 潜源长度平均分成 20 等份

(c) 潜源长度平均分成 30 等份　　　　　　(d) 潜源长度平均分成 40 等份

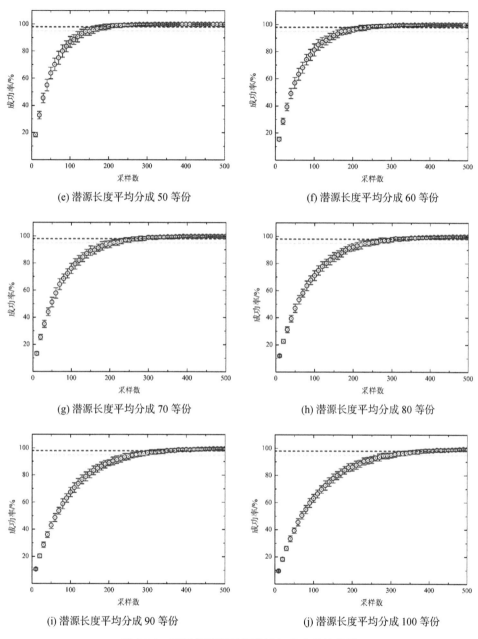

(e) 潜源长度平均分成 50 等份　　　　　　　　(f) 潜源长度平均分成 60 等份

(g) 潜源长度平均分成 70 等份　　　　　　　　(h) 潜源长度平均分成 80 等份

(i) 潜源长度平均分成 90 等份　　　　　　　　(j) 潜源长度平均分成 100 等份

图 8.5.3　不同等份下采样数量与成功率的关系

　　图 8.5.3 中可见，采样数量越多采样成功率就越高。我们将成功率稳定在 98% 和 95% 的最佳采样数量记录下来（图 8.5.3 中蓝线、黄线所示），结果如表 8.5.1。采样数量与分段数之间存在显著相关性，如图 8.5.4 所示。

表 8.5.1　不同等份数在满足采样成功率 98% 和 95% 情况下的采样数量

采样成功率	潜源长度的等份数量									
	10	20	30	40	50	60	70	80	90	100
98%	40	80	125	160	200	230	270	315	355	390
95%	30	55	95	120	155	170	210	235	265	305

将最佳采样数量与分段数量进行回归分析建立经验关系，结果为

$$成功率为98\%时：N = 3.67 + 3.87 \times n \quad R^2 = 0.999 \quad (8\text{-}5\text{-}1)$$

$$成功率为95\%时：N = -0.33 + 2.99 \times n \quad R^2 = 0.996 \quad (8\text{-}5\text{-}2)$$

式中，N 为采样数量；n 为分段数量。

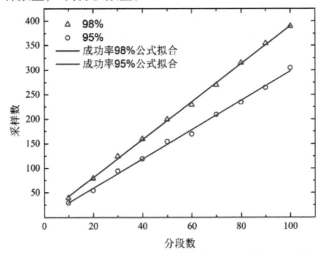

图 8.5.4　成功率为 98% 和 95% 时采样数量与分段数的相关关系

上述分析可见，最佳采样数量的多少取决于潜源的分段数量，接下来我们将通过数值模拟试算的方式确定各潜源合理的分段数量。假设地震发生在潜源中心位置，将震中沿潜源断裂走向移动一定距离以模拟震中位置的变化对海啸波高的影响，采用相对误差的方式定义波高的变化，即

$$相对误差 = \frac{\left| H_{上/下} - H_{中间} \right|}{H_{中间}} \times 100\% \quad (8\text{-}5\text{-}3)$$

式中，$H_{上/下}$ 为震中位置沿潜源断裂走向方位向上或向下移动一定距离后的海啸情景在目标场址处的波高；$H_{中间}$ 为震中位置不变化时海啸情景在目标场址处的波高。

这里，针对局地潜源分别移动 1km、2km、4km、6km、8km 进行试算；针对区域潜源，分别移动 2km、4km、6km、8km、10km、12km、14km、16km、18km、20km 进行计算。设定不同震级的海啸情景，关于地震的震源构造参数取值方法详见 7.1 节。根据式（8-5-3）观察沿岸波高变化，图 8.5.5 给出了担

杆列岛海外段潜源发生 M_w7.0 地震时，震中位置移动 2km 时的波高变化情况。图 8.5.5 中可见，大部分沿岸场点的波高变化在 10% 以内，因此我们认为震中位置变化 2km 对沿海海啸波高的影响是可接受的，将 2km 确定为该潜源合理的分段区间长度。

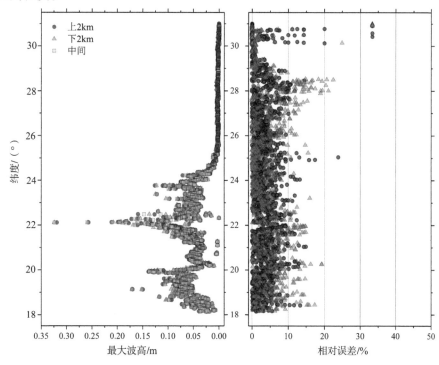

图 8.5.5　模拟担杆列岛海外段 M_w7.0 地震震中位置移动 2km 时的波高变化分布

按照上述过程针对其他潜源进行了类似试算工作，由于计算结果图片较多，这里不再一一列举，最终确定局地潜源合理的分段区间长度都为 2km、马尼拉海沟区域潜源为 10km。将这两个数值分别代入式（8-5-1）和式（8-5-2）得到各潜源在采样成功率98% 和95% 情况下的最佳样本容量，如表 8.5.2 所示。

表 8.5.2　东南沿海开展 PTHA 时考虑空间分布完备性各潜在海啸源的最佳地震样本容量

潜源编号	潜源名称	潜源长度/km	分段长度/km	分段数量	最佳地震样本容量 98% 成功率	95% 成功率
8	泉州海外断裂	92	2	46	182	138
9	厦门海外断裂 1 号	51	2	26	105	78
10	厦门海外断裂 2 号	74	2	37	147	111
11	厦门海外断裂 3 号	59	2	30	120	90
12	滨海断裂南澳段	75	2	38	151	114
13	台湾浅滩西南断裂	130	2	65	256	195

续表

潜源编号	潜源名称	潜源长度/km	分段长度/km	分段数量	最佳地震样本容量	
					98% 成功率	95% 成功率
14	珠－坳中部断裂	52	2	26	105	78
15	担杆列岛海外段	135	2	68	267	203
R1	马尼拉海沟	1103	10	111	434	332

8.5.2　考虑震级分布完备性

8.5.1 节考虑了震中空间分布的完备性，基于蒙特卡罗技术的 PTHA 方法还需要对震级进行采样，使采样得到的震级符合式（5-3-4）和式（5-3-5）的累积分布函数和概率密度函数。下面考虑震级分布的完备性，采用平均相对误差的概念来衡量实际采样的和理论的震级分布之间的符合程度，即

$$E_r = \frac{\sum_{i=1}^{n}\left(\frac{|x_{ti} - x_{si}|}{x_{ti}}\right)}{n} \times 100\% \tag{8-5-4}$$

式中，n 为震级分档数量；x_{ti}、x_{si} 分别表示第 i 个震级档采样的理论频数和实际频数。

式（8-5-4）衡量的是针对某一采样样本容量时，得到的地震样本集是否符合潜在海啸源区内的地震活动性规律，即衡量震级分布的完备性。例如，若式（5-3-4）中取 M_{max}=7.0，M_{min}=6.5，b=1.0，即 β=1.0×ln10=2.3，进行 100 次随机采样，各震级档的频数分布如图 8.5.6 所示，该算例的结果 E_r 为 15.049%。

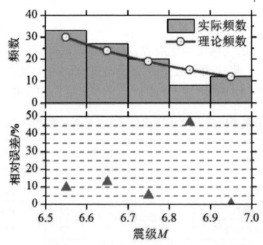

图 8.5.6　震级 6.5 ～ 7.0 范围针对 100 次地震随机采样的震级频数分布及相对误差

接下来，本书采用试算法确定最佳样本容量，步骤如下所述。

（1）针对特定案例，给定 M_{max}、M_{min}、b 三个参数值，设定采样次数初始值，根据公式（5-3-4）或（5-3-5）进行震级分布的蒙特卡罗随机采样。

（2）为减小随机采样产生的离散性，重复 10 次蒙特卡罗随机采样过程，求得 10 个采样结果的 E_r 值的平均值。

（3）逐渐增大采样次数，针对每个采样次数重复步骤（1）和步骤（2），当 E_r 值稳定地低于期望值时，停止试算。

图 8.5.7 表示，M_{max}=7.0、M_{min}=6.5、b=1.0 情况下，不同采样次数的 E_r 值的平均值和标准差。若取理论频数与实际采样频数的相对误差期望指标 E 为 5%、10%、15%，图 8.5.7 中当采样次数达到 1050 次、350 次、100 次时停止试算，由此可确定这些值为最佳采样容量。

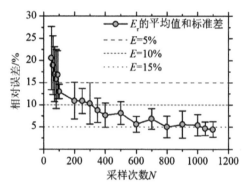

图 8.5.7　针对算例采用不同采样次数的震级频数平均相对误差

在上述随机采样过程中，震级分布是按照式（5-3-5）产生的，其中 M_{max}、M_{min}、b 是三个变量，接下来进一步讨论 b、M_{min}（或 M_{max}）、ΔM（即 $M_{max}-M_{min}$）对随机采样结果的敏感性。

1. b 值影响

对于 b 值敏感性分析，分别保持震级下限 M_{min} 和震级差 ΔM 不变，改变 b 值，观察最佳采样次数曲线变化趋势，取 E=5%、10%、15% 作为最佳采样次数的误差期望指标。

当震级下限 M_{min}=6.5 保持不变，震级差 ΔM 分别为 0.5、1.0、1.5 不同 b 值时，不同误差期望指标 E 的最佳采样次数的变化趋势如图 8.5.8 所示。

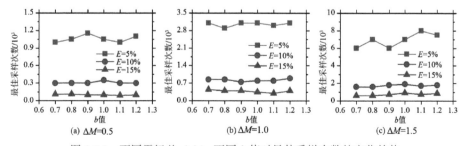

图 8.5.8　不同震级差 ΔM、不同 b 值时最佳采样次数的变化趋势

　　震级差 ΔM=0.5 保持不变，震级下限 M_{min} 分别为 7.0、7.5、8.0、8.5 且不同 b 值时，不同误差期望指标 E 的最佳采样次数的变化趋势如图 8.5.9 所示。

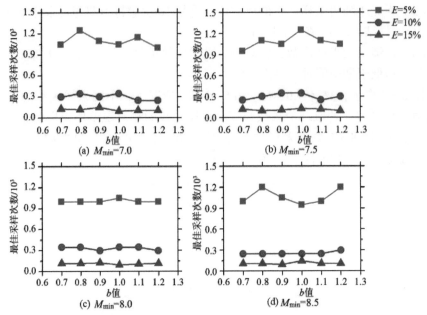

图 8.5.9　不同震级下限 M_{min}、不同 b 值时最佳采样次数的变化趋势

　　不难发现，所有曲线基本没有太大起伏变化，最佳采样次数与 b 值无明显相关性，由此可见 b 值对确定最佳采样次数几乎无影响。

2. 震级下限 M_{min}（或震级上限 M_{max}）影响

　　对于震级下限 M_{min}（或震级上限 M_{max}）的敏感性分析，同理，分别保持 b 值和震级差 ΔM 不变，改变震级下限 M_{min}（或震级上限 M_{max}），观察最佳采样次数曲线的变化趋势，取 E=5%、10%、15% 作为最佳采样次数的控制指标。

　　当 b=1.0，震级差 ΔM=0.5、1.0、1.5 时，不同控制指标 E 的最佳采样次数的变化趋势如图 8.5.10。

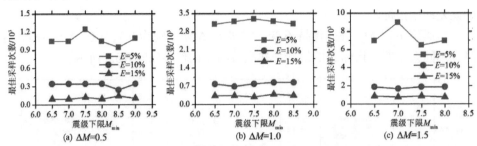

图 8.5.10　b=1.0 时不同震级差 ΔM、不同震级下限 M_{min} 最佳采样次数的变化趋势

　　改变 b 值，即 b=1.2、1.1、0.9、0.8、0.7 时，不同震级差 ΔM=0.5、1.0、1.5 情况下，采样次数曲线的变化趋势图不一一列举，其结果与 b=1.0 时采样

次数变化趋势大致相同，即最佳采样次数与 M_{min} 没有相关性，因此，震级下限 M_{min}（或震级上限 M_{max}）对确定最佳采样次数几乎无影响。

3. 震级差 ΔM 影响

最后考虑震级差 ΔM 对确定最佳采样次数的敏感性影响，由图 8.5.8 和图 8.5.10 可判断，当 b 值、M_{min} 值固定时，震级差 ΔM 越大，采样次数越多。

由上述讨论可知，b 值与震级下限 M_{min}（或震级上限 M_{max}）对结果的影响很微弱，故在此忽略 b 值与震级下限 M_{min}（或震级上限 M_{max}）的影响，不妨取 $b=1.0$、$M_{min}=7.0$，调整 ΔM 值，按照前述确定最佳采样样本容量的步骤分别确定不同误差期望指标 E 的 PTHA 计算最佳采样次数，结果如表 8.5.3。

表 8.5.3　$b=1.0$、$M_{min}=7.0$ 时针对不同震级差的最佳采样次数

震级		最佳采样次数		
震级下限	震级上限	$E=5\%$	$E=10\%$	$E=15\%$
7.0	7.2	105	50	20
7.0	7.4	505	160	95
7.0	7.6	1450	350	170
7.0	7.8	2100	500	240
7.0	8.0	2900	810	350
7.0	8.2	4600	1000	490
7.0	8.4	6000	1400	660
7.0	8.6	7150	2150	1000
7.0	8.8	11500	3050	1300
7.0	9.0	14000	4050	1900

经观察比较，采用式（8-5-5）的指数模型对表 8.5.3 数值进行经验拟合为

$$N = y_0 + A_1 \times e^{\frac{\Delta M - x_0}{t_1}}$$

（8-5-5）

式中，N 为最佳采样次数；ΔM 为震级差；y_0、A_1、x_0、t_1 为常数系数。拟合结果如图 8.5.11 所示，回归系数见表 8.5.4。

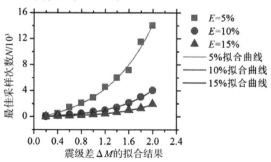

图 8.5.11　震级下限 $M_{min}=7.0$ 时最佳采样次数 N 与震级差 ΔM 的拟合结果

表 8.5.4 式（8-5-5）中的回归系数

误差期望指标 E/%	回归系数				
	y_0	A_1	x_0	t_1	R^2
5	−1509.231	1401.442	0.055	0.805	0.988
10	−192.496	280.808	0.226	0.651	0.997
15	−57.507	90.369	0.077	0.628	0.997

从拟合结果中可以看出，误差期望指标 E 为 5%、10%、15% 时，R^2 分别为 0.988、0.997、0.997，均接近于 1，可见拟合效果较好。通过上述分析，我们确定 PTHA 样本容量的大小取决于潜在海啸源区内震级上下限之差 ΔM。第 5 章确定了对中国东南沿海能够产生影响的地震海啸潜源，并确定了可能引起破坏性海啸的震级下限为 7.0。根据不同地震海啸潜源的震级上限，对应的 ΔM 分别为 0.5、1.0 和 2.0，结合上文拟合的经验公式，计算得到开展 PTHA 时各潜在海啸源的最佳地震样本容量，结果如表 8.5.5 所示。

表 8.5.5 东南沿海开展 PTHA 时考虑震级分布完备性各潜在海啸源的最佳地震样本容量

潜源编号	潜源名称	震级上限	最佳地震样本容量		
			E=5%	E=10%	E=15%
8	泉州海外断裂	8.0	3024	730	336
9	厦门海外断裂 1 号	8.0	3024	730	336
10	厦门海外断裂 2 号	8.0	3024	730	336
11	厦门海外断裂 3 号	8.0	3024	730	336
12	滨海断裂南澳段	7.5	927	236	120
13	台湾浅滩西南断裂	7.5	927	236	120
14	珠－坳中部断裂	7.5	927	236	120
15	担杆列岛海外段	7.5	927	236	120
R1	马尼拉海沟	9.0	14191	4 092	1 874

未来针对某一地区进行 PTHA 计算时，须同时考虑空间分布完备性和震级分布完备性，即取表 8.5.2 和表 8.5.5 给出值的较大者为最佳样本容量。关于误差期望的大小取决于用户对 PTHA 结果的精确度需求。例如，如果对震中空间采用的成功率期望为 98%、震级概率密度分布的符合度为 10%，对于泉州海外断裂、厦门海外断裂 1 号、厦门海外断裂 2 号、厦门海外断裂 3 号、滨海断裂南澳段、珠－坳中部断裂、马尼拉海沟潜源的最佳样本容量取表 8.5.5 给出的值；对于台湾浅滩西南断裂和担杆列岛海外段潜源则取表 8.5.2 给出的值。

需要说明的是，受限于目前工作的计算能力 8.3 节、8.4 节开展 PTHA 时采用的地震海啸情景数量（局地潜源是 100 个、区域潜源是 600 个）远小于这里给出的最佳样本容量数值，未来工作将参考表 8.5.2 和表 8.5.5 扩充地震样本容量，进一步完善我国东南沿海的概率海啸危险性分析工作。

参 考 文 献

Anita G, Sandri L, Marzocchi W, et al., 2012. Probabilistic tsunami hazard assessment for Messina Strait Area (Sicily, Italy)[J]. Natural hazards, 64(1): 329-358.

Annaka T, Satake T, Sakakiyama T, et al., 2007. Logic-tree approach for probabilistic tsunami hazard analysis and its applications to the Japanese coasts[J]. Pure and Applied Geophysics, 164(2): 577-592.

Burbidge D, Cummins P R, Mleczko R, et al., 2008. A probabilistic tsunami hazard assessment for Western Australia[J]. Pure and Applied Geophysics, 165(11): 2059-2088.

Choi B H, Pelinovsky E, Ryabov I, et al., 2002. Distribution functions of tsunami wave heights[J]. Natural Hazards, 25(1): 1-21.

Downes G L, Stirling M W, 2001. Groundwork for development of a probabilistic tsuanmi hazard model for New Zealand[C]//ITS 2001 Processings, Session 1, Number 1-6: 292-301.

Fokaefs A, Papadopoulos G A, 2007. Tsunami hazard in the Eastern Mediterranean: strong earthquakes and tsunamis in Cyprus and the Levantine Sea[J]. Natural hazards, 40(3): 503-526.

Geist E L, Parsons T, 2006. Probabilistic analysis of tsunami hazards[J]. Natural Hazards, 37(3): 277-314.

Geist E L, Parsons T, 2009. Assessment of source probabilities for potential tsunamis affecting the US Atlantic coast[J]. Marine Geology, 264(1-2): 98-108.

González F I, Leveque R J, ADAMS L M, et al., 2013. Probabilistic tsunami hazard assessment (PTHA) for Crescent City, CA[R]. Final Report for Phase I, University of Washington Department of Applied Mathematics.

Grilli S T, Taylor O D S, Baxter C D P, et al., 2009. A probabilistic approach for determining submarine landslide tsunami hazard along the upper east coast of the United States[J]. Marine Geology, 264(1): 74-97.

Heidarzadeh M, Kijko A, 2011. A probabilistic tsunami hazard assessment for the Makransubduction zone at the northwestern Indian Ocean[J]. Natural hazards, 56(3): 577-593.

Heidarzadeh M, Pirooz M D, Zaker N H, et al., 2008. Evaluating tsunami hazard in the northwestern Indian Ocean[J]. Pure and Applied Geophysics, 165(11): 2045-2058.

Houston J R, Carver R D, Markle D G, 1977. Tsunami-wave elevation frequency of occurrence for the Hawaii Islands[R]. Hydraulic Laboratory, U.S. Army Engineer Waterways Experiment Station, H-77-16.

Leonard L J, Rogers G C, Mazzotti S, 2014. Tsunami hazard assessment of Canada[J]. Natural Hazards, 70(1): 237-274.

Li L L, Switzer A D, Chan C H, et al., 2016. How heterogeneous coseismic slip affects regional probabilistic tsunami hazard assessment: a case study in the South China Sea[J]. Journal of Geophysical Research: Solid Earth, 121(8): 6250-6272.

Lin I C, Tung C C, 1982. A preliminary investigation of tsunami hazard[J]. Bulletin of the Seismological Society of America, 72(6): 2323-2337.

Liu Y C, Santos A, Wang S M, et al., 2007. Tsunami hazards along Chinese coast from potential earthquakes in South China Sea[J]. Physics of the Earth and Planetary Interiors, 163(1-4): 233-244.

Loomia H G, 1976. Tsunami wave runup heights in Hawaii[R]. Hawaii Institute of Geophysics University of Hawaii and Honolulu and Joint Tsunami Research Effort, NOAA-JTRE-161.

Løvholt F, Bungum H, Harbitz C B, et al., 2006. Earthquake related tsunami hazard along the western coast of Thailand[J]. Natural Hazards and Earth System Science, 6(6): 979-997.

Løvholt F, Kühn D, Bungum H, et al., 2012. Historical tsunamis and present tsunami hazard in eastern Indonesia and the southern Philippiness[J]. Journal of Geophysical Research: Solid Earth, 117(B9): B09310.

Orfanogiannaki K, Papadopoullos G A, 2007. Conditional probability approach of the assessment of tsunami potential: application in three tsunamigenic regions of the Pacific Ocean[J]. Pure and Applied Geophysics, 164(2): 593-603.

Papadopoulos G A, 2003. Tsunami hazard in the Eastern Mediterranean: strong earthquakes and tsunamis in the Corinth Gulf, Central Greece[J]. Natural Hazards, 29(3): 437-464.

Papadopoulos G A, Daskalaki E, Fokaefs A, et al., 2007. Tsunami hazard in the eastern mediterranean sea: strong earthquakes and tsunamis in the west hellenic arc and trench system[J]. Journal of Earthquake & Tsunami, 7(1): 57-64.

Power W, 2005. Review of tsunami hazard and risk in New Zealand[R]. Institute of Geological & Nuclear Sciences.

Sørensen M B, Spada M, Babeyko A, et al., 2012. Probabilistic tsunami hazard in the Mediterranean Sea[J]. Journal of Geophysical Research: Solid Earth, 117(B1): B01305.

Strunz G, Post J, Zosseder K, et al., 2011. Tsunami risk assessment in Indonesia[J]. Natural Hazards and Earth System Sciences, 11(1): 67-82.

Thio H K, Somerville P, Ichinose G, 2007. Probabilistic analysis of strong ground motion and tsunami hazards in Southeast Asia[J]. Journal of Earthquake and Tsunami, 1(02): 119-137.

Thio H K, Somerville P, Polet J, 2010. Probabilistic tsunami hazard in California[R]. Pacific Earthquake Engineering Research Center, PEER Report.

Wong F L, Geist E L, Venturato A J., 2005. Probabilistic tsunami hazard maps and GIS[C]//Proc. 2005 ESRI Internat. User Conf., San Diego, California.

Zahibo N, Pelinovsky E N, 2001. Evaluation of tsunami risk in the Lesser Antilles[J]. Natural Hazards and Earth System Sciences, 1(4): 221-231.

第9章　概率地震海啸危险性分析的不确定性

由前文章节可知，概率地震海啸危险性分析中涉及多个环节，每个环节采用的方法和参数取值将对最终的危险性分析结果产生影响。例如，第8章中介绍的基于蒙特卡罗技术的 PTHA 方法第三步中，针对设定地震样本集的地震震源参数取值，通常的做法是选择一个有代表性的值，或是取历史记录的高频值，或是取最具危险性的值，或是断层构造调查值。不同的选择虽然都有一定的依据，但得到的危险性分析结果是不同的，无论选择哪个值都难以体现地震的随机性。这种由于物理过程内在的随机性或对物理现象认知的不足引起结果的变化可称之为不确定性。

在第8章关于 PTHA 的介绍中，对于相关参数的选择采用的是中位值或是优势值。由于优势值只是取概率较大的值，最终结果只能代表发生概率较大的一种情况，没有包含事件发生的所有可能情况，因此不符合概率分析的内在含义。在本章中，我们将总结概率地震海啸危险性分析中不确定性的来源，并尝试量化不确定性，分析不确定性对海啸危险性结果的影响。

9.1　不确定性来源

9.1.1　不确定性的分类和含义

不确定性根据其性质可以分为两类：随机不确定性（aleatory uncertainty）和认知不确定性（epistemic uncertainty）（Hoffman and Hammonds，1994）。

随机不确定性，也称偶然不确定性，是由自然现象内在的随机性所产生的。例如，掷骰子，在每次掷骰子前，我们只能知道出现点数的概率分布情况，但不能准确地预测骰子的点数。这种不确定性代表的是一个物理过程或自然现象内在的规律，是无法消除的。随着观测数据的增多，可以采用合理的模型来描述随机不确定性，量化不确定性的影响。认知不确定性，是指人类掌握的知识还有限，现有的方法、原理、模型等还得不到充分的认知，由此产生的不确定性，可以通过研究的深入而缩小其变化范围。随机不确定性和认知不确定性并不是两个独立的类别，而是不确定性的两个状态。随着研究的深入，认知不确定性的规律被逐步发现，从而转为随机不确定性，甚至转为确定性的。表 9.1.1 列出了两种不确定性概念的区别。

表 9.1.1　随机不确定性和认知不确定的比较

项目	原因	表现	取值	例子
随机不确定性	源自自然现象自身随机性,不可避免的	体现在参数的确定	随机性由概率分布确定	取值的变异性,倾角、滑移角、破裂面积
认知不确定性	认识不足导致的不确定性,能通过研究的深入减少	体现在理论、模型、方法的选取	不同的方法	模型的差别(经验公式的选取),破裂模型的选取

从表 9.11 可以得出,认知不确定性主要体现在理论、模型、方法的选取,而随机不确定性主要体现在具体参数的确定。

9.1.2　PTHA 中的不确定性来源

在地震海啸危险性分析中,地震参数与海啸波高的相关关系不是线性的,受多个地震参数的影响,海啸波高变化非常复杂。由于地质构造的不明确和地震的随机性,海啸产生和传播过程包含了大量的不确定性,既有随机不确定性,也有认知不确定性。

在 PSHA 中,不确定性分析比 PTHA 起步较早,许多学者做了大量研究(如 Budnitz et al.,1997;Delavaud et al.,2012;McGuire,2004),方法和过程相对较为成熟。Kulkarni 等(1984)把这两种不确定性称为固有不确定性(inherent uncertainty)和统计不确定性(statistical uncertainty),McGuire(2004)根据性质,对 PSHA 中不确定性参数进行了分类,见表 9.1.2。

表 9.1.2　PSHA 中不确定性参数分类(McGuire,2004)

随机不确定性参数	认知不确定性参数
地震震中位置	发震区域的几何形态
地震震源特性(如震级)	震源参数的分布模型(b 值、最大震级等)
目标场址给定中位值的地震动	给定震源特性的地震动中位值
断层破裂过程的细节(如破裂方向)	地震动的上限值

近些年,PTHA 的不确定分析研究工作也已逐步开展。例如,Thio 等(2014)在分析加利福尼亚地区的海啸危险性时,把倾角、滑移角的不确定性视为随机不确定性,并假设海啸波高在这些参数影响下服从对数正态分布。Selva 等(2016)在分析日本沿海海啸危险性时,把相同地震参数情况下得出的不同海啸波高变化视为随机不确定性,把地震重现期模型视为认知不确定性。

PTHA 可视为由两个部分组成:海啸的生成过程和海啸的传播过程。海啸传播过程中的不确定性是相对较小的,主要与海啸的传播数值模型和水深数据有关。海啸生成过程的不确定性是 PTHA 中不确定性的主要来源,其中包含了对复杂的地震破裂过程的模拟和对随机性较强的地震发生位置、地震重现期等参数的确定。表 9.1.3 给出了 PTHA 中主要涉及的不确定性类型及处理方法，并依据其性质进行分类，同时给出建议的处理方法。对于随机不确定性，通常采用统计的方法给出参数的概率分布，可以对不确定性进行量化；对于认知不确定性，通常采用逻辑树的方法进行处理。从表 9.1.3 中也可以看到，认知不确定性参数和随机不确定性参数之间的界限是比较模糊的，由于现阶段人们对某些自然现象的认识还不充足，导致出现了不同模型描述同一个物理现象，对这些模型的选择引起了认知不确定性，随着对物理现象认识的不断深入，认知不确定性会逐渐消除，转换为随机不确定性。

　　应当注意的是，进行海啸危险性分析时，并不是每一个不确定性参数或模型都需要进行处理，通过敏感性分析可以确定对危险性结果影响较大的参数或模型，进行重点处理。后文将以概率地震海啸分析中的涉及的某几个参数为例，介绍不确定性对危险性结果的影响以及相应的处理方法。

表 9.1.3　PTHA 中涉及参数的不确定性类型及处理方法

过程阶段	模型及参数	不确定性类型	处理方法
海啸的传播过程	海啸传播模型	认知不确定性	逻辑树
	海洋水深数据	认知不确定性	逻辑树
海啸的生成过程	地震重现期模型	认知不确定性	逻辑树
	滑移分布模型	认知不确定性	逻辑树
	地震位置分布模型	认知不确定性	逻辑树
	倾角分布模型	认知不确定性	逻辑树
	破裂面积模型	认知不确定性	逻辑树
	震级上限	认知不确定性	逻辑树
	地震震级	随机不确定性	概率分布
	地震位置	随机不确定性	概率分布
	地震深度	随机不确定性	概率分布
	倾角	随机不确定性	概率分布
	滑移角	随机不确定性	概率分布
	破裂面积	随机不确定性	概率分布

9.2　海洋水深数据引起的不确定性

　　海啸数值模拟是概率海啸危险性分析中的重要环节（温瑞智等，2011；宋昱莹等，2014）。研究者往往关注海啸生成阶段的参数，如震源深度、破裂面长度、宽度，滑移量，破裂走向角、倾角、滑移角等对模拟结果的不确定性影响，针对这些参数开展敏感性分析（如 Okal，1988；Takaoka et al.，2001；Gica et al.，2007），对于海洋水深数据对海啸数值模拟结果的不确定性分析开展工作相对较少。在进行地震海啸数值模拟时，海洋水深作为基础数据一般在开阔海域采用全球公开发布的大网格数据，通常采用卫星雷达采集（Rabus et al.，2003）；在近海海域采用各自国家不公开的高分辨率小网格数据，通常采用走航式水深测量方法采集（裴文斌等，2004）。由于测量技术和方式的不同，公开发布的全球水深数据拥有多个不同数据源，并且相互间存在差异，另外测量过程也难免存在系统误差。因此，对海洋水深数据的选择被列入认知不确定性的范畴，不同数据的来源差异和误差是否对海啸数值模拟结果产生影响值得我们关注和探讨。

本节以我国南海为研究区域，分析目前常用的三种水深数据的差异性；针对马尼拉海啸潜源进行海啸数值模拟计算，探讨水深数据差异性对于模拟波高的影响；对水深数据进行人为改变以模拟误差的产生，分析水深数据误差对于海啸数值模拟的影响；旨在探讨海洋水深数据对于海啸波高数值模拟的敏感性进而验证其适用性。

9.2.1 数据源的差异性

1. 水深数据源

目前较为常用的海洋水深数据主要有 ASTER、GDEM、SRTM、GTOPO30、ACE2、GEBCO、ETOPO 等（侯京明等，2012）。这里选择了常用的 SRTM、GEBCO 和 ETOPO 三种数据源作为研究对象，其主要特征介绍如下所述。

SRTM（Shuttle Radar Topography Mission）覆盖了地球陆地表面 80% 以上的数字地形数据，目前提供的数据精度可达 90m（3″），这一精度只针对陆地部分，海洋水深数据仅提供 30″ 精度的数据可下载使用；其高程数据的垂直精度达到 16m，主要是由航天飞机雷达测量而来。

GEBCO（The General Bathymetric Chart of the Oceans）可提供全世界各大洋的水深数据。水深数据来自质检船（已知测点）的测深，以及通过卫星获取的资料，陆地部分主要来自 SRTM30 的数字海拔模型。目前提供有 1′ 和 30″ 的数据。

ETOPO 是由美国国家海洋和大气管理局（NOAA）下属的国家地球物理数据中心（NGDC）发布的，数据整合 SRTM30 地形、GEBCO 水深、GLOBE 水深、JODC 水深数据等，覆盖整个地球，先后推出了 5′、2′、1′ 精度的数据。

2. 研究区域

选取我国南海 11°N ～ 26°N、108°E ～ 122°E 作为研究区域。分别针对该区域内 30″ 精度的 SRTM、1′ 精度的 GEBCO、1′ 精度的 ETOPO 数据进行分析。为保证数据完整真实，均未对数据进行插值处理，网格大小均保持原始精度。图 9.2.1 给出了该区域 SRTM 数据的高程／水深分布及马尼拉断层分布情况，大陆架主要分布在北、西、南三面。其中，南部大陆架宽度最宽，北部次之，西部和东部狭窄。南海的水深较深，除了北、西、南三面靠陆地附近深度较浅外，中部和东部水深大都在2000m以上。

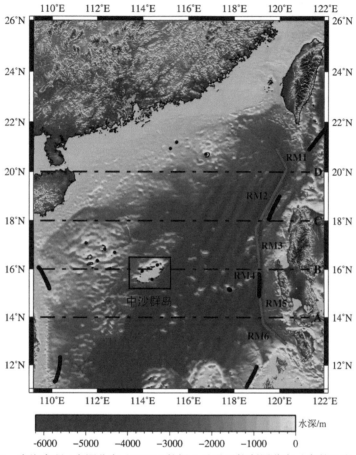

图 9.2.1　南海高程 / 水深分布（SRTM 数据）及马尼拉断层分布（参数见表 5.2.2）

其他两种数据源的高程 / 水深分布情况限于篇幅原因这里并未给出，从宏观视觉上判断三者未有明显差异。接下来我们对具体数据点进行差异性分析，选取 14°N、16°N、18°N 和 20°N 4 个截断面高程 / 水深数据进行对比，如图 9.2.1 所示。图 9.2.2 给出了这 4 个截断面上的 3 种数据源的高程 / 水深数据比较。水深分布大致在 0 ~ 4000m，从大陆向外海呈阶梯状下降，存在海岛、暗礁及宽阔的海盆。

从图 9.2.2 中可见，不同数据源之间地形起伏趋势一致，浅水区域（水深数据小于 500m）差异不明显，而在开阔的深海区域存在部分数据差异较大的情况，如在 A–A′ 截断面 111°E 位置附近 GEBCO 数据浅于 SRTM 和 ETOPO 数据接近 1000m，115°E 位置附近 ETOPO 数据深于 GEBCO 和 SRTM 数据超过 1000m。

还有在 C–C′ 和 D–D′ 截断面分别出现 SRTM 数据异常"突起",这有可能是
SRTM 数据精度(30″)要高于 GEBCO 和 ETOPO 数据(1′)的缘故,该位
置或许出现暗礁。由此可见,不同数据源的海洋水深数据还是存在一定的差异性
的,是否因此对海啸数值模拟产生影响值得探讨和研究。

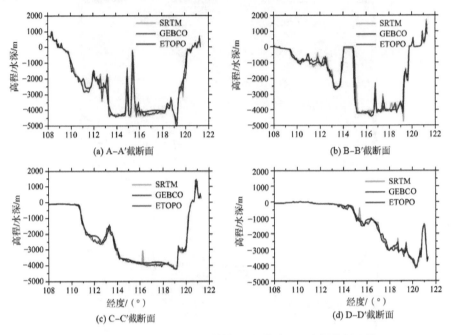

图 9.2.2　4 个截断面的不同数据源间的高程 / 水深数据比较

3. 设定地震海啸数值模拟

针对马尼区域海啸源(分布见图 9.2.1),分别采用上述 3 种水深数据在所选
区域内进行海啸生成、传播过程的数值模拟计算,比较计算结果观察水深数据源
的差异对海啸波高数值模拟结果的影响程度。根据《琉球海沟、马尼拉海沟地震
构造背景及震源参数评估报告》(周本刚等,2011),马尼拉海沟潜在海啸源区共
有 6 个破裂源,取 6 个破裂源的震级上限作为 6 个设定地震,分别进行海啸数值
模拟计算。关于破裂源的地震构造参数见第 5 章表 5.2.2 相关描述。

由于这里仅考虑不同数据源的海洋水深数据对海啸数值模拟结果的影响,数
据精度为 1′ 或 30″,因而这里不进行海啸爬高计算,也就不采用嵌套网格,只
是在球坐标系下求解线性浅水方程,详见 6.2 节。将这 6 个设定地震海啸在 3 种
水深数据源情况下的模拟结果对比,图 9.2.3 中分别给出了上述 4 个截断面的最
大波高分布。可以发现,不同水深数据源情况下的模拟结果基本一致,但也存在
部分区域差异较大的现象。

对于 A–A' 截断面,即使在前文所述不同数据源水深差异 1000m 左右的

111°E 和 115°E 位置附近，模拟结果显示也较一致，值得注意的是它们处于深水区域；不过，在 115.5°E 位置附近，该位置处于浅水区域，尽管水深数据差异不明显，但模拟结果存在一定的差异性。对于 B–B' 截断面，在 114°E ～ 115°E 区间内，不论哪个设定地震海啸，采用 SRTM 水深数据的模拟结果都与 GEBCO 和 ETOPO 数据的模拟结果存在显著差异，后两者存在一定的一致性。从图 9.2.1 和图 9.2.2 可判断这一区域为陆地浅滩（中沙群岛），水深较浅，海啸波自深水区至浅水区波长变短、波幅升高。SRTM 数据精度高于其他两种数据，计算结果更为精确。尽管 C–C' 截断面出现 SRTM 数据异常 "突起" [图 9.2.2(c)]，但模拟结果与采用 GEBCO 和 ETOPO 数据的结果并未出现明显不同。

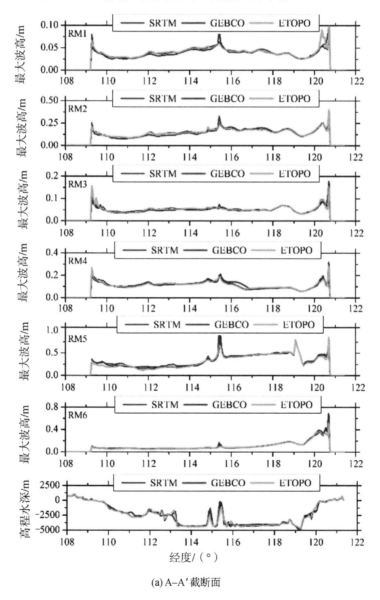

(a) A–A' 截断面

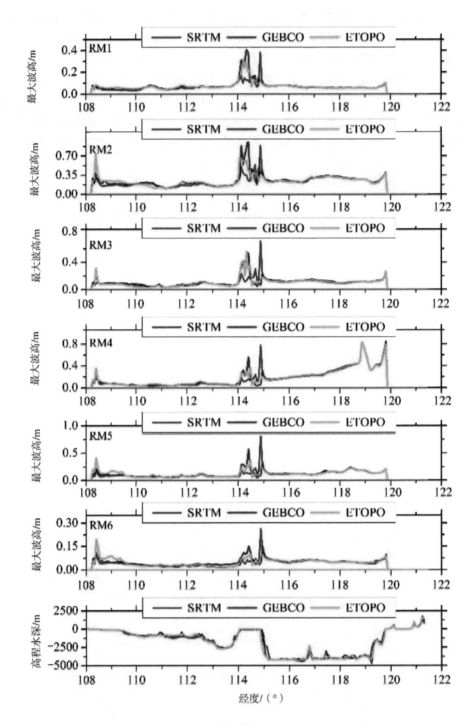

(b) B–B′ 截断面

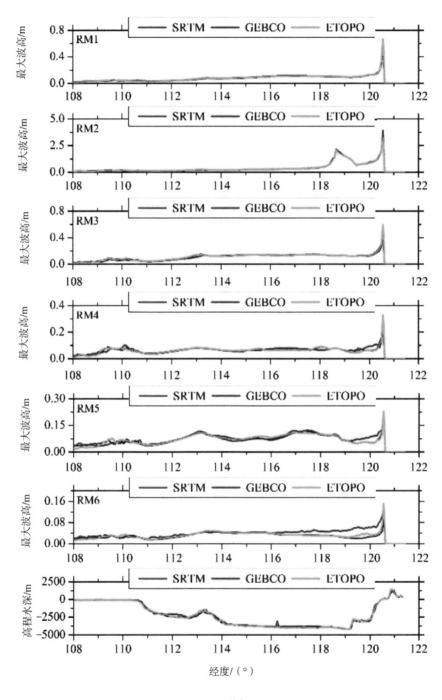

(c) C–C′截断面

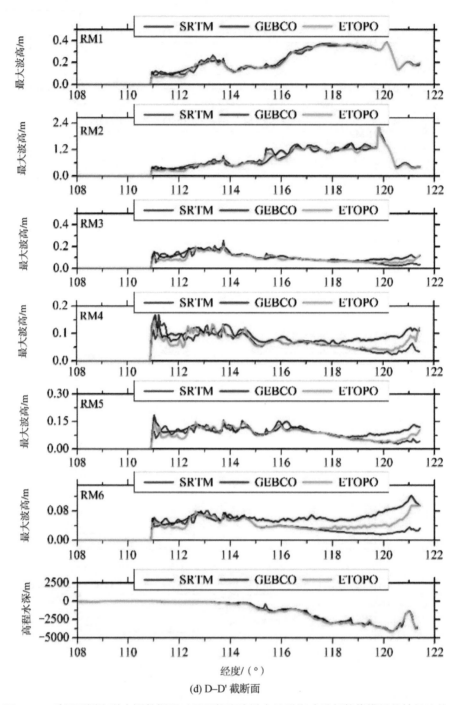

(d) D–D' 截断面

图 9.2.3 采用不同海洋水深数据源对马尼拉海沟设定地震海啸进行数值模拟的结果比较

值得关注的是 D–D′ 截断面,在 111°E ∼ 114°E 区间内,不论哪个设定地震海啸,3 种数据的模拟结果都存在显著差异性。该区域位于南海大陆架内,水深较浅(图 9.2.1),并且 3 种水深数据几乎相同(图 9.2.2)。因而可以推断深水区域不同数据源的水深差异引起了海啸数值模拟在近海浅水区域波高的差异。需要说明的是,对于 RM4、RM5 和 RM6 断层引起的海啸,在 116°E ∼ 122°E 区间内,3 种数据的模拟结果差异显著。原因是该区域距离这 3 个断层较远且处于侧翼位置,受波的散射影响较大,数值模拟结果并不稳定。

综上可以认为,在开阔的深海海域即使不同数据源的水深数据存在显著差异,对地震海啸数值模拟的波高影响并不大,然而在近海浅水区域海存在显著影响。

9.2.2 数据误差的敏感性

不管哪种数据源的水深数据都是通过一定的科学勘测方法获取,测量过程或多或少存在误差。那么这种误差对海啸数值模拟结果会产生多大影响,影响程度是否在可接受范围内,接下来我们将分析探讨。由于这种误差不得而知,我们将水深数据值进行人为改变以模拟误差产生,比较误差存在前后的模拟结果以分析对海啸数值模拟产生的影响。基于此研究目的,选取何种数据源的水深数据都无妨,这里我们选取精度为 1′ 的 ETOPO 数据进行分析,并选取 RM2 段进行海啸数值模拟计算。

1. 水深数据整体变化

我们假设水深数据存在整体 20% 的误差,将实际数据值人为增大或减小 20%。对比数据改变前后数值模拟结果,采用相对变化率的方式进行比较,即

$$\delta = \frac{Z_{max}^i - Z_{max}^0}{Z_{max}^0} \times 100\% \qquad (9\text{-}2\text{-}1)$$

式中,δ 为相对变化率;Z_{max}^i 为水深数据改变 $i\%$ 后某场点的海啸最大波高;Z_{max}^0 为水深数据改变前某场点的海啸最大波高。

图 9.2.4 表示海洋水深数据整体变浅或变深 20% 前后数值模拟的海啸最大波高相对变化情况,分别在水深 50m、100m、200m 和 500m 等深线处表示,红色线段表示海啸最大波高相对增加,黑色线段表示相对减小。可以看出,无论水深变浅还是变深,海啸最大波高变化都在 5% 以内,尤其是 200m 和 500m 等深线位置几乎没有变化。值得注意的是在台湾海峡入口处波高变化相对明显,究其原因是海啸波在海峡入口处产生散射、折射效应,传播过程复杂,易产生明显变化。

我们知道,当海啸波向海岸传播时,海水变浅其波长变短、波高变大。然而对于开阔海洋,海水深度(数十米至数千米)远大于海啸波波高(几厘米至几

米），即使其产生 20% 的变化对于海啸波的波高影响也非常微弱，因而也就产生了如图 9.2.4 所示结果，但这种变化对于海啸波相位会产生一定的影响。

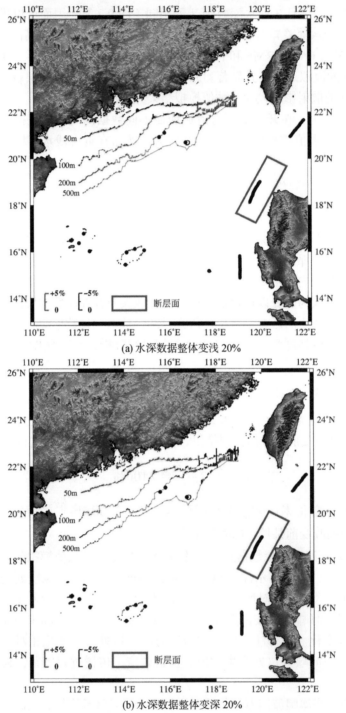

(a) 水深数据整体变浅 20%

(b) 水深数据整体变深 20%

图 9.2.4　海洋水深数据整体变浅或变深 20% 前后的海啸最大波高变化情况

图 9.2.5 为某场点（117.427°E，22.336°N）在水深数据整体变浅 20% 前后模拟得到的海啸波高时程。可以发现，波高幅值基本一致，相位差异明显。海啸在深水区传播时其速度 v 可近似表示为 $v = \sqrt{gh}$（其中 g 为重力加速度，h 为海水深度）。如果 h 整体减小 20%，v 就整体变化为原来的 0.89 倍，海啸波传播时间也就变化为原来的 1.118 倍。图 9.2.5 中我们提取了 2 个波峰位置的传播时间，其变化分别为原来的 4568/4082=1.119 和 7636/6832=1.118，与理论变化值一致。

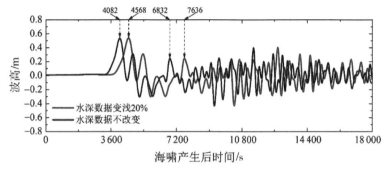

图 9.2.5　海洋水深数据整体变浅 20% 前后某场点（117.427°E，22.336°N）海啸波高时程比较

2. 水深数据随机变化

本书对于水深数据的整体改变实际上是对于一种极端情况的假设，为了更真实地体现水深数据误差对于海啸数值模拟产生的影响，我们在海啸传播的一定区域范围内均匀选取一定数量的场点，人为改变其海水深度 ±10% 和 ±20%，以模拟水深数据的误差。场地选取原则为空间随机性，数量为区域内网格总数的 0.3%（850 个左右）。依旧对 RM2 段进行海啸数值模拟计算，采用式（9-2-1）计算水深数据随机改变前后海啸波高的变化情况，结果如图 9.2.6 所示。

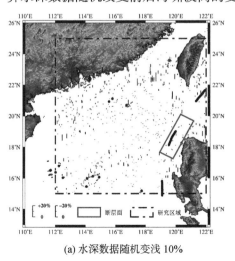 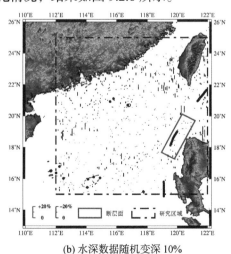

(a) 水深数据随机变浅 10%　　　　　　(b) 水深数据随机变深 10%

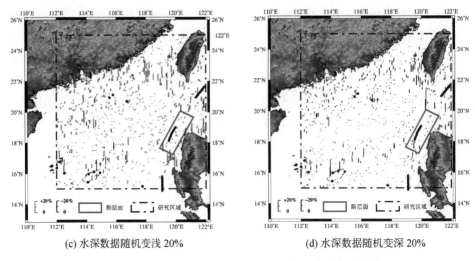

(c) 水深数据随机变浅 20%　　　　　　　　(d) 水深数据随机变深 20%

图 9.2.6　海洋水深数据随机改变前后的海啸波高变化情况

从图 9.2.6 中可见，总体上当海水深度变浅时模拟的海啸波高增大，反之相反；海啸波高的变化率随着水深数据变化的增大而增大；在中心区域（深海）波高变化几乎可忽略；在沿海大陆架或中沙群岛浅滩（图 9.2.1）部分场点的波高变化比较明显。主要原因是这些场点位于浅水区域，海啸波高受水深影响大，也就解释了这里的结果不同于图 9.2.4 所示水深数据整体变化情况下的结果。不过，变化率都在 20% 以内，影响程度还是在可接受范围内的，可以说水深数据的误差对于海啸波高的数值模拟并没有很大影响。

通过上述分析，我们可以得到以下结论。

（1）不同数据源的海洋水深数据总体上保持一致，但仍然在某些场点存在较大差异性。通过实例计算发现，在远海深水区域这种差异性对地震海啸数值模拟的波高影响并不显著，但在近海浅水区域会引起海啸波的相位明显变化。

（2）在一定区域内人为改变海水深度以模拟误差的产生，海啸数值模拟结果显示这种改变对于外海开阔海域的海啸波幅值几乎没有影响，但会产生明显的相位变化；另外还显示出这种改变可在沿海大陆架或海岛浅滩区域影响海啸波幅值，但其影响程度却是在可接受范围之内的。

因此，在进行海啸数值模拟过程中，选择何种数据源的水深数据对于模拟结果影响甚微，外海开阔海域的水深数据误差对于模拟结果的影响是可以忽略的。在大网格（低精度）计算环境下，海洋水深数据对于海啸波高数值模拟的敏感性是较轻微的，目前开放的水深数据可满足海啸传播数值模拟的需要，在概率海啸危险性分析中海洋水深数据引起的不确定性按其重要程度可次要考虑。

9.3　震级上限引起的不确定性

地震海啸的成因是由于发生在海底的地震使海床产生垂直位移扰动海水，从而引起海啸。地震引起海床垂直位移的大小决定了海啸初始规模，因此认为震级是影响地震海啸规模的主要因素之一。2004 年印度洋海啸和 2011 年日本海啸发生前，由于人们对这两个地区的地震震级上限缺乏科学的认知，低估了海啸危险性，造成灾难来临时缺乏足够的应对措施和手段。因此，海啸潜源的震级上限是PTHA 中的重要不确定性来源之一。

由第 5 章可知，马尼拉海啸潜源是中国南海地区规模最大的潜源，由于中国南海地区复杂的地质条件以及目前海底断层探测手段的匮乏，马尼拉海啸潜源的震级上限（见表 5.2.2）存在较大的认知不确定性。根据历史地震记录，马尼拉海沟周边区域 1900 年以前未发生过震级大于 8.5 的地震，1900 年以后发生的地震未有超过震级 8.0 的（周本刚等，2011）。特大地震往往具有很长的历史重现期，而历史记载取决于当地文明的进步程度，有些地区从有地震记录起也只有区区几百年甚至更短，若使用记录到的历史最大地震作为马尼拉海啸潜源的震级上限，显然会低估马尼拉海啸潜源的危险性。若从地震破裂面几何尺寸的角度反推震级上限的话将得到令人意外的结果。假设所有潜源分段联合破裂，依据破裂尺寸与震级的经验关系 [式（6-1-7）]，可得到马尼拉海啸潜源的震级上限为 $M_w9.5$。Li 等（2017）依据地震构造矩率守恒原理估计马尼拉海啸潜源的震级上限为 $M_w8.7$，这种方法估计的震级上限考虑到了更多的物理意义，但许多参数的确定过程仍存在很大的不确定性。因此，确定震级上限的方法有多种，存在各自的优势和局限性。下文首先对 PTHA 中的海啸潜源震级上限进行敏感性分析，然后给出针对震级上限不确定性的处理途径。

针对马尼拉区域海啸潜源，采用第 8 章介绍的蒙特卡罗采样技术制定四个设定地震样本集，每个样本集的震级下限均设置为 $M_w7.0$，震级上限分别设置为 $M_w8.6$、$M_w8.8$、$M_w9.0$ 和 $M_w9.2$，每个样本集包含 600 次地震海啸事件。模拟每个样本集中的海啸事件生成和传播过程，记录每次地震海啸事件自发生 10h 之内的沿海监测点波高分布，绘制危险性曲线，分析不同震级上限对危险性结果的影响，具体过程可参阅 8.3.2 节中的算例演示。

根据 Choi 等（2002）的研究，海啸波高服从对数正态分布，在第 8 章中我们也采用了对数正态分布函数对计算场点的波高分布进行了拟合，得到波高概率密度函数，再计算波高的超越概率。对数正态分布自变量的取值为零到正无穷，但海啸波高受海啸潜源震级上限的限制不可能无限变大。因此，这里我们采用截尾对数正态分布（truncated lognormal distribution）对波高分布进行拟合，将设定地震样本集中的最大震级地震引发的海啸在监测点产生的波高最大值作为截尾正态分布的上限。其概率密度函数表达式为

$$f(h;\mu,\sigma,b)=\frac{\varphi\left(\dfrac{\ln h-\mu}{\sigma}\right)}{h\sigma\left[\Phi\left(\dfrac{\ln b-\mu}{\sigma}\right)\right]} \tag{9-3-1}$$

式中，h 为海啸波高；μ 和 σ 分别为 $\ln h$ 的均值和标准差；b 为海啸波高上限，根据设定地震样本集中最大震级地震引发的海啸在目标场点产生的最大波高确定；φ 和 Φ 为标准正态分布概率密度函数和累积分布函数。

海啸波高超越 H 的概率为

$$F(h\geqslant H;\mu,\sigma,b)=\int_{H}^{b}\frac{\varphi\left(\dfrac{\ln h-\mu}{\sigma}\right)}{h\sigma\left[\Phi\left(\dfrac{\ln b-\mu}{\sigma}\right)\right]}\mathrm{d}h \tag{9-3-2}$$

以图 8.3.6 中的 #367 场址为例绘制海啸波高年超越概率曲线，如图 9.3.1 所示，图 9.3.1 中实线为采用对数正态分布拟合的结果，虚线为采用截尾对数正态分布拟合结果。可以看到采用截尾对数正态分布的结果当波高较小时与采用对数正态分布拟合的结果非常接近；当波高高于上限值时出现了截尾现象，年超越概率快速趋于零。

从图 9.3.1 和图 9.3.2 可见，随着震级上限的增大，海啸波高的年超越概率随之增大，相同重现期的海啸波高值也随之增大，震级上限的改变对 2500 年重现期的海啸波高影响大于 975 年重现期和 475 年重现期的海啸波高，重现期越长，海啸波高对震级上限越敏感。因此，海啸潜源的震级上限的改变将对海啸危险性结果产生显著影响，进行 PTHA 计算时应重点考虑震级上限引起的不确定性。

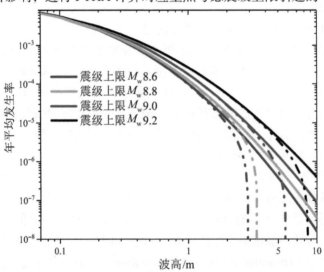

图 9.3.1　示例场址 #367 的海啸波高年超越概率曲线

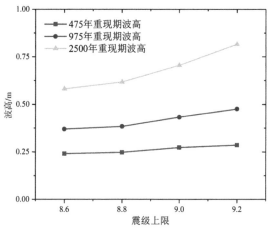

图 9.3.2   示例场址 #367 不同重现期的海啸波高值

由表 9.1.3 可知,震级上限属于认知不确定性,通常采用逻辑树的方法进行分析处理。从左至右,一条完整的逻辑树分支,确定一个完整的计算模型。目前,逻辑树方法已经在地震和海啸灾害的危险性分析中被广泛应用(Annaka et al.,2007;Bommer and Scherbaum,2008;Geist and ynett,2014;Marzocchi et al.,2015)。

我们以震级上限这个不确定性参数为例,构造一个简单的逻辑树模型,说明如何使用逻辑树方法处理认知不确定性。如图 9.3.3 所示,逻辑树的每一个分支代表根据不同模型估计的震级上限的取值,并对每个分支分配相应的权重。通常来说,逻辑树每一个分支的权重应当根据每一个分支代表的模型的可信度进行分配。但本节的目的在于展示逻辑树方法的计算流程,给出处理认知不确定性的主体思路,故在此不对权重的取值进行讨论,只是简单地进行等权重分配,最终采取加权的方式计算年平均发生率。

$$v(h \geq H) = \sum_{i=1}^{n} W_i \cdot v_i (h \geq H)$$ (9-3-3)

式中,W_i 为第 i 分支的权重,这里每一个分支权重设置为 0.25;n 为分支数量,这里 $n=4$;$v_i(h \geq H)$ 为每一个分支的波高大于 H 的平均发生率。

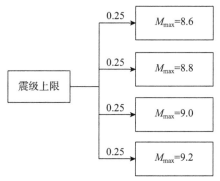

图 9.3.3   逻辑树处理震级上限不确定性的示意图

从图 9.3.4 可以看到，经过加权后的海啸危险性结果大于震级上限为 $M_{\mathrm{w}}8.6$ 和 $M_{\mathrm{w}}8.8$ 情况下的结果，小于震级上限为 $M_{\mathrm{w}}9.2$ 情况下的结果，在波高 $0\sim5\mathrm{m}$ 范围内加权结果与震级上限为 $M_{\mathrm{w}}9.0$ 情况下的结果较为接近，在 $5\sim10\mathrm{m}$ 范围内加权结果大于震级上限为 $M_{\mathrm{w}}9.0$ 情况下的结果的。上述分析可见，这种采用逻辑树的方法实际上综合考虑了现有对物理或经验模型的多种认知可能性，可将不确定性的问题转化为确定性的问题。

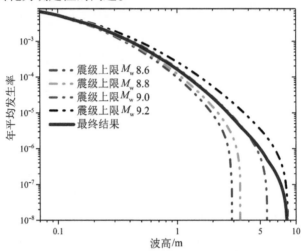

图 9.3.4　示例场址 #367 通过逻辑树方法确定的海啸波高年平均发生率曲线

9.4　事件树方法处理不确定性

9.4.1　事件树方法介绍

在 PSHA 中，对于随机不确定性，通常在地震动预测方程中以标准差的形式进行量化考虑；而在 PTHA 中，海啸波高值都是通过数值模拟得到，不能采用 PSHA 类似的方法。一些研究人员采用蒙特卡罗随机取样方法处理随机不确定性（Sørensen et al.，2012；杨智博，2015）。但是如果每个不确定参数都以这种方式处理，会导致计算成本巨大，不容易被实现。因此，本节针对 PTHA 中的随机不确定性，考虑采用事件树方法进行处理。

事件树方法分析潜在危险带来的损害，最早应用于核电站，逐渐推广至化工、交通安全性评估等领域（Andrews and Moss，2002）。事件树的实质是对随机不确定性参数概率分布的离散化，事件树的每一支都代表随机不确定性参数可能的取值，每一支的权重，代表参数值发生的概率。在事件树中从左到右每一条完整的路线，代表了一种情况的发生，根据事件树各分支的权重，通过贝叶斯公式，可以得到每一种情况的发生概率。

逻辑树和事件树在结构上是一样的，但在概念上是不同的，事件树节点后每一个分支都代表一种情况，有自己的发生概率，逻辑树每一节点后每一支代表一种假设或是模型，每一支权重代表的是可信度。虽然二者在计算方法的处理方式上相似，但是概念不同。

9.4.2　构建事件树算例

在本节中以马尼拉区域潜源为研究对象，考虑破裂面长、宽、滑移量、倾角的随机不确定性，利用事件树的方法计算一定保证率下的海啸波高年发生率，为系统进行 PTHA 不确定性分析提供一个可供参考的算例。需要说明的是，第 8 章在针对马尼拉区域海啸潜源进行 PTHA 计算时，每个设定地震的破裂面长度、宽度和滑移量都依据经验公式 [式（6-1-7）～式（6-1-9）] 给出的平均值进行取值，倾角采用表 5.2.2 给出的确定值，都没有考虑这些参数的随机不确定性。

由于需要确定事件树各分支的发生概率，对于滑移角和倾角首先需要建立其概率分布模型。5.3 节给出了马尼拉海啸潜源的统计区域（见图 5.3.3），采用 GCMT 提供的 1976 ～ 2015 年的历史地震震源机制解数据集，对滑移角和倾角进行统计分析，给出其累积概率分布函数。首先对倾角数据进行统计分析，结果如图 9.4.1。利用对数正态分布函数对离散观测数据进行回归拟合，结果显示二者符合程度较好。

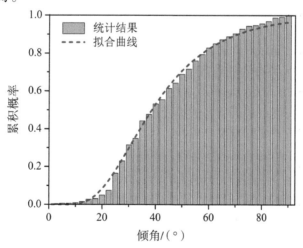

图 9.4.1　马尼拉潜源统计区内历史地震的破裂面倾角的累积概率分布

5.3 节中已经指出，针对马尼拉区域海啸源考虑其能够诱发海啸的条件之一是地震类型为逆冲型。因而，这里仅对滑移角在 0° ～ 180° 范围内的数据进行统计拟合，结果如图 9.4.2 所示。图 9.4.2 中显示，滑移角在 50° ～ 120° 范围内的累积概率分布曲线形状较陡，表明滑移角分布主要集中在这一范围内，总体上符合逆冲型地震的破裂滑动特征。我们采用指数函数拟合其累积概率分布函数，结果见图 9.4.2。

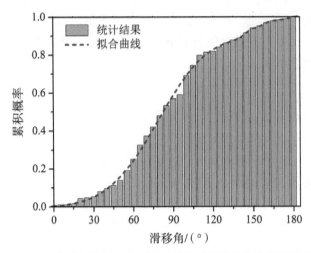

图 9.4.2　马尼拉潜源统计区内历史地震的破裂滑移角的累积概率分布

　　已有研究表明，倾角和滑移角对于远场海啸引起的波高影响不大（Gica et al., 2007；Okal and Synolakis, 2008）。因此，这里事件树分支不考虑太多，这也兼顾了计算效率。将倾角和滑移角的累积概率分布函数划分为 0 ～ 15%、15% ～ 85%、85% ～ 100% 三个区间，利用其 15%、50%、85% 分位数对应值作为区间代表值，根据累积概率分布函数求得每一区间的取值概率，即事件树每一分支的权重，在这里每一个分支对应权重分别为 0.15、0.7、0.15。这样既保证了合理的计算量，又能在事件树各分支上体现差别。

　　对于马尼拉区域潜源的地震破裂长度和宽度，可通过震级相关的经验关系 [也就是式（6-1-7）和式（6-1-8）] 的平均值和统计标准差来构建其事件树。考虑到如果破裂面长度取最大值且破裂面积取最小值时，破裂宽度和滑移量取值会过大或过小，不符合实际情况。因此，这里采用破裂面积代替破裂长度和宽度表示破裂规模尺寸的随机不确定性参数。将破裂面积与震级的经验关系 [即式（9-4-1），由 Papazachos 等（2004）给出] 估算得到的平均值 +1 倍标准差、平均值和平均值 −1 倍标准差作为事件数的 3 个分支，对应权重为 0.15、0.7、0.15。

$$\lg S = 0.86M - 2.82, \quad \sigma = 0.25, \quad 6.7 \leqslant M \leqslant 9.2 \qquad （9\text{-}4\text{-}1）$$

　　采用第 8 章介绍的蒙特卡罗采样技术对震中位置和震级进行随机取样，样本容量为 200。针对每一个样本地震，其破裂滑移角、倾角和破裂面积的取值各有 3 种方式，依次构建事件树，共有 27 支。每一支事件树实际上对应一个样本集，其表现形式如图 9.4.3 所示。由于破裂滑移角、倾角和破裂面积的概率分布是相互独立的，因此每一分支的权重等同于 3 个参数的概率相乘，最终得到各分支的权重见表 9.4.1。

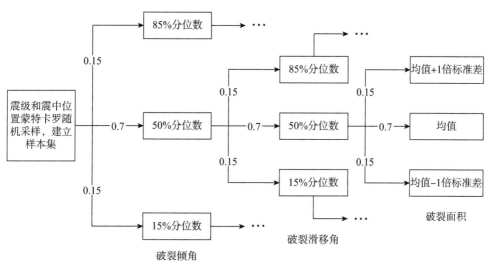

图 9.4.3　事件树表现形式及各分支节点的权重

表 9.4.1　事件树各个分支的破裂倾角、破裂滑移角和破裂面积的取值以及每一分支的权重

分支编号	破裂倾角 / (°)	破裂滑移角 / (°)	破裂面积 /km²	权重
1	38.611 52	48.7	$\mu-\sigma$	0.015 75
2	38.611 52	48.7	μ	0.073 5
3	38.611 52	48.7	$\mu+\sigma$	0.015 75
4	38.611 52	82.6	$\mu-\sigma$	0.073 5
5	38.611 52	82.6	μ	0.343
6	38.611 52	82.6	$\mu+\sigma$	0.073 5
7	38.611 52	125.7	$\mu-\sigma$	0.015 75
8	38.611 52	125.7	μ	0.073 5
9	38.611 52	125.7	$\mu+\sigma$	0.015 75
10	24.015 15	48.7	$\mu-\sigma$	0.003 375
11	24.015 15	48.7	μ	0.015 75
12	24.015 15	48.7	$\mu+\sigma$	0.003 375
13	24.015 15	82.6	$\mu-\sigma$	0.015 75
14	24.015 15	82.6	μ	0.073 5
15	24.015 15	82.6	$\mu+\sigma$	0.015 75
16	24.015 15	125.7	$\mu-\sigma$	0.003 375
17	24.015 15	125.7	μ	0.015 75
18	24.015 15	125.7	$\mu+\sigma$	0.003 375
19	62.079 55	48.7	$\mu-\sigma$	0.003 375
20	62.079 55	48.7	μ	0.015 75
21	62.079 55	48.7	$\mu+\sigma$	0.003 375
22	62.079 55	82.6	$\mu-\sigma$	0.015 75
23	62.079 55	82.6	μ	0.073 5

分支编号	破裂倾角 / (°)	破裂滑移角 / (°)	破裂面积 /km²	权重
24	62.079 55	82.6	$\mu+\sigma$	0.015 75
25	62.079 55	125.7	$\mu-\sigma$	0.003 375
26	62.079 55	125.7	μ	0.015 75
27	62.079 55	125.7	$\mu+\sigma$	0.003 375

注：表中 μ 为利用式（9-4-1）确定的破裂面积平均值，σ 为统计标准差。

　　按照 8.3 节的 PTHA 计算过程，对这 5400（即 200×27）个样本地震进行海啸生成和传播数值模拟，并计算沿海目标场址针对每个事件树分支的海啸波高年发生率。选取澳门外海某场址作为计算示例，可计算得到海啸波高的年生率，最终得到 27 条危险性曲线，如图 9.4.4（a）所示。可以观察到，27 条危险性曲线差异明显。当波高低于 0.01m 时，它们之间的差异很微小；当波高为 1m 时，年发生率的最大值和最小值之间存在约 10 倍的差距，并且这种差距随着波高的增大愈加显著。表明破裂倾角、滑移角和破裂面积的随机不确定对海啸危险性分析结果的影响较为显著。

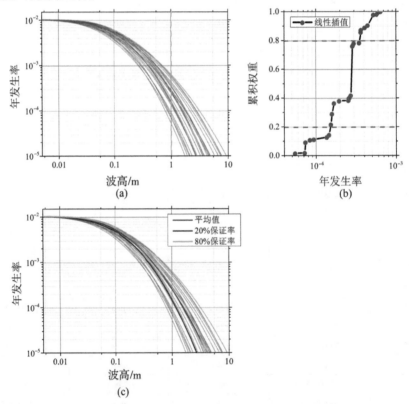

图 9.4.4　采用事件树方法计算得到的澳门外海某场点危险性结果

(a) 各事件树分支的危险性曲线；（b）海啸波高超过 1m 的年发生率累计权重分布；
（c）不同保证率的危险性曲线

下面我们给出如何将事件树的计算结果应用于 PTHA 中。若要计算平均年发生率，表达式为

$$\bar{v}(h \geqslant H) = \sum_{i=1}^{27} P_i \times v_i(h \geqslant H) \tag{9-4-2}$$

式中，$\bar{v}(h \geqslant H)$ 为目标场点遭遇海啸波高 h 大于 H 的年平均发生率；$v_i(h \geqslant H)$ 为事件树第 i 分支情况下波高大于 H 的年发生率；P_i 为事件树第 i 分支的权重，见表 9.4.1。

若要计算一定保证率下的海啸波高年发生率，以图 9.4.4 给出的澳门外海某场址为例计算海啸波高大于 1m 保证率达到 20%、80% 时的年发生率，具体过程如下所述。

（1）针对每一个分支，计算波高大于 1m 的年发生率 $v_i(h \geqslant 1\text{m})$，即图 9.4.4(a) 中绿色虚线对应的纵坐标值。

（2）把 27 个 $v_i(h \geqslant 1\text{m})$ 从小到大依次排列，表示为 $v'_i(h \geqslant 1\text{m})$，计算每一个 $v'_i(h \geqslant 1\text{m})$ 对应的累积权重 P_{Li} 为

$$P_{Li} = \sum_{j=1}^{i} P_j \tag{9-4-3}$$

式中，P_j 为第 j 个 $v'_i(h \geqslant 1\text{m})$ 对应的权重。

（3）假设每一个 $v'_i(h \geqslant 1\text{m})$ 之间的变化是线性的，将 P_{Li} 用直线连接起来，结果如图 9.4.4(b) 所示。通过线性插值求得累积权重等于 20% 和 80% 时的海啸波高年发生率，也即保证率为 20% 和 80% 时澳门场点遭遇海啸波高大于 1m 的年发生率。

按照上述步骤可得到保证率为 20% 和 80% 时的海啸波高年发生率曲线，结果如图 9.4.4(c) 所示。图中也给出了按式（9-4-2）计算的平均年发生率，整体高于 20% 保证率情况下的值，略低于 80% 保证率情况下的值。因此，若按平均意义进行危险性分析，其结果的保证率达不到 80%，若要将结果应用于工程实践（如海啸区划、海啸风险评估），进行不确定性分析非常有必要。

参 考 文 献

侯京明，高义，李涛，2012. 海洋数值模型常用地形数据概述 [J]. 海洋预报，29(6): 44-49.

裴文斌，牛桂芝，曹满，2004. 走航式适航水深测量误差来源与准确度检测 [J]. 水道港口，25(2): 112-115.

宋昱莹，温瑞智，任叶飞，等，2014. 沿海场点地震海啸危险性概率分析 [J]. 地震工程与工程振动，34: 1060-1064.

温瑞智，任叶飞，李小军，等，2011. 我国地震海啸危险性概率分析方法 [J]. 华南地震，31(4): 1-13.

杨智博，2015. 中国地震海啸危险性分析 [D]. 哈尔滨：中国地震局工程力学研究所.

周本刚, 何宏林, 安艳芬, 2011. 琉球海沟, 马尼拉海沟地震构造背景及震源参数评估报告 [R]. 中国地震局地质研究所, 中国地震局地球物理研究所, 中国地震局地震预测研究所.

Andrews J D, Moss T R, 2002. Reliability and risk assessment[M]. New York: Wiley-Blackwell.

Annaka T, Satake K, Sakakiyama T, et al., 2007. Logic-tree approach for probabilistic tsunami hazard analysis and its applications to the Japanese coasts[J]. Pure & Applied Geophysics, 164: 577-592.

Bommer J J, Scherbaum F, 2008. The use and misuse of logic trees in probabilistic seismic hazard analysis[J]. Earthquake Spectra, 24(4): 997-1009.

Budnitz R J, Apostolakis G, Boore D M, 1997. Recommendations for probabilistic seismic hazard analysis: guidance on uncertainty and use of experts[R]. Nuclear Regulatory Commission, Washington, DC (United States), NUREG/CR-6372-Vol.1, UCRL-ID-122160.

Choi B H, Pelinovsky E, Ryabov I, et al., 2002. Distribution functions of tsunami wave heights[J]. Natural Hazards, 25(1): 1-21.

Delavaud E, Cotton F, Akkar S, et al., 2012. Toward a ground-motion logic tree for probabilistic seismic hazard assessment in Europe[J]. Journal of Seismology, 16(3): 451-473.

Geist E L, Lynett P J, 2014. Source processes for the probabilistic assessment of tsunami hazards[J]. Oceanography, 27(2): 86-93.

Gica E, Teng M H, Liu L F, et al., 2007. Sensitivity analysis of source parameters for earthquake-generated distant tsunamis[J]. Journal of Waterway, Port, Coastal, and Ocean Engineering, 133(6): 429-441.

Hoffman F O, Hammonds J S, 1994. Propagation of uncertainty in risk assessments: the need to distinguish between uncertainty due to lack of knowledge and uncertainty due to variability[J]. Risk Analysis, 14(5): 707-712.

Kulkarni R B, Youngs R R, COPPERSMITH K J, 1984. Assessment of confidence intervals for results of seismic hazard analysis[C]//Proceedings of the eighth world conference on earthquake engineering. 1: 263-270.

Li H W, Yuan Y, Xu Z G, et al., 2017. The dependency of probabilistic tsunami hazard assessment on magnitude limits of seismic sources in the South China Sea and adjoining Basins[J]. Pure and Applied Geophysics, 174(6): 2351-2370.

Marzocchi W, Taroni M, SELVA J, 2015. Accounting for epistemic uncertainty in PSHA: Logic tree and ensemble modeling[J]. Bulletin of the Seismological Society of America, 105(4): 2151–2159.

McGuire R K, 2004. Seismic hazard and risk analysis[M]. Oakland: Earthquake Engineering Research Institute.

Okal E A, 1988. Seismic parameters controlling far-field tsunami amplitudes: a review[J]. Natural Hazards, 1(1): 67-96.

Okal E A, Synolakis C E, 2008. Far-field tsunami hazard from mega-thrust earthquakes in the Indian Ocean[J]. Geophysical Journal International, 172(3): 995-1015.

Papazachos B C, Scordilis E M, Panagiotopoulos D G, et al., 2004. Global relations between seismic fault parameters and moment magnitude of earthquakes[J]. Bulletin of the Geological Society of Greece, 36(3): 1482-1489.

Rabus B, Eineder M, Roth A, et al., 2003. The shuttle radar topography mission—a new class of digital elevation models acquired by spaceborne radar[J]. ISPRS Journal of Photogrammetry and Remote Sensing, 57(4): 241-262.

Selva J, Tonini R, Molinari I, et al., 2016. Quantification of source uncertainties in seismic probabilistic tsunami hazard analysis (SPTHA)[J]. Geophysical Journal International, 205(3): 1780-1803.

Sørensen M B, Spada M, Babeyko A, et al., 2012. Probabilistic tsunami hazard in the Mediterranean Sea[J]. Journal of Geophysical Research: Solid Earth, 117(B1): B01305.

Takaoka K, Ban K, Yamaki S, 2001. Possibility for transoceanic tsunami forecast by numerical simulation-Example of 1960 Chilean tsunami by numerical simulation[C]//ITS. 7: 849-859.

Thio H K, Wilson R I, Miller K, 2014. Evaluation and application of probabilistic tsunami hazard analysis in California[C]//2014 AGU Fall Meeting. AGU.

第 10 章　海啸风险分析及学科发展方向

从第 5 章至第 9 章叙述了关于我国海啸危险性分析的确定性和概率性方法，形成了包括不确定性分析在内的系统、完整且科学的计算流程，可以应用于我国沿海地区城市规划、海啸灾害防御措施制定、基础设施建设选址等工作中。为进一步加强沿海地区抗海啸灾害能力，提高沿海城市的海啸防御韧性，强化应对海啸灾害管理水平，对于海啸灾害的研究将提出新的要求，也就是在沿海地区海啸危险性分析已有成果的基础上，还要考虑承灾体的暴露度和脆弱性来开展海啸风险分析工作，对沿海地区的海啸风险水平进行科学量化。

本章首先简要介绍 2010 年智利和 2011 年日本两次海啸的工程灾害调查情况，方便读者对海啸的灾害风险有一个直观的了解；再介绍海啸风险分析的基本概念、方法和过程。从提升风险防御能力的角度考虑，阐述了海啸荷载规范的发展历程、关键内容和技术原理。最后在总结国际海啸研究动态的基础上，考虑我国海啸灾害研究方面的现状，对未来我国海啸防灾减灾工作的方向进行了深入思考。

10.1　海啸的工程灾害

从 3.3 节几个历史重大海啸事件的介绍可知，大海啸对沿海工程的破坏力是非常惊人的。通过工程灾害调查，不仅可以评估灾后损失、确定海啸爬高和淹没距离，更为关键的是可以了解建 (构) 筑物的破坏形态、分析海啸作用机制、建立海啸易损性模型，为建立沿海工程的海啸防御设计方法提供非常重要的基础数据。笔者有幸参与了 2010 年智利 M_w8.8 地震海啸和 2011 年日本 M_w9.1 地震海啸的灾后现场调查工作，记录了一些典型建 (构) 筑物的海啸痕迹和破坏形态，以供读者参考。

10.1.1　2010 年智利海啸工程灾害调查

北京时间 2010 年 2 月 27 日 14 时 34 分（当地时间 27 日凌晨 3 点 34 分）智利南部康塞普西翁（Concepción）市发生 M_w8.8 级特大地震，并引发海啸。震中位于 36.112°S、72.898°W，震源深度 35km（USGS）。这次事件总死亡人数 558 人，其中海啸灾害造成约 156 人丧生，约 150 万人流离失所，80 栋高层建筑遭到破坏，经济损失高达 300 亿美元。地震发生后，中国地震局组成调查组前往智利，开展震后调查。调查组先后来到了圣地亚哥（San Diego）、塔尔卡（Talca）、康塞普西翁、托梅（Tome）等城市，路线如图 10.1.1 所示，重点关注了智利沿海城市康塞普西翁、托梅和塔尔卡瓦诺（Talcahuano）的建（构）筑物受海啸破坏的情况。

这次地震引发了海啸，位于智利的瓦尔帕莱索潮位站及塔尔卡瓦诺潮位站分别监测到最大振幅为 2.61m 及 2.34m，其余各国的潮位站监测到海啸波均不超过 2m。另外，美国夏威夷及日本诸岛监测到的海啸波均在 1m 以下，而我国大陆监测到海啸波最大仅 30cm 左右（于福江等，2011）。海啸波抵达陆地后向岸上爬高，在智利沿岸很多地区爬高高度超过了 12m（见图 10.1.2）。

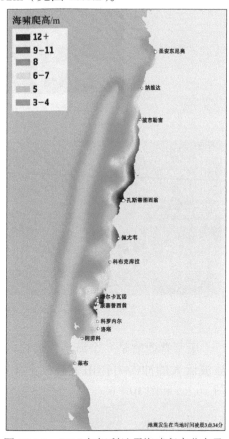

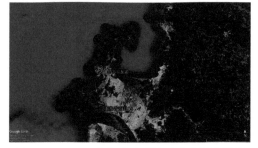

图 10.1.1　2010 年智利地震海啸灾害调查路线

图 10.1.2　2010 年智利地震海啸爬高分布及海啸抵达时间（原始图片源于网络，经本书修改）

康塞普西翁是智利第二大城市，也是距离此次震中最近的大城市，沿海岸线的自然景观和一些建筑物受到了海啸的破坏。一些低矮的植被由于海水的短暂浸泡失去了活力，部分枯萎或死亡，见图 10.1.3。同时上岸海水带来的沉积物在海水退去后覆盖在了地面上，形成了厚度 1cm 左右的覆盖层，见图 10.1.4。

图 10.1.3　康塞普西翁海岸线的树木由于海水浸泡枯萎

图 10.1.4　康塞普西翁海岸形成的海啸沉积物（左图）以及沉积物厚度（右图）

　　康塞普西翁是一个海港，港口内有数量较多的游船和渔船。许多船只在海啸波巨大的冲击力作用下被推上了陆地，海水退去后滞留在了陆地之上，见图 10.1.5 和图 10.1.6。

图 10.1.5　在康塞普西翁港口被海啸波推向陆地的船（照片一）

图 10.1.6　在康塞普西翁港口被海啸波推向陆地的船（照片二）

　　地震发生后沿海一些道路的路面出现了裂缝，在海啸的冲刷下，道路的地基被冲刷，导致了基础失效，产生了严重的路面破坏，见图 10.1.7。图 10.1.8 为一栋沿海建筑物，楼前的围栏在海啸波的冲击下已经倒下，同时可以看到建筑物二楼的墙体开裂，柱体外闪，一楼也出现了横贯墙体的裂缝，属于严重破坏。据当地人回忆，海啸来临时，海水从一层的开间涌入，大约 2m 左右的高度。楼体的破坏是地震和海啸双重作用的结果。

图 10.1.7　康塞普西翁港口道路受到严重破坏的道路

图 10.1.8　康塞普西翁海边一栋建筑物遭受严重破坏

　　智利南部沿海的塔尔卡瓦诺地区受到了海啸波的强烈影响，也有许多船只被海啸波冲到了岸上（图 10.1.9），一些轻质木房被海啸冲走，只留下了地基基础。沿海的托梅地区在此次海啸事件中受到了轻微的破坏，但近海岸的建筑因地震和海啸的双重作用造成了地基失效（图 10.1.10 和图 10.1.11），海啸袭击后留下的痕迹显示爬高在 1m 左右（图 10.1.12）。

图 10.1.9　塔尔卡瓦诺地区一艘被冲上陆地的船

图 10.1.10　托梅地区沿海被海啸袭击后的情景

图 10.1.11　托梅地区一栋因地基失效而毁坏的房屋

图 10.1.12　托梅地区一处居民楼内海啸过后留下的爬高痕迹（图中橙色虚线位置）

历史上智利发生过规模更大的海啸事件，如 1960 年的 5 月 22 日智利发生
M_w9.5 地震，同样引发了海啸，那次的最大海啸爬高达到 25m，影响到了太平洋
沿岸的一些国家和地区，在日本和夏威夷海啸爬高也分别达到了 8m 和 10m 左
右，详细描述见 3.3.1 节。

10.1.2　2011 年日本海啸工程灾害调查

2011 年 3 月 11 日在日本东北地区发生了举世震惊的大地震，地震引发的海
啸袭击了日本沿岸，造成了巨大的经济损失和人员伤亡。有关这次地震海啸的详
细情况 3.3.3 节已作描述。海啸波对沿岸建（构）筑物造成了非常严重的破坏，
笔者于 2011 年 11 月和 2012 年 6 月两次前往宫城县沿岸深入考察。考察点分别
为仙台市若林区、东松岛市野蒜地区、女川町港口，对应图 10.1.13 中 1#、2# 和
3# 考察点。

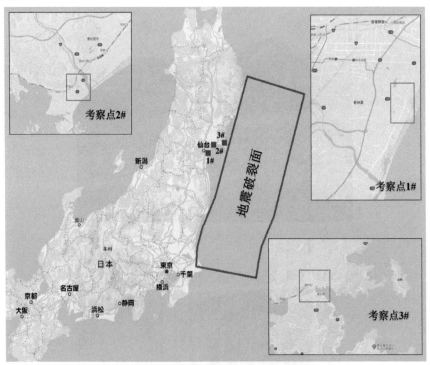

图 10.1.13　2011 年日本地震海啸灾害现场考察场点 [地震破裂面源于 FUJII 等（2011）]

考察 1# 场点的仙台市若林区地势平坦（图 10.1.13 可见），利于海啸波爬高，
向内陆淹没范围较广，根据海岸边树木遗留的海啸袭击痕迹，判断最大波高大于
10m，如图 10.1.14 所示。至现场考察时，沿岸遭受破坏的建筑物废墟已被清理，
如图 10.1.15 所示，但仍可根据痕迹判断，海啸袭击前这里曾是大片的居民社区，
无法想象海啸波来袭时的惨烈现状。现场仍有少量残留建筑，如图 10.1.16 为一

栋受损严重的木结构居民建筑，从海水淹没痕迹判断，该位置海啸波高在 5m 左右。

图 10.1.14　仙台市若林区沿海树木留下的被海啸袭击的痕迹

图 10.1.15　仙台市若林区沿海地区灾后废墟清理情况

图 10.1.16　仙台市若林区沿海被海啸波袭击后依然矗立的一栋木结构居民建筑

　　考察 2# 场点的东松岛市野蒜地区位于河流入海口（图 10.1.13 可见），海啸波从河流逆流而上，有利于其向内陆入侵。图 10.1.17 显示海啸袭击 1 年多之后沿海废墟已被清理殆尽，不远处堆积的大量垃圾如何能被环保处理已是当务之急。图 10.1.18 显示海啸波巨大的冲击力致使一座桥梁的钢横梁严重变形。

图 10.1.17　东松岛市野蒜地区被海啸波袭击 1 年多之后的境况

图 10.1.18　东松岛市野蒜地区一座被海啸袭击破坏的桥梁

　　考察 3# 场点的女川町海港呈特殊的喇叭形地形特性（图 10.1.13 可见），导致海啸波能量形成汇聚效应，利于爬高。图 10.1.19 显示一栋海啸袭击后依然完好的建筑物。根据当地居民讲述，海啸波来袭时很多居民疏散至此处躲避，然而海啸波依旧淹没了该建筑物底层。通过目测，判断该建筑物底层距海平面高度在 17m 左右，因此可知当时海啸爬高大于 17m，这与实际观测到的女川港最大爬高为 18.4m 相符合，如图 1.2.2 所示。

图 10.1.19　女川町海港被海啸袭击后一栋完好的建筑物（初步估计其底层表面高于海平面
17m，假设图中人的高度为 1.7m）

　　巨大的海啸冲击力使女川港受损严重，大量建筑物遭到严重破坏。例如，图 10.1.20 为一栋严重破坏的钢框架结构，梁柱已屈曲变形。但依然有极少数建筑物在海啸袭击中幸存。图 10.1.21 为一栋轻微损坏的钢筋混凝土框架结构，仅门窗遭受破坏，其受力结构构件完好无损，经修复后依旧可使用。

图 10.1.20　女川町沿岸被海啸袭击后严重损坏的一栋钢框架结构

图 10.1.21　女川町沿岸被海啸袭击后轻微损坏的一栋钢筋混凝土框架结构

　　值得关注的是，女川町有三栋整体倾倒的建筑，如图 10.1.22 所示。其基础类型为条形基础或是板式满堂基础，受地震引起的砂土液化以及海啸波冲击的双重作用，楼体产生倾覆翻转。图 10.1.22 中可见，其基础底部或无桩基、或桩基细小，一旦遭遇砂土液化作用，孔隙水压力上升，基础将产生不均匀沉降，此时若再受海啸波竖向浮力和横向冲击力，导致倾覆翻转。因此，未来沿海建筑物的设计有必要考虑海啸与地震的双重作用。

图 10.1.22　女川町三栋典型整体倾倒的建筑以及基础底部局部细节（红色线框为基础底部）

10.2　海啸风险分析方法

10.2.1　海啸风险的概念和定义

　　目前，自然灾害风险评估和管理受到了国际社会广泛关注，投身于这方面研究的专家学者越来越多，极大地促进了灾害风险评估的发展。自然灾害风险评估涉及内容广泛，不仅仅涉及自然科学方面的研究，同时社会经济学、管理学、心理学等领域在自然灾害风险评估中也扮演着重要角色。自"风险"一词提出以来，许多组织机构和学者对风险进行了定义，并随着时间的推移，使风险的概念逐渐丰富完善。1992 年联合国人道主义事务协调厅公布了自然灾害风险的定义：

在一定区域和给定时间段内，由于特定的自然灾害而引起的人民生命财产和经济活动的期望损失值，并采用公式（10-2-1）表示。

$$风险(risk) = 危险性(hazard) \times 易损性(vulnerability) \qquad （10\text{-}2\text{-}1）$$

其中危险性主要反映了自然灾害的强度和发生概率，通常采用一些物理强度指标量化危险性水平，针对的是海啸灾害也就是海啸波高的发生概率。易损性定义为物理、社会、经济、环境等因素决定的人类生存条件在一定的危险性水平下产生不同程度灾害的概率。

2008 年，世界气象组织（WMO）丰富了"风险"的定义：在原有概念基础上提出了承灾体（exposure）的概念，其被定义为"可能在灾害中遭受损失的所有人和财产，包括建筑物、构筑物、农田等"，风险由危险性、易损性和承灾体三个元素共同决定 [也就是式（10-2-2）]，如果这三个元素任意一个出现增加或减少，则风险也随之增加或减少。

$$风险(risk) = 危险性(hazard) \times 易损性(vulnerability) \times 承灾体(exposure) \qquad （10\text{-}2\text{-}2）$$

在过去的几十年里，地震、洪水、台风等自然灾害的风险分析方法快速发展，已取得广泛的应用，但海啸风险分析方法起步相对较晚。近二十年来，多次破坏性海啸（如 2004 年印度洋海啸、2010 年智利海啸、2011 年日本海啸）的发生，使得海啸防灾减灾方法成了研究热点，相关研究进入了快车道，许多沿海国家都各自形成了较为成熟的海啸危险性评估方法。但沿海城市经济的高速发展及人口的愈加集中，对沿海城市抵御海啸灾害的能力提出了更高的要求，提高沿海城市遭受海啸灾害之后的可恢复性，除了需要预测未来可能发生的海啸规模外，还需要预测城市中的建筑以及基础设施系统在海啸灾害作用下的响应，以及可能遭受的直接经济损失和间接经济损失。政府部门可依据这些结果制定切实有效的防灾减灾计划，将未来可能因海啸灾害引起的损失降到最低。

狭义的海啸风险通常指因海啸引起的直接经济损失和人员伤亡数，广义的海啸风险还应包括间接经济损失，以及对社会、政治和人民心理的影响等。由于海啸灾害产生的损失大部分是由建筑物的破坏所引起的，因此目前海啸风险分析的研究大多关注不同危险性水平的海啸作用下建筑物的破坏概率，以海啸淹没区建筑物的破坏概率代表该地区的海啸风险水平。

海啸作用下的建筑物破坏分析主要包含两个部分：海啸危险性分析和海啸易损性分析。海啸危险性分析确定了研究区域遭遇不同强度海啸的概率，是海啸作用下的建筑物破坏分析的基础，为其提供了必要的输入信息。海啸易损性分析确定了建筑物在不同强度海啸作用下的破坏概率，是海啸作用下的建筑物破坏分析的主要环节。海啸易损性分析结果与海啸危险性分析结果进行卷积，得到不同海啸危险性水平下建筑物的破坏概率，结合海啸淹没区的建筑物分布情况，即可评估沿海城市的海啸风险水平，海啸破坏分析流程如图 10.2.1 所示。

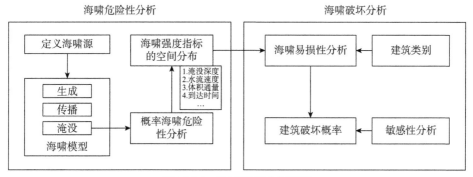

图 10.2.1　海啸破坏分析流程

　　根据前文章节所述，我国在海啸危险性研究领域已经形成了较为系统的海啸危险性评估方法和流程。但对于海啸易损性的研究仍处于初级阶段，尚未形成可用的易损性分析方法和模型，这也是笔者目前主要的研究方向之一。鉴于研究尚处于起步阶段，下文仅就目前海啸易损性分析的研究进展、方法和过程进行简要介绍。

10.2.2　海啸易损性分析方法

　　1992 年尼加拉瓜海啸发生后，联合国成立专业的海啸灾后调查队，开始系统的收集海啸灾害调查资料，以此基础数据为支撑，逐渐开始海啸易损性的相关研究工作。Shuto（1993）通过收集的历史海啸记录研究海啸淹没深度与建筑物破坏程度之间的关系，发现若海啸淹没深度超过 2m，木结构建筑存在倒塌的可能性；当海啸淹没深度超过 8m，钢筋混凝土结构建筑可能发生倒塌。随后的一些研究也证实了 Shuto（1993）的结论：Ruangrassamee 等（2006）从 2004 年印度洋海啸的灾后调查资料中发现一些海啸淹没深度超过 2m 的位置，发生了木结构建筑的倒塌；Reese 等（2007）发现淹没深度超过 2m 时，也会引起砌体结构建筑的倒塌。在 Shuto（1993）研究之后，越多的研究开始关注不同结构形式的建筑破坏程度与海啸淹没深度之间的关系（表 10.2.1）。这些研究已经具备易损性分析的雏形，给出了建筑破坏程度与海啸淹没深度之间的关系，但并未涉及破坏概率的概念。随着相关研究的不断深入，易损性的概念逐渐被引入到海啸灾害的研究中。

表 10.2.1　建筑物破坏程度与海啸淹没深度的关系

研究文献	海啸事件	结构形式	淹没深度 /m	破坏程度
Shuto（1993）	日本历史海啸	木结构	1.0	部分破坏
		木结构	2.0	倒塌
		钢筋混凝土	4.0	倒塌

研究文献	海啸事件	结构形式	淹没深度 /m	破坏程度
Ruangrassamee 等（2006）	2004 年印度洋海啸	木结构	2.0	倒塌
		钢筋混凝土	2.0	墙面、屋顶发生破坏
		钢筋混凝土	3.0	梁、柱发生破坏
		钢筋混凝土	7.0	完全破坏
Reese 等（2007）	2006 年爪哇海啸	砌体	2.0	倒塌
Reese 等（2011）	2009 年南太平洋海啸西萨摩亚和美属萨摩亚	钢筋混凝土	2.0	墙面、屋顶发生破坏
		钢筋混凝土	3.0	梁、柱发生破坏
		钢筋混凝土	7.0	完全破坏
Valencia 等（2011）	2004 年印度洋海啸	钢筋混凝土	2.0	墙面、屋顶发生破坏
		钢筋混凝土	3.0	梁、柱发生破坏
		钢筋混凝土	7.0	完全破坏
Matsutomi 和 Harada（2010）	2009 年南太平洋海啸（美属萨摩亚）	木结构	1.5	部分破坏
		木结构	2.0	完全破坏
		钢筋混凝土	8.0	完全破坏
		砌体	3.0	部分破坏
		砌体	7.0	完全破坏
Suppasri 等（2012a; 2012b; 2013）	2011 年东日本海啸（仙台和石卷）	木结构	2.5	轻微破坏
		木结构	3.0	中等破坏
		木结构	4.0	严重破坏
		木结构	4.5	完全破坏
Suppasri 等（2012b; 2013）	2011 年东日本海啸（整个东北地区）	木结构	0.5	轻微 / 中等破坏
		木结构	1.0	严重破坏
		木结构	2.0	完全破坏
		木结构	3.0	被冲走

　　海啸易损性模型具体描述了在一定的海啸强度指标下建筑物达到或超过某一破坏程度的概率。建筑物的破坏程度通常分为轻微破坏、中等破坏、严重破坏、完全破坏和倒塌。图 10.2.2 给出了建筑物在海啸作用下无破坏、完全破坏和倒塌的三种形态示例。建筑物处于轻微破坏状态时很容易被修复且不会影响其功能，处于完全破坏状态或倒塌时，结构失效将对生命安全造成威胁。对于海啸灾害，还需考虑更严重的破坏程度——"被冲走"（Suppasri et al., 2013）。构建海啸易损性模型时除了需要考虑建筑物的结构形式外，还需考虑建筑物的层数、形状、建筑年限等因素。因此，对一个区域进行海啸破坏分析时，需要大量的易损性模型作为支撑，以对应研究区域内不同类型的建筑。

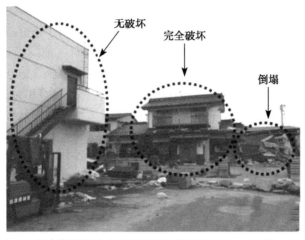

图 10.2.2　海啸作用下的建筑物破坏程度示例（Suppasri 等，2012b）

2004 年印度洋海啸发生后，海啸易损性的研究才逐渐发展起来（Koshimura et al.，2009a），在此后每次发生破坏性海啸，由于灾害数据的积累都会对这方面研究起到较人推进作用（Koshimura et al.，2009b；Koshimura and Kayaba，2010；Suppasri et al.，2012c），表 10.2.2 总结了自 2004 年以来海啸易损性模型采用的方法与强度指标。为应对不同的情况与需求，研究人员发展了多种方法进行海啸易损性分析。根据数据来源不同，海啸易损性分析方法主要分为四类：①基于灾后调查的经验方法；②基于专家经验的判断方法；③基于结构试验的解析方法；④结合灾后调查与数值模拟的混合方法。

表 10.2.2　构建海啸易损性模型采用的方法与强度指标

海啸事件	国家 / 地区	样本数量	方法	强度指标	研究文献
2004 年印度洋海啸	印度尼西亚 / 班达亚齐	48910	SI, NS	H_{max}, V_{max}	Koshimura 等（2009b）
	印度尼西亚 / 班达亚齐	2576	SI, FS	H_{max}	Valencia 等（2011）
	泰国 / 攀牙，普吉岛	4596	FS, NS	H_{max}, V_{max}	Suppasri 等（2011）
	斯里兰卡 / 西南海岸	1535	FS	H_{max}	Murao 和 Nakazato（2010）
2009 年萨摩亚海啸	美属萨摩亚群岛	6239	SI, NS	H_{max}, V_{max}	Gokon 等（2014）
2010 智利海啸	智利 / 迪卡托	915	SI, FS	H_{max}	Mas 等（2012）
2011 年东日本海啸	日本 / 宫城	157640	SI, FS	H_{max}	Koshimura 和 Gokon（2012）
	日本 / 东海岸	251301	FS	H_{max}	Suppasri 等（2013）
	日本 / 石卷	63605	FS	H_{max}	Suppasri 等（2015）

注：SI 代表卫星影像识别；NS 代表数值模拟；FS 代表现场调查。H_{max} 代表最大淹没深度；V_{max} 代表最大水流速度。

（1）基于灾后调查的经验方法，是最早提出的也是应用最为广泛的易损性分析方法，其基于已经发生海啸的灾后调查结果，通过统计分析得到易损性模型。灾后调查即包括灾害发生后的现场调查，又包括针对灾前灾后的卫星影像进行对比分析，以识别建筑物破坏程度。Peiris（2006）和 Dias 等（2009）基于 2004 年印度洋海啸灾后斯里兰卡建筑物破坏调查资料，经统计分析得到适用于斯里兰卡的海啸易损性模型。Charvet 等（2014）基于日本国土交通省发布的 2011 年东北海啸灾后调查资料，构建易损性模型，发现建筑物破坏程度除了与淹没深度和水流速度有关外，残骸对建筑物的冲击也是需要考虑的关键因素。Suppasri 等（2015）基于同样的数据，构建易损性模型时考虑了海岸地形、建筑层数、结构形式、建筑年限等因素的影响。基于灾后调查的经验方法具有较高的可信度，但也存在一定的局限性。由于不同地区建筑施工方法与设计规范有所不同，导致使用不同地区收集的资料构建的经验易损性模型存在差异，通常也只能适用于当地。

（2）基于专家经验的判断方法，这类方法依据专家的经验判断易损性模型中考虑的影响因素，获得较为简便的海啸易损性模型表达形式（FEMA，2013）。FEMA（2013）的专家认为海啸对建筑物影响主要由两部分组成：海啸淹没产生的浮力和结构所受的侧向力。建筑物非结构构件的破坏主要由其所处位置的淹没深度决定。建筑物结构构件的破坏主要由结构所受的侧向力决定。他们参考 HAZUS-MH 中的地震易损性模型（FEMA，2011a）和洪水易损性模型（FEMA，2011b），构建了海啸易损性模型。但是，这种基于判断的海啸易损性模型会受限于专家经验，存在较大的认知不确定性，其可靠度和适用性并不稳定。

（3）基于结构试验的解析方法（Macabuag et al.，2014；Nanayakkara and Dias，2016），采用结构试验或有限元模拟的方式，确定海啸强度指标与结构响应之间的关系，构建易损性模型。这类方法的提出一方面是由于一些地区不具备充足的海啸灾后调查资料，无法通过经验方法构建海啸易损性模型；另一方面是针对日益多样化的建筑结构，特别是一些特殊的基础设施，构建具有针对性的海啸易损性模型。

（4）结合灾后调查与数值模拟的混合方法（Koshimura 等，2009b；Suppasri 等，2011），使用超过两种及以上来源的数据进行海啸易损性分析。目前较多的是将灾后调查资料与海啸数值模拟结果结合使用。由于灾害调查方法的限制，只能收集到较为可靠的最大淹没深度，难以获得水流速度等海啸强度指标，因此采用数值模拟的方式获取水流速度等参数，结合灾后调查得到的建筑物破坏情况构建多种强度指标的海啸易损性模型。这种方法通常需要高精度的水深地形数据用于数值模拟，才能保证数值模拟结果较为准确，且需要耗费大量的精力用于数值模拟。

海啸易损性模型最基本的函数形式可表示为

$$P(X) = \Phi\left[(X - \mu)/\sigma\right] \tag{10-2-3}$$

$$P(X) = \Phi\left[(\ln X - \mu')/\sigma'\right] \tag{10-2-4}$$

式中，P 为建筑达到或超过某种破坏程度的累计概率；Φ 为标准正态（对数正态）分布的分布函数；X 为海啸强度指标；μ 和 σ（μ' 和 σ'）分别为海啸强度指标 $X(\ln X)$ 的均值和标准差。

构建易损性模型常用的海啸强度指标有最大淹没深度（H_{max}）和最大水流速度（V_{max}）。海啸灾后调查易于从建筑物的过水痕迹中识别淹没深度，而获得可靠的水流速度则相对较为困难，因此基于灾后调查的经验易损性方法构建的模型大多使用 H_{max} 作为海啸强度指标。然而，最大淹没深度只能反映结构所受的静力，不能反映复杂的动水力作用（Valencia et al.，2011；Mas et al.，2012；Koshimura and Gokon，2012；Suppasri et al.，2013；Charvet et al.，2014）。

考虑到海啸淹没深度的局限性，研究人员提出使用水流的动量通量代替最大淹没深度作为易损性模型的强度指标。动量通量是淹没深度与水流速度平方的乘积，即包含了淹没深度信息，又包含了水流速度信息，能够有效地代表动水压力对结构的作用（Yeh et al.，2013；Koshimura et al.，2009c）。

FEMA（2013）的海啸易损性模型使用水流的动量通量作为海啸强度指标，参照 HAZUS–MH 地震和洪水易损性模型构建了 36 种不同类型建筑的海啸易损性模型。认为对结构破坏起决定性作用的是水流的动水压力和残骸的冲击力，这两种形式的作用力可以简化为结构所受的侧向力，并通过水流动量通量估计这种侧向力的大小。

$$F_{TS} = K_d\left(0.5\rho_s C_d B(M')\right) \tag{10-2-5}$$

式中，K_d 为残骸冲击力影响系数，默认取 1.0；ρ_s 为流体密度；C_d 是阻力系数，与建筑形状相关，矩形建筑取 2.0；B 为水流垂直方向建筑的宽度；M' 为最大动量通量的中位值。

海啸易损性模型的函数形式为

$$P(M_{max}) = \Phi\left[\ln(M_{max}/M')/\beta_M\right] \tag{10-2-6}$$

式中，M_{max} 是最大的动量通量；M' 为其统计中位值；β_M 为对数标准差，代表了与残骸的影响（K_d）、建筑尺寸（B）、结构抗侧向力能力等因素有关的破坏概率总的不确定性。参考 HAZUS–MH 地震模型给出的不同类型结构抗侧向力能力，通过式（10-2-6）将侧向力转化为动量通量确定不同类型结构 M_{max} 和 M' 的值。

图 10.2.3 给出了 FEMA（2013）海啸易损性曲线示例。FEMA 模型根据结构形式将建筑分为七个大类，即木结构、钢结构、无筋砌体结构、配筋砌体结构、混凝土结构、预制混凝土结构、可移动房屋。每一种结构形式的建筑又被划分为几个子类别（如木结构根据建筑面积的大小划分了两个子类别）。每种类型的建筑根据层数的不同进一步划分，1～3 层定义为低层，4～7 层定义为多层，8

层以上定义为高层。最终根据建筑材料、结构形式、层数等信息共划分了 36 种不同类型的建筑。对于每一种类型的建筑给出了三种破坏程度的易损性曲线：中等破坏、严重破坏和完全破坏。同时 FEMA 模型中还考虑了不同抗震设计水平对海啸易损性的影响。图 10.2.3（a）中细实线代表发生中等破坏和严重破坏的概率（低层钢筋混凝土建筑中等破坏和严重破坏的易损性曲线是相同的），粗实线代表发生完全破坏的概率。图 10.2.3（b）中细实线和细虚线分别代表未进行抗震设计和低抗震设计水平下的海啸易损性曲线，粗实线和粗虚线分别代表中等和高抗震设计水平下的海啸易损性曲线。

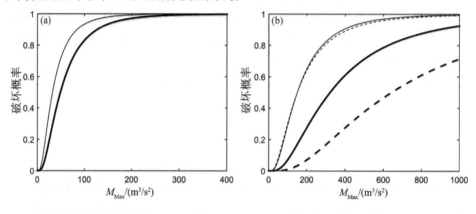

（a）低抗震设计水平下低层（1～3 层）
钢筋混凝土框架结构海啸易损性曲线

（b）不同抗震设计水平下多层（4～7 层）钢筋
混凝土框架结构完全破坏的易损性曲线

图 10.2.3 FEMA（2013）给出的海啸易损性曲线示例

10.2.3 海啸风险分析过程

在得到不同类型建筑的海啸易损性曲线后，下一步需要对研究区域的建筑进行分类，最可靠的办法是结合设计图纸进行现场调查。但这项工作需要耗费大量的时间，且设计图纸难以获得，尤其是一些老旧建筑的图纸，因此这一方法主要适用于建筑数量不多的较小区域的海啸破坏分析。针对较大区域的建筑类型识别可以借助谷歌街景和卫星图像进行，根据谷歌街景提供的建筑细节图像可以识别建筑层数和可能的建筑类型以及大致的建成时间，使用卫星影像帮助我们获取建筑的长度和宽度。另外，利用谷歌街景还可能获取建筑物门窗的数量，门窗形成的开洞将会影响海啸作用力的大小。图 10.2.4 为美国俄勒冈州某海滨城市建筑分类识别结果示例。

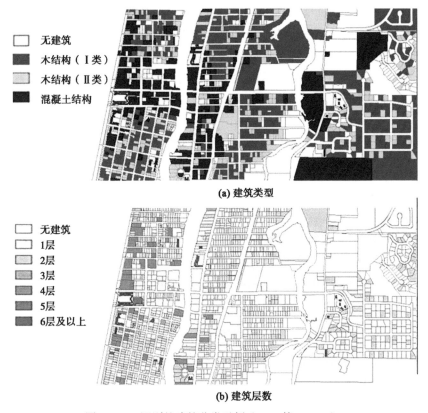

图例：
- 无建筑
- 木结构（Ⅰ类）
- 木结构（Ⅱ类）
- 混凝土结构

(a) 建筑类型

图例：
- 无建筑
- 1层
- 2层
- 3层
- 4层
- 5层
- 6层及以上

(b) 建筑层数

图 10.2.4　识别的建筑分类示例（Park 等，2017）

最后，以不同重现期的最大淹没深度和水流速度作为输入，结合海啸易损性曲线和建筑类型即可获得研究区域在不同海啸危险性水平下的建筑破坏概率。图 10.2.5 为海啸破坏分析示例，展示了美国俄勒冈州某海滨城市在遭遇重现期为 1000 年的海啸袭击时，建筑物完全破坏的概率。从岸边到内陆建筑的破坏概率逐渐降低，由于岸边的海啸淹没深度和动量通量较大，导致岸边的很多木结构住宅被完全破坏的概率超过了 80%。

图例：完全破坏概率
- 0
- 0~20%
- 20~40%
- 40~60%
- 60~80%
- 80~100%

(a) 总图　　　　**(b) 局部放大**

图 10.2.5　海啸破坏分析结果示例（Park 等，2017）

由于不同国家和地区的建筑形式、设计规范、施工质量的不同，海啸易损性模型存在区域依赖性。已有的海啸易损性模型不一定适用于中国沿海地区，因此有必要探索适用于中国沿海地区的海啸易损性分析方法，给出合理的海啸易损性模型，评估中国沿海地区的海啸风险水平，进一步加强市抵御海啸能力，力求在灾害来临时将损失降到最低。

10.3　海啸荷载规范

由 10.1 节可知，海啸波可对沿海建（构）筑物产生巨大破坏。利用海啸风险分析方法可针对沿海地区进行海啸风险识别，对于高风险地区的建（构）筑物为抵御海啸荷载可编制相应设计规范。目前，美国、日本都有相应规范出台，尤其是美国 2016 年颁布的建筑物与其他结构最小设计荷载规范 ASCE 7-16，特别把海啸荷载作为其独立的一章。本节重点介绍其发展历程、关键内容和技术原理，期冀为我国未来海啸荷载规范的编制工作提供借鉴和帮助。

10.3.1　海啸规范发展历程

2016 年，经过诸多学者多年的努力，美国 ASCE 7-16 把海啸荷载作为独立的一章，纳入其中。这是海啸危险性分析应用的重要成果，作为第一个加入海啸防御内容的规范，其计算方法和原理对我国沿海海啸防御来说有重要借鉴意义，为世界其他国家和地区的规范编制提供参考。

多年来，许多沿海地区遭受过海啸，也有许多地区暴露在海啸威胁之下，各国学者一直在推进海啸的相关研究，但是，一直没有相关规范为沿海建筑的海啸防御提供工程设计依据。2004 年印度洋海啸和 2011 年日本大地震引发的海啸，推动了海啸防御相关规范的进展。2016 年，最新一版的 *minimum design loads and associated criteria for buildings and other structures*《建筑物与其他结构最小设计荷载》（ASCE 7-16）加入了关于海啸荷载设计要求，并独立为一章，这是第一次把海啸防御内容加入进工程设计规范中。这项工作共历经 40 余年的发展，图 10.3.1 给出了美国海啸规范的发展历程。

美国最早也是唯一一个采用海啸设计条款的标准是夏威夷的檀香山市县规范。早期的规范都是基于 1980 年 Dames 和 Moore 关于海啸荷载的实验室研究成果。在经历了日本和东南亚发生的一系列破坏性海啸之后，华盛顿应急管理中心在 2001 年组织了一个研讨会，联合海啸科学家和结构工程师共同商讨海啸设计条款的发展。这个研讨会最终促成了一个研究项目，由 Yeh 等（2005）负责研究沿海建筑物考虑海啸荷载的可行性。最终的研究报告作为应用技术委员会项目 (Applied Technology Council，简称 ATC 64) 的基础，发展美国联邦应急管理局 (Federal Emergency Management Agency，简称 FEMA) P-646 规章，即海啸垂直疏散结构的设计指南。

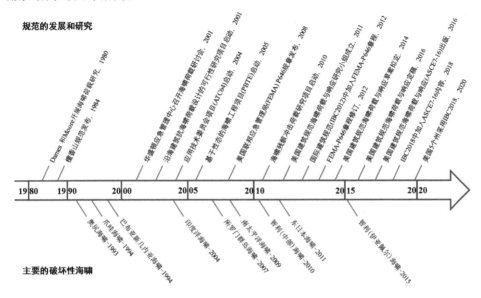

图 10.3.1　美国海啸规范的发展历程 [根据文献 Robertson 等（2017）修改]

2004 年印度洋海啸造成的巨大破坏极大地推动了海啸研究，更多的实验室开始进行海啸荷载与影响的研究，其中包括 NEESR–PBTE 项目，发展基于性态的海啸工程，随后还有 NEESR– 海啸残骸冲击项目，研究海啸波到岸后水面漂浮物的冲击力。

2011 年 2 月由 Martin & Chock 公司的 Gary Chock 领衔的 30 名专家组成海啸荷载与影响委员会（TLE），隶属于美国土木工程师学会 ASCE。一个月之后日本发生 9.0 级地震海啸，该委员会立即深入现场，通过实际震害调查验证已有的实验室结果。2012 年，国际建筑规范（IBC-2012）采用 FEMA P-646 作为其一项附录，用于设计海啸垂直疏散结构和其他海啸淹没区域的重要建筑。借鉴日本海啸的教训，FEMA 资助 ATC 修订 FEMA P-646，并于 2012 年出版第二版（FEMA，2012）。

TLE 委员会组织起草的海啸设计条款于 2014 年 6 月投递至 ASCE7 进行评审。经过 8 轮投票、超过 1000 多条评论，这些条例最终得以通过并作为 ASCE 7-16 标准 2016 版本的第 6 章。这些内容已获准将被应用于 IBC 的 2018 版本，用于美国西海岸的 5 个州（阿拉斯加州、华盛顿州、俄勒冈州、加利福尼亚州和夏威夷州）。

10.3.2　ASCE 7-16 海啸防御内容

ASCE 7–16 第 6 章针对海啸将建筑物分为四类：

Ⅳ类，表示所有必要的和关键性的建筑，一旦失效对整个社区形成重大影响，如医院、应急指挥中心等；

Ⅲ类，大型常住建筑，一旦倒塌对人的生命安全造成极大风险；

Ⅱ类，其他绝大多数建筑，如居民楼、办公楼、仓库等；

Ⅰ类，非常住建筑，对人类构成极小风险。

规范规定海啸设计地区的Ⅲ类和Ⅳ类建筑和结构在设计时必须考虑海啸荷载影响；对于位于海啸设计区内的Ⅱ类建筑，如果高度足够能够作为应急避难场所，鼓励其设计时考虑海啸荷载影响；Ⅰ类建筑则不需要考虑海啸荷载影响。

规范考虑海啸引起的荷载类型有 4 类：

（1）静水压力、浮力及残留水体的重力荷载；

（2）动水压力和动水抬升力；

（3）水面漂浮残骸冲击力；

（4）基础受冲刷以及受孔压影响土体软化。

针对每种类型荷载都给出了相应的计算方法和步骤。

规范也给出了进行建筑抗海啸设计时需要考虑的 3 种工况：

（1）受浮力作用情况，确保海啸发生时，地基不会因为浮力而失效；

（2）假定水流速度达到最大，淹没深度为最大淹没深度的 2/3，这是根据以往发生过的海啸的观测结果进行的假定；

（3）假定淹没深度达到最大，水流速度为最大水流速度的 1/3。

10.3.3　利用 PTHA 绘制海啸淹没图

规范规定只有在海啸设计区内的建筑才考虑海啸荷载的影响，并给出了美国西海岸五个州的海啸设计区域，即海啸淹没图。下面给出 ASCE 中海啸淹没区图的绘制方法与过程。

（1）识别确定对沿海有影响的海啸潜源及潜源构造参数。

（2）在离海岸等深线 100m 位置，计算重现期 2500 年的海啸波高，采用 Thio 等（2010）在对美国加州地区进行概率海啸危险性评价时给出的方法。

假定潜源地震在时间上服从泊松分布，那么在一定时间内，给定地震的发生概率是

$$P(A > s) = 1 - e^{-\phi(s)t} \tag{10-3-1}$$

式中，s 为震级；t 为时间间隔。$\phi(s)$ 为某一点海啸波高超过某一个值的概率。

$\phi(s)$ 表达式为

$$\phi(s) = \sum_{i=1}^{Fault} \left(\iint_{m,r} f(m)(P(A>s \mid m,r)P(r \mid m)\mathrm{d}m\mathrm{d}r) \right)_i \qquad (10\text{-}3\text{-}2)$$

式中，$f(m)$ 为震级为 m 的地震发生率；$P(A>s|m,r)$ 为 r 潜源发生震级 m 的地震时，海啸波高大于 s 的概率；$P(r|m)$ 为震级为 m 的地震发生在潜源 r 的概率。

（3）NOAA 预先将全球俯冲带划分为几百个 100km 长和 50km 宽的破裂单元，设定平均滑移量为 1m，通过数值模拟给出了全球海啸模拟波高数据库。针对某沿海场点，对第二步 PTHA 结果进行解耦，可获得不同潜源的贡献率。选取其中贡献率较大的潜源，利用最小二乘法，通过改变破裂单元的滑移量，逼近第二步求解的 PTHA 波高值与数据库中波高值，反演求解最佳破裂单元组合和滑移量，确定设定地震模型。

（4）对该设定地震，利用沿岸高精度的数字高程和海洋水深地图数据，进行精细的海啸淹没数值模拟，绘制海啸淹没图，即为海啸设计区（tsunami design zone）。

进行海啸荷载计算时，还需要有陆地上任意场地的水流淹没深度和速度，规范给出了两种计算方法。

（1）数值方法，类似于获得海啸设计区，利用淹没数值模拟计算给出陆地的二维淹没深度和水流速度。

（2）能量方法，利用海啸爬高和淹没距离（定义如图 10.3.2 所示），通过假设陆地为一系列线性的斜面，基于能量原理，计算淹没深度和水流速度。

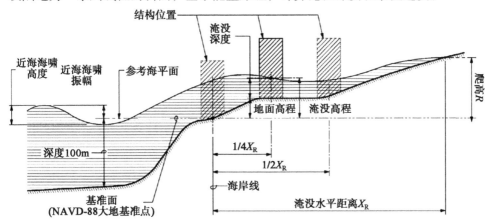

图 10.3.2　海啸爬高及淹没示意图 [根据文献 Chock（2019）修改]

两种方法各有优势，能量方法计算方便，模拟方法更加精确，能够获得二维结果，但是需要非常高精度的高程和水深数据。规范规定对于Ⅳ类建筑，如果采用能量方法计算得到结构所在场地的淹没深度大于 12ft（1ft=3.048×10⁻¹m），那么必须采用模拟方法，并且所有海啸设计区内的垂直避难建筑必须采用模拟方法。

10.4　我国海啸防灾减灾方向

随着海啸相关研究受到越来越多的关注，人们对于海啸的危害有了重新认识，世界各国都投入大量人力财力进行海啸防灾减灾相关研究，本节旨在通过总结最新、最前沿的海啸相关研究成果，梳理目前海啸研究国际热点问题，调查最新研究现状，思考我国海啸防灾减灾工作未来的方向。

10.4.1　跟踪国际海啸研究热点

世界地震工程会议（WCEE）是地震工程界交流最新研究成果、分享技术经验的最好平台之一。第一篇在 WCEE 上刊登的海啸相关论文是由日本东京大学的高桥龙太郎（Ryutaro Takahasi）发表，其介绍了 1960 年智利海啸调查情况（Ryutaro, 1960）。自此会议之后，几乎每届会议都有最新研究成果发表。

自第 14 届 WCEE 以来，到 2016 年的第 16 届 WCEE，已连续三届会议设立海啸研究专题，下文将对这三届 WCEE 的海啸研究动态进行总结与思考。

（1）海啸数值模拟技术基本上趋于成熟。现有常用的数值模型，如 COMCOT、MOST 、TUNAMI 已基本满足实践计算的需要。这些模型计算结果的准确性基本取决于基础数据的精度，单纯从计算方法角度提高数值计算的精确性已很难实现。由于概率海啸危险性分析、地震预警、海啸区划图编制对大规模数值计算的需求，并行计算技术已逐步应用于海啸数值模拟过程中。

（2）海啸荷载是海啸研究领域近十年的热点课题。2004 年印度洋海啸之后，工程界开始关注这方面研究，最初利用海啸动力水实验、水槽实验研究海啸荷载的作用原理、海啸荷载作用下的结构特性以及海啸的计算方法等；2011 年东日本海啸之后，日本和美国开始研究如何在结构设计规范中合理考虑海啸荷载，ASCE 7-16（也就是 2016 版本的《美国建筑物和其他结构最小设计荷载》）规范中已增加一个新的章节，为沿海结构设计提供如何考虑海啸荷载的具体条款。未来这方面研究依旧是热点，一方面规范的适用性需要实践验证，另一方面其他国家的规范将以此为蓝本进行修订。

（3）海啸避难疏散相关研究是热点问题。这三届 WCEE 均有很多文章涉及此方面研究。受 2011 东日本地震海啸的深刻教训，人们对海啸避难疏散愈加重视。海啸避难建筑的规划与设计、沿海海啸避难疏散状况的预测模拟、疏散的管理与决策以及指南编写是重点研究问题。未来这方面研究依旧是热点，主要原因是合理的疏散路线、快速的疏散原则是海啸逃生的最有效手段。我国在这方面研究已逐步开展，例如，Hou 等（2016）假设琉球群岛发生 9.0 级地震，对模拟浙江台州椒江区海门街道进行海啸疏散的模拟和演练。

（4）世界上易受海啸影响的国家基本上都开展了海啸危险性评估，大多采用确定性的方法，给出了定性的评价结果；能给出定量结果的概率性海啸危险性分析（PTHA）正逐渐被采用，其结果将被主要用于沿海城市规划与防灾措施决策、海啸荷载规范的编制、沿海重大工程的选址等方面；另外，如何合理考虑PTHA 的不确定性是未来需要解决的关键问题。

（5）世界各国越来越关注海啸研究，包括我国在内的研究队伍逐渐壮大，并且涉及领域逐渐扩大、相互交叉，不仅仅局限于以前的主要涉及的地震学、海洋性和流体动力学，还涉及结构工程、岩土工程、桥梁工程、社会学、经济学、政策研究、高性能计算等，正逐渐成为一门综合性学科。

2018 年在欧洲和美国相继召开了第 16 届欧洲地震工程大会（16ECEE）和第 11 届美国国家地震工程会议（11NCEE）。这两次会议也全部是地震工程领域具有广泛影响力的会议。这两次会议均设置了海啸专题，分享了欧洲和美国海啸研究的最新动态，除了上文已经提及的海啸研究热点内容外，以下研究内容也成为海啸研究的热点问题。

（1）海啸淹没研究。海啸淹没图是制定海啸疏散计划、编制海啸设计规范的基础，并可用于指导沿海城市土地规划。虽然进行海啸淹没分析的方法已逐渐成熟，但目前仅有少数国家对沿海地区城市开展了海啸淹没分析，而且已经开展海啸淹没分析的国家受到计算能力和地形数据精度的限制，得到的结果并不是十分精确。因此如何进行精细高效的海啸淹没分析，得到相对精确的海啸淹没图是未来努力方向之一。

（2）海啸风险评估。海啸风险评估指海啸灾害对社会和经济危害的大小，反映了海啸灾害对城市的破坏程度和对社会带来的后果，涉及海啸危险性分析、海啸易损性分析、海啸损失估计三方面内容。16ECEE 中多篇文章提到了海啸风险的评估，目前已有研究人员开发出了包括海啸灾害在内的多灾害风险评估方法，但海啸易损性、经济损失、人口伤亡模型均采用的是经验模型，模型的精确性和科学性有待提高，直接导致海啸风险评估的精确度受到了限制，因此需要研究人员将研究的重点放在开发精确的海啸易损性、经济损失、人口伤亡模型方面。

（3）实时海啸灾害监控系统。将超级计算机与海啸防灾减灾联系起来，利用超级计算机强大的计算能力，以超级计算机为核心，构建一个实时的海啸灾害监控系统，当海啸来临时，能够迅速地进行海啸预警，绘制海啸淹没图，制定城市疏散路径，并对公众发布信息，实时反应灾害的各种信息，并迅速地作出应急响应，相比于传统海啸防灾减灾资料，这套系统提供的资料更具有时效性，能够更加真实地反映灾害情况，有效地减少人员伤亡。

10.4.2 我国海啸防灾减灾工作思考

4.4 节已有阐述，我国南海近海海域具有发生破坏性海啸的地震地质构造条件，历史上这一区域也发生过较大地震，产生的海啸波引起了一定程度的破坏，例如，1604 年 12 月 19 日福建泉州外海发生 7.5 级地震和 1918 年 2 月 13 日广东南澳附近海域发生 7.3 级地震，都有文献记载潮涨潮退和渔船倾覆现象（Mak and Chan，2007；Ren et al.，2014）；另外，前文第 7 章和第 8 章的地震海啸危险性分析结果表明，菲律宾马尼拉海沟发生巨大海啸的风险较高，显著提升了我国东南沿海地区的海啸危险性。

　　考虑到海啸引起灾害的巨大风险性，我国政府应居安思危，增加海啸防灾减灾研究的投入，加快对沿海重大工程场址的地震海啸危险性评估工作，构建完善的海啸防灾减灾机制。针对我国目前在海啸灾害研究方面的现状，结合国际海啸研究动态，当前应侧重以下几方面的工作。

　　（1）编制统一的我国历史海啸目录。目前至少已有四项研究工作编制了我国历史海啸目录，结果并不一致。应考虑由权威研究机构对它们进行集成评估，建立一套统一的、可信的我国历史海啸目录。对历史文献记载的沿海海潮灾害，结合历史地震目录，对风暴潮和海啸事件进行区分。历史海啸目录可确定沿海海啸风险性及发生率，并可作为重大工程选址的科学依据。

　　（2）开展我国沿海海啸灾害危险性分析。建立科学的海啸危险性概率分析方法，开展海洋地质构造调查，划分精确的沿海局地潜在海啸源，确定其地震活动性参数。对我国沿海重点城市开展地震海啸危险性分析工作，绘制沿海地震海啸危险区或制订海啸灾害区划图，明确我国海啸灾害防御目标。

　　（3）开展沿海重大工程，如核电场址的海啸危险性评估。世界上针对核电站开展海啸危险性评估工作的国家仅美国和日本，我国目前正处于核电建设高峰期，已建、在建和拟建的核电站有几十座，且大都临海。应重点开展核电场址的海啸危险性评估，汲取 3.11 日本福岛核电站事故经验，提升海啸防御措施，做好应急管理，防微杜渐。

　　（4）编制沿海海啸淹没图。以海啸危险性分析的结果为基础，开展海啸淹没深度和海啸水流速度的研究，为沿海重要城市绘制海啸淹没图，为城市土地规划和海啸防灾减灾策略的制定提供参考。

　　（5）进行海啸作用影响研究。研究海啸作用于沿海建（构）筑物的机制、以及其在海啸作用下的破坏机理，通过敏感性分析给出结构抗海啸设计的关键参数以及实用的海啸荷载计算公式，编制建（构）筑物的海啸防御设计规范，对重要建筑进行抗海啸设计。

　　（6）开发海啸易损性和损失评估模型。研究不同类型的结构在海啸荷载作用下的易损性模型，建立合理的经济损失和人口伤亡评估模型，提出可靠的海啸损失估计方法，进行中国沿海地区的海啸风险评估，对风险较高地区制定合理的海啸防灾减灾策略。

　　（7）完善海啸灾害监测、预测警报服务系统。为适应海洋防灾减灾以及海洋资源开发工作的需要，加强地震预警系统和海啸预警系统的技术统一和业务管理，结合地震科学技术，实现我国沿海重要区域的监视观测，客观准确地进行海啸灾害分析、评估，建立功能较齐全的现代化海洋灾害监测、预报警报服务系统。

（8）开展海啸疏散规划工作。对沿海城市利用海啸淹没图结合数值模拟技术，考虑建筑物、人口、道路及避难场所的分布，制定海啸疏散计划，给出合理的疏散路径，确保海啸来临时能够将人民群众能够在短时间内疏散到安全的区域。

（9）加强海啸防灾减灾宣传教育。对可能遭受海洋灾害袭击的地区进行宣传，普及海啸防灾减灾知识，提高海洋防灾减灾应变能力，增强海洋防灾减灾意识。一方面，政府在沿海应设立警示牌，规划合理的疏散路线以及安全的避难场所；另一方面，可通过公众媒体、广播电台、互联网、手机 APP 等平台逐渐普及海啸逃生知识，加强安全教育。

（10）完善海啸防灾减灾法制定。我国在地震灾害和海洋防灾减灾实践中已积累了大量经验，制定了一些制度和规范，但有关海啸防灾减灾观念仍然相当淡薄，尤其是沿海地区的整体规划基本没有考虑海啸防御问题，要加强法制建设，制定海啸减灾法规，适应我国海洋减灾工作发展需要。

参 考 文 献

于福江, 原野, 赵联大, 等, 2011. 2010 年 2 月 27 日智利 8.8 级地震海啸对我国影响分析 [J]. 科学通报, 56(3): 239-246.

Charvet I, Suppasri A, Imamura F, 2014. Empirical fragility analysis of building damage caused by the 2011 Great East Japan tsunami in Ishinomaki city using ordinal regression, and influence of key geographical features[J]. Stochastic Environmental Research and Risk Assessment, 28(7): 1853-1867.

Chock G, 2019. Tsunami design target reliabilities[C]//Proceedings of the 16th World Conference on Earthquake Engineering, Santiago, Chile, Paper ID 301.

Dias W P S, Yapa H D, Peiris L M N, 2009. Tsunami vulnerability functions from field surveys and Monte Carlo simulation[J]. Civil Engineering and Environmental Systems, 26(2): 181-194.

FEMA, 2011a. Multi-hazard loss estimation methodology: Earthquake model, HAZUS-MH MR4 technical manual[R]. Washington, DC.

FEMA, 2011b. Multi-hazard loss estimation methodology: Flood model, HAZUS-MH MR4 technical manual[R]. Washington, DC.

FEMA, 2012. FEMA P-646:Guidelines for Design of Structures for Vertical Evacuation from Tsunamis,Second Edition[R]. Federal Emergency Management Agency, Washington, D.C.

FEMA, 2013. Tsunami methodology technical manual[R]. Washington, DC.

Fujii Y, Satake K, Sakai S, et al., 2011. Tsunami source of the 2011 off the Pacific coast of Tohoku earthquake[J]. Earth Planets Space, 63(7): 815-820.

Gokon H, Koshimura S, Imai K, et al., 2014. Developing fragility functions for the areas affected by the 2009 Samoa earthquake and tsunami[J]. Natural Hazards and Earth System Sciences, 14(12):

3231-3241.

Hou J M, Li X J, Yuan Y, et al, 2016. Scenario-based tsunami evacuation analysis: a case study of Haimen Town, Taizhou, China[J]. Journal of Earthquake and Tsunami, 1750008.

Macabuag J, Rossetto T, Lloyd T, 2014. Structural analysis for the generation of analytical tsunami fragility functions[C]//Proceedings of the 10th International Conference on Urban Earthquake Engineering. Oakland: Earthquake Engineering Research Institute.

Mak S, Chan L S, 2007. Historical tsunamis in south China[J]. Natural hazards, 43(1): 147-164.

Mas E, Koshimura S, Suppasri A, et al., 2012. Developing tsunami fragility curves using remote sensing and survey data of the 2010 Chilean Tsunami in Dichato[J]. Natural Hazards and Earth System Sciences, 12(8): 2689-2697.

Matsutomi H, Harada K, 2010. Tsunami-trace distribution around building and its practical use[C]// Proceedings of the 3rd International Tsunami Field Symposium, Sendai: [s.n.]: Session 3-2.

Murao O, Nakazato H, 2010. Vulnerability functions for buildings based on damage survey data in Sri Lanka after the 2004 Indian Ocean tsunami[C]//Proceedings of the 7th International Conference on Sustainable Built Environment, Kandy, Sri Lanka: ICSBE: 371-378.

Nanayakkara K I U, Dias W P S, 2016. Fragility curves for structures under tsunami loading[J]. Natural Hazards, 80(1): 471-486.

Koshimura S, Kayaba S, 2010. Tsunami fragility inferred from the 1993 Hokkaido Nansei-oki earthquake tsunami disaster[J]. Journal of Japan Association for Earthquake Engineering, 10(3): 87-101.

Koshimura S, Gokon H, 2012. Structural vulnerability and tsunami fragility curves from the 2011 Tohoku earthquake tsunami disaster[J]. Journal of Japan Society of Civil Engineers, Ser. B2 (Coastal Engineering), 68(2): 336-340.

Koshimura S, Matsuoka M, Kayaba S, 2009a. Tsunami hazard and structural damage inferred from the numerical model, aerial photos and SAR imageries[C]//Proceedings of the 7th International Workshop on Remote Sensing for Post Disaster Response, Texas, USA: 22-23.

Koshimura S, Oie T, Yanagisawa H, et al., 2009b. Developing fragility functions for tsunami damage estimation using numerical model and post-tsunami data from Banda Aceh, Indonesia[J]. Coastal Engineering Journal, 51(3): 243-273.

Koshimura S, Namegaya Y, Yanagisawa H, 2009c. Tsunami fragility—a new measure to identify tsunami damage[J]. Journal of Disaster Research, 4(6): 479-488.

Park H, Cox D T, Barbosa A R, 2017. Comparison of inundation depth and momentum flux based fragilities for probabilistic tsunami damage assessment and uncertainty analysis[J]. Coastal Engineering, 122: 10-26.

Peiris N, 2006. Vulnerability functions for tsunami loss estimation[C]//First European conference on earthquake engineering and seismology, Geneva, Switzerland: 3-8.

Reese S, COUSINS W J, POWER W L, et al., 2007. Tsunami vulnerability of buildings and people in South Java–field observations after the July 2006 Java tsunami[J]. Natural Hazards and Earth System Sciences, 7(5): 573-589.

Reese S, BRADLEY B A, BIND J, et al., 2011. Empirical building fragilities from observed damage in the 2009 South Pacific tsunami[J]. Earth-Science Reviews, 107(1-2): 156-173.

Ren Y F, WEN R Z, SONG Y Y, 2014. Recent progress of tsunami hazard mitigation in China[J]. Episodes, 37(4): 277-283.

Robertson I N, Chock G, 2017. Overview and technical background to development of ASCE 7-16 Chapter 6, Tsunami Loads and Effects[C]//Proceedings of the 16th World Conference on Earthquake Engineering, Santiago, Chile, Paper ID 253.

Ruangrassamee A, Yanagisawa H, Foytong P, et al., 2006. Investigation of tsunami-induced damage and fragility of buildings in Thailand after the December 2004 Indian Ocean tsunami[J]. Earthquake Spectra, 22(S3): 377-401.

Ryutaro T, 1960. Report on the Chilean tsunami of 1960[C]//Proceedings of the second World Conference on Earthquake Engineering, Tokyo and Kyoto, Japan, 639-645.

Shuto N, 1993. Tsunami intensity and disasters[M]//STEFANO T. Tsunamis in the world. Dordrecht: Springer: 197-216.

Suppasri A, Koshimura S, Imamura F, 2011. Developing tsunami fragility curves based on the satellite remote sensing and the numerical modeling of the 2004 Indian Ocean tsunami in Thailand[J]. Natural Hazards and Earth System Sciences, 11(1): 173-189.

Suppasri A, Koshimura S, Imai K, et al., 2012a. Damage characteristic and field survey of the 2011 Great East Japan tsunami in Miyagi prefecture[J]. Coastal Engineering Journal, 54(1): 1250005.

Suppasri A, Mas E, Koshimura S, et al., 2012b. Developing tsunami fragility curves from the surveyed data of the 2011 Great East Japan tsunami in Sendai and Ishinomaki Plains[J]. Coastal Engineering Journal, 54(1): 1250008.

Suppasri A, Koshimura S, Matsuoka M, et al., 2012c. Application of remote sensing for tsunami disaster[M]// YANN C. Remote Sensing of Planet Earth. London: IntechOpen, 143-168.

Suppasri A, Mas E, Charvet I, et al., 2013. Building damage characteristics based on surveyed data and fragility curves of the 2011 Great East Japan tsunami[J]. Natural Hazards, 66(2): 319-341.

Suppasri A, Charvet I, Imai K, et al., 2015. Fragility curves based on data from the 2011 Tohoku-oki tsunami in Ishinomaki city, with discussion of parameters influencing building damage[J]. Earthquake Spectra, 31(2): 841-868.

Thio H K, Somerville P, Polet J, 2010. Probabilistic tsunami hazard in California[R]. Report prepared for Caltrans/PEER.

Valencia N, Gardi A, Gauraz A, et al., 2011. New tsunami damage functions developed in the framework of SCHEMA project: application to European-Mediterranean coasts[J]. Natural Hazards and Earth System Sciences, 11(10): 2835-2846.

Yeh H, Sato S, Tajima Y, 2013. The 11 March 2011 East Japan earthquake and tsunami: Tsunami effects on coastal infrastructure and buildings[J]. Pure and Applied Geophysics, 170(6-8): 1019-1031.